安全技术经典译丛

Python 密码学编程

[美] 塞思·詹姆斯·尼尔森(Seth James Nielson)　　　　著
克里斯托弗·K. 蒙森(Christopher K. Monson)

梁　原　　　　　　　　　　　　　　　　　　译

清华大学出版社

北　京

北京市版权局著作权合同登记号　图字：01-2020-3189

Practical Cryptography in Python: Learning Correct Cryptography by Example

Seth James Nielson, Christopher K. Monson

EISBN: 978-1-4842-4899-7

图书在版编目(CIP)数据

Python 密码学编程 / (美)塞思·詹姆斯·尼尔森(Seth James Nielson)，(美)克里斯托弗·K.蒙森(Christopher K. Monson)著；梁原译. —北京：清华大学出版社，2021.3（2022.12重印）

(安全技术经典译丛)

书名原文: Practical Cryptography in Python: Learning Correct Cryptography by Example

ISBN 978-7-302-57656-3

Ⅰ. ①P… Ⅱ. ①塞… ②克… ③梁… Ⅲ. ①软件工具－程序设计 Ⅳ. ①TP311.561

中国版本图书馆 CIP 数据核字(2021)第 040515 号

责任编辑：王　军
装帧设计：孔祥峰
责任校对：成凤进
责任印制：刘海龙

出版发行：清华大学出版社
　　　　　网　　址：http://www.tup.com.cn，http://www.wqbook.com
　　　　　地　　址：北京清华大学学研大厦 A 座　　　　邮　　编：100084
　　　　　社 总 机：010-83470000　　　　　　　　　　邮　　购：010-62786544
　　　　　投稿与读者服务：010-62776969，c-service@tup.tsinghua.edu.cn
　　　　　质 量 反 馈：010-62772015，zhiliang@tup.tsinghua.edu.cn
印 装 者：三河市少明印务有限公司
经　　销：全国新华书店
开　　本：170mm×240mm　　　　印　　张：19.75　　　　字　　数：420 千字
版　　次：2021 年 6 月第 1 版　　　印　　次：2022 年 12 月第 2 次印刷
定　　价：79.80 元

产品编号：086802-01

译 者 序

　　Python 是一种面向对象的动态类型语言，最初被设计用于编写自动化脚本 (shell)，随着版本的不断更新和语言新功能的添加，越来越多地被用于独立的、大型项目的开发。其优点是简单易学、速度快、免费、开源、可移植、面向对象、可扩展、可嵌入、丰富的库、规范的代码，其应用包括系统编程、图形处理、数学处理、文本处理、数据库编程、网络编程、Web 编程、多媒体应用、pymo 引擎、黑客编程等。

　　密码学是研究如何隐秘地传递信息的科学。在现代特别指对信息及其传输的数学性研究，常被认为是数学和计算机科学的分支，与信息论也密切相关。密码学也促进了计算机与网络安全所使用的技术，如访问控制与信息的机密性。现在，密码学已被应用于日常生活，包括自动柜员机的芯片卡、电子商务等。密码是通信双方按约定法则进行信息特殊变换的重要保密手段。密码在早期仅对文字或数码进行加密、脱密变换，随着通信技术的发展，对语音、图像、数据等都可实施加密、脱密变换。

　　本书编写了很多非常有趣的代码来帮助读者学习密码学，使用完全虚构的东西南极洲之间的假想冷战来设计许多示例。第 1 章简要介绍密码学。第 2 章开始学习哈希。从安全的角度看，哈希对于密码保护非常重要。第 3 章讨论对称加密算法。

　　第 4 章深入讨论非对称加密。这些算法用于证书和数字签名。第 5 章主要讨论完整性和身份验证；还讨论数字签名和证书，将第 4 章中的非对称工具和第 2 章中的哈希工具结合在一起。第 6 章介绍如何同时使用非对称和对称加密，以及为什么要这样做。第 7 章探讨对称加密的其他现代算法。第 8 章非常具体地介绍用于保护 HTTPS 流量的 TLS 协议；把本书的几乎所有内容都汇集在一起，是对本书的一个很好回顾，也是把本书所有内容组合起来的一个很有帮助的方式。

　　此外，本书还提供了相应的源码下载资源，以供读者更好地进行探索和学习。本书适合 Python 初学者和密码学的初学者，也适合信息安全从业人员。

在这里要感谢清华大学出版社的编辑，他们为本书的翻译投入了巨大的热情并付出了很多心血。没有他们的帮助和鼓励，本书不可能顺利付梓。

对于这本经典之作，译者本着"诚惶诚恐"的态度，在翻译过程中力求"信、达、雅"，但是由于译者水平有限，失误在所难免，如发现问题，请不吝指正。

译者

技术审校者简介

　　Mike Ounsworth 是 Entrust Datacard 公司的软件安全架构师。他拥有数学和物理学士学位，以及机器人和人工智能硕士学位。在专业上，他的日常工作主要是应用安全架构和渗透测试，以及一些密码学和后量子密码学的研究项目。工作之余，他还指导参加高中生 FIRST 机器人大赛的团队。

前　言

　　当今这个相互联系的世界彻底改变了一切，包括银行业、娱乐业，甚至治国之道。尽管用户、用途和安全配置文件各不相同，但这些数字应用程序至少有一个共同点：它们都需要正确应用密码学才能正常工作。

　　通俗地说，密码学是密码的数学。需要密码来让未经授权的人无法阅读信息，让信息无法更改，并知道是谁发送了信息。实用密码学是在实际系统中设计和使用这些代码。

　　本书主要面向缺少或几乎没有密码学背景的计算机程序员。虽然数学在书中只作了简短介绍，但总的方法是通过示例来讲授密码学的入门概念。

　　本书首先介绍一些基本组件，包括哈希算法、对称加密和非对称加密。接下来将超越加密，进入数字证书、签名和消息验证码领域。最后几章展示了这些不同元素如何以有趣和有用的方式(如 Kerberos 和 TLS)组合在一起。

　　讲解密码术的另一个重要部分是列出糟糕的密码术！本书故意破解一些密码，以帮助读者理解是什么催生了公认的最佳实践。练习和示例包括真实漏洞。列举糟糕的示例能帮助读者更好地理解密码学中出错的地方和原因。

　　可扫描本书封底二维码下载源代码。

　　在阅读正文时，有时会看到[*]之类的文字，这表示需要查询本书末尾"参考文献"中相应编号的资源。

目　录

第 1 章

■ ■ ■

密码学：不仅仅是保密

欢迎来到实用密码学的世界！本书旨在讲授足够的密码学知识，以便读者理解它能做什么，什么时候某些类型可以有效地应用，以及如何选择好的策略和算法。每一章都有示例和练习，通常在开头有一个详细解说的练习来帮助找到方向。这些示例经常伴随一些虚构的场景来添加一些上下文。有了一定的见识和经验后，这些示例后面的技术术语应该更有意义，也更容易记住。

1.1 设置 Python 环境

要潜水，就需要一个游泳的地方，那就是 Python 3 环境。如果你是 Python 3 专业人员，在安装需要的模块时没有任何问题，那么请跳过这一节，并做一些实际的深入了解。否则，请继续阅读，快速完成安装步骤。

本书中的所有示例都是使用 Python 3 和第三方"加密"模块编写的。

如果不想在系统 Python 环境中浪费时间，建议使用 venv 模块创建一个 Python 虚拟环境。这将使用 Python 解释器和相关模块配置所选的目录。通过使用 activate 脚本，shell 被定向为 Python 使用这个定制环境，而不是系统范围的安装。你安装的任何模块都仅在本地安装。

本节将逐步在 Ubuntu Linux 中安装系统。对于其他版本的 Linux 或 UNIX，安装过程可能稍有不同，对于 Windows 则可能有很大的不同。

首先，需要安装 Python 3、pip 和 venv 模块：

```
apt install python3 python3-venv python3-pip
```

接下来，使用 venv 在 env 目录中设置环境：

```
python3 -m venv env
```

这将在路径中设置解释器和模块。安装完成后，可通过以下命令随时使用环境：

```
source env/bin/activate
```

现在应该看到 shell 提示符前缀和环境名。激活环境后，安装 cryptography 模块。如果不希望在系统范围内安装 cryptography，请记住首先激活 Python 虚拟环境。

```
pip install cryptography
```

将在整本书中使用 cryptography 模块。很多时候会直接参考模块的文档，这些文档可以从 https://cryptography.io/en/latest/ 找到。

对于某些情形，还需要 gmpy2 模块。这需要一些系统范围内的包。

```
apt install libmpfr-dev libmpc-dev libgmp-dev python3-gmpy2
```

一旦安装了这些包，就可在虚拟环境中安装Python gmpy2模块。

```
pip install gmpy2
```

注意，在虚拟环境中，可以用 Python 代替 Python 3，用 pip 代替 pip3。这是因为用 venv 创建环境时，用的是 Python 3。在虚拟环境中，Python 3 是唯一的解释器，不需要区分版本 2 和版本 3。如果在系统范围内安装这些包中的任何一个，就可能需要使用 pip3 而不仅是 pip。否则，可能会为 Python 2 安装这些包。

如果在使用 gmpy2 时遇到问题，或者不希望安装所有系统范围内的包，可以跳过这一步。只有少数几个练习是无法完成的。

现在开始吧！

1.2 恺撒的移位密码

东南极洲(EA)和西南极洲(WA)的两个国家(本书中使用的两个虚拟国家)不太喜欢对方，一直在互相监视。在这个场景中，来自 EA 的两名代号为 Alice 和 Bob 的间谍渗透到他们的西方邻居中，并通过隐蔽的通道来回发送消息。

他们不希望西南极洲的敌人读取他们的信息，因此用密码进行交流。

遗憾的是，东南极洲在密码学领域并不是特别先进。对于密码，东南极洲真实间谍机构(EATSA)创建了一个简单的替代方法，将字母表中的每个字母用其后面的一个字母替换。这两个国家都使用标准的 ASCII 字母 A~Z。

假设他们选用这种替换技术对消息进行编码，并将移位距离设置为 1。在这种情况下，字母 A 将被替换为 B，字母 B 将被替换为 C，以此类推。字母表的最后一个字母 Z 会绕到开头，被 A 取代。这个表显示了明文(原始的、未修改的)字母到密文(编码的)字母(大写)的整个映射。像空格和标点符号这样的非字母保留不变。

A	B	C	D	E	F	G	H	I	J	K	L	M
B	C	D	E	F	G	H	I	J	K	L	M	N
N	O	P	Q	R	S	T	U	V	W	X	Y	Z
O	P	Q	R	S	T	U	V	W	X	Y	Z	A

使用这个表，HELLO WORLD 就编码为 IFMMP XPSME。

现在试试移位距离为 2 的情形，即把 A 替换为 C，B 替换为 D，以此类推，最后 Y 替换为 A，Z 替换为 B。

A	B	C	D	E	F	G	H	I	J	K	L	M
C	D	E	F	G	H	I	J	K	L	M	N	O
N	O	P	Q	R	S	T	U	V	W	X	Y	Z
P	Q	R	S	T	U	V	W	X	Y	Z	A	B

现在，消息 HELLO WORLD 编码为 JGNNQ YQTNF。

东南极洲真实间谍机构(EATSA)对他们简单的移位密码很满意，决定创建一个 Python 程序来处理消息的编码和解码。

■ 提示：编写代码

本书介绍了大量的 Python 示例程序。在每个程序的开头都列出需求，也许还会列出一个关于加密 API 的提示或概述。读者应该先自己写程序。如果陷入困境或犯了错误也没关系。即使不能自己解决所有问题，尝试编写程序的经验也将有助于更好地理解所提供的示例。

练习 1-1　移位密码编码器

创建一个 Python 程序，使用本节描述的移位密码对消息进行编码和解码。移位量必须是可配置的。

下面一起来做这个练习。所有练习都使用 Python 3。

首先创建一个简单函数，用于创建替换表。为简单起见，创建两个 Python 字典：一个包含编码表，另一个包含解码表。只对大写 ASCII 字母进行编码和解码，如代码清单 1-1 所示。

代码清单 1-1 创建替换表

```
1   # Partial Listing: Some Assembly Required
2
3   import string
4
5   def create_shift_substitutions(n):
6       encoding = {}
7       decoding = {}
8       alphabet_size = len(string.ascii_uppercase)
9       for i in range(alphabet_size):
10          letter      = string.ascii_uppercase[i]
11          subst_letter=string.ascii_uppercase[(i+n)%alphabet_size]
12
13          encoding[letter] = subst_letter
14          decoding[subst_letter] = letter
15      return encoding, decoding
```

观察这个函数在 n(移位参数)上的参数化。在这个函数中没有任何错误检查；而在其他地方检查参数。不过请注意，n 的任何整数值都是有效的，因为 Python 以一种合理方式处理负模数。甚至值 0 也是可以的：它只生成从每个字符到自身的映射！大于 26 的值也可以，因为在索引到字母表之前，会应用最终模数 alphabet_size。

现在，对于编码和解码，只需要将消息中的每个字母替换为对应字典中的一个字母，如代码清单 1-2 所示。

代码清单 1-2 移位编码器

```
1  # Partial Listing: Some Assembly Required
2
3  def encode(message, subst):
4      cipher = ""
5      for letter in message:
6          if letter in subst:
7              cipher += subst[letter]
8      else:
```

```
9           cipher += letter
10      return cipher
11
12  def decode(message, subst):
13      return encode(message, subst)
```

▓ **注意：紧凑与清晰**

当紧凑与清晰之间存在冲突时，我们倾向于普遍的清晰性而不是紧凑性。如果有助于说明正在发生的事情，甚至会用未得到广泛认可的方式来写程序。

代码清单 1-2 中的代码是一个很好的示例，它更倾向于清晰而不是通用的习惯用法。一个惯用的函数体可能是一行代码：

```
def encode(message, subst):
    return "".join(subst.get(x, x) for x in message)
```

如果习惯于此，这是一个可爱的 Python，但这里尽量不做太多假设。

在实现代码中，encode 函数接收一条传入消息和一个替换字典。对于消息中的每个字母，如果可以进行替换，就替换它。否则，只包含字符本身，而不进行转换(保留空格和标点符号)。

显然，此代码清单中的解码操作是完全不必要的，但将其包括进来是为了强调在替换密码中编码和解码工作是完全相同的。只有字典需要修改。

这些函数足以构建一个应用程序，但是为了有趣，在代码清单 1-3 中添加另一个函数，使用一个替换字典并创建一个显示映射的字符串。这将允许打印出由不同移位值创建的不同表。

代码清单 1-3 可打印的替换表

```
1   # Partial Listing: Some Assembly Required
2
3   def printable_substitution(subst):
4       # Sort by source character so things are alphabetized.
5       mapping = sorted(subst.items())
6
7       # Then create two lines: source above, target beneath.
8       alphabet_line = " ".join(letter for letter, _ in mapping)
9       cipher_line="".join(subst_letter for_,subst_letter in mapping)
```

```
10      return "{}\n{}".format(alphabet_line, cipher_line)
```

使用这些函数，可构建一个用于编码和解码消息的简单应用程序，如代码清单1-4所示。

代码清单 1-4　移位密码的应用程序

```
1    # Partial Listing: Some Assembly Required
2
3    if __name__ == "__main__":
4        n = 1
5        encoding, decoding = create_shift_substitutions(n)
6        while True:
7            print("\nShift Encoder Decoder")
8            print("--------------------")
9            print("\tCurrent Shift: {}\n".format(n))
10           print("\t1. Print Encoding/Decoding Tables.")
11           print("\t2. Encode Message.")
12           print("\t3. Decode Message.")
13           print("\t4. Change Shift")
14           print("\t5. Quit.\n")
15           choice = input(">> ")
16           print()
17
18           if choice == '1':
19               print("Encoding Table:")
20               print(printable_substitution(encoding))
21               print("Decoding Table:")
22               print(printable_substitution(decoding))
23
24           elif choice == '2':
25               message = input("\nMessage to encode: ")
26               print("Encoded Message: {}".format(
27                   encode(message.upper(), encoding)))
28
29           elif choice == '3':
30               message = input("\nMessage to decode: ")
```

```
31      print("Decoded Message: {}".format(
32        decode(message.upper(), decoding)))
33
34    elif choice == '4':
35      new_shift = input("\nNew shift (currently {}): ".format(n))
36      try:
37        new_shift = int(new_shift)
38        if new_shift < 1:
39          raise Exception("Shift must be greater than 0")
40      except ValueError:
41        print("Shift {} is not a valid number.".format(new_
        shift))
42      else:
43        n = new_shift
44        encoding, decoding = create_shift_substitutions(n)
45
46    elif choice == '5':
47      print("Terminating. This program will self destruct in 5
      seconds .\n")
48      break
49
50    else:
51      print("Unknown option {}.".format(choice))
```

编码和解码程序完成后，EATSA 将 Alice 和 Bob 派往秘密目的地，希望他们的通信如果被截获，将无法被西南极洲中心骑士办公室(WACKO)读取。

问题是这段代码很容易被破解。你知道为什么吗？通过聪明的猜测，有各种各样的方法可以找出答案。例如，试着破解这个消息：

FA NQ AD ZAF FA NQ FTMF UE FTQ CGQEFUAZ

使用一些简单的二字母单词，如 if、or、in、to 等，很快就会发现这个短语是：

TO BE OR NOT TO BE THAT IS THE QUESTION

保留的空间使其很容易被发现。因此，在现代密码学之前，真正的间谍通常会删除信息中的所有空格，就像这样：

FANQADZAFFANQFTMFUEFTQCGQEFUAZ

有了这种变化，至少在哪里尝试简单的替换并不明显。但是，即使 Alice 和 Bob 删除了所有空格和标点符号，破解他们的密码仍然是很简单的。虽然这段代码非常简单，可用笔和纸来破解，但是下面编写一个 Python 程序来破解它。知道如何破解吗？如果知道，那就自己去做吧。如果不知道，请继续阅读！

EATSA 使用的替换密码的问题是，只有 25 个独特而有效的转换。可以轻松地构造一个 Python 程序来尝试所有可能的 25 种组合。

如何知道何时使用了与 Alice 和 Bob 相同的移位距离？当看到它的时候就会知道，因为它是可读的。

下面在这场南极冷战中交换立场，为 WACKO 工作。他们知道已经有间谍渗透到他们的国家，他们正在监视这些间谍和 EATSA 之间的通信。一名代号为 Eve 的反情报人员刚刚发现以下信息：

FANQADZAFFANQFTMFUEFTQCGQEFUAZ

通过这条消息，Eve 还得到了 EA 间谍使用替代密码的情报。她决定编写一个程序，来对这些信息进行编码和解码。一个惊人的巧合是，她构建了一个像 EATSA 一样的 Python 程序！

运行程序时，她尝试以移位距离 1 来解码消息，产生如下结果：

EZMPZCYZEEZMPESLETDESPBFPDETZY

那看起来不太对。Eve 又试着使用移位距离 2、3，等等。

```
 1: EZMPZCYZEEZMPESLETDESPBFPDETZY
 2: DYLOYBXYDDYLODRKDSCDROAEOCDSYX
 3: CXKNXAWXCCXKNCQJCRBCQNZDNBCRXW
 4: BWJMWZVWBBWJMBPIBQABPMYCMABQWV
 5: AVILVYUVAAVILAOHAPZAOLXBLZAPVU
 6: ZUHKUXTUZZUHKZNGZOYZNKWAKYZOUT
 7: YTGJTWSTYYTGJYMFYNXYMJVZJXYNTS
 8: XSFISVRSXXSFIXLEXMWXLIUYIWXMSR
 9: WREHRUQRWWREHWKDWLVWKHTXHVWLRQ
10: VQDGQTPQVVQDGVJCVKUVJGSWGUVKQP
```

```
11: UPCFPSOPUUPCFUIBUJTUIFRVFTUJPO
12: TOBEORNOTTOBETHATISTHEQUESTION
```

使用移位距离 12，Eve 看到一串明显是英文的文本。这就是要传达的信息。

这种类型的替代密码通常称为恺撒密码[3]。这种密码已经有 2000 多年的历史。显然，从那时起，密码已经走了很长一段路。这项技术已经过时了。

即便如此，现代密码学的很多原理都可用恺撒密码来讨论，包括：

(1) 密钥的大小

(2) 块大小

(3) 保留的结构(不被编码的结构)

(4) 穷举式攻击

本书将在现代密码学的背景下学习所有这些概念。数学上的进步使新的密码在正确使用的情况下几乎不可能被破解。不过，在继续之前，这里有一些额外的练习，供求知欲强的读者参考。

练习 1-2　自动解码

在示例中，Eve 尝试解码各种消息，直到她看到一些类似英语的语句。尝试自动完成这个过程。

● 获得一个包含几千个英语单词的数据结构[1]。

● 创建一个程序，它接收编码的字符串，然后尝试用所有 25 个移位值进行解码。

● 使用字典尝试自动确定哪一个移位是最有可能的。

因为必须处理没有空格的消息，所以可以简单地记录解码输出中出现的字典单词数量。偶尔，可能出现一两个单词，但正确的解码应该有更多单词。

练习 1-3　强替换密码

如果不是改变字母顺序，而是随机打乱字母顺序呢？创建一个程序，使用这种替换方式对消息进行编码和解码。

有些报纸会刊登这种叫作"密码"的谜题。

---

1 可以在网上找到这些单词的列表，程序可以用它们自动填充数据结构。

练习 1-4　字典计数

在前面的练习中，有多少替换字典可用于加密风格的替换?

练习 1-5　识别字典

修改密码程序，以便能够识别并选择带有数字的混乱字符替换映射。也就是说，每个映射都有一个唯一编号来标识它:选择替换 n 应该每次都创建相同的替换映射。这个练习比其他的要难一点。尽量试一试!

练习 1-6　暴力破解

尝试让密码解码程序暴力破解一条消息。测试每个可能的映射需要多长时间?可以写一个程序，用任何一种"聪明的猜测"来加快这个过程吗?

1.3　密码学介绍

这个示例完成后，就可以进入真正的密码学了。欢迎光临!希望读者对替换密码有兴趣。如前所述，这种特殊形式的加密称为"恺撒密码"，因为恺撒大帝曾用它保护重要文件。

像恺撒一样，大多数人都有想要保密的信息。用密码学的术语来说，就是希望保密。加密是数据保密的基石。

你觉得恺撒的密码怎么样?即使没有计算机，你认为需要多长时间才能破解这样的密码?也许在恺撒时代，如果恺撒的敌人没有受过良好教育，这样做是相当有效的。这是密码学和计算机安全的重要一课。密码学的有效性通常取决于环境。不管你的对手受过多少教育，他们有多少台计算机，他们是否知道你使用的算法，或者他们的动机如何，优秀的密码都是有效的。

简而言之，当不太依赖环境时，至少环境是无法控制的，你会过得更好。

然而，良好的安全性总是取决于你的选择。本书旨在帮助密码初学者了解某些密码算法是如何工作的，以及设计它们的一些上下文。本书是面向程序员的，因此使用了很多源代码来说明概念。当使用 Python 编程语言时，Python 程序员会特别喜欢这些练习。然而，这些概念并不依赖于语言。

因此，本书假定读者对编程有一定的了解。Python 很容易学习和阅读，任何人至少都可以很容易地遵循示例，本书尽量避免使用非常特殊的 Python 习语来实现这一点。

然而，本书不假设读者事先熟悉密码学。如果对密码学有一点了解，请耐心阅读书中的一些解释，这些解释可能是针对绝对初学者的。如果你是初学者，这本书很适合你。希望你喜欢尝试新事物。

1.4 密码学的用途

注意，在当今这个相互连接的现代世界中，密码学无处不在。全球各地的人们正在以令人难以置信的数量和速度交换信息。《福布斯》2018 年的一篇文章报道了以下统计数据[10]：

(1) 每天要生成 250 亿亿字节的数据，而且这个数字还在不断增加。

(2) 谷歌每天处理 35 亿次搜索。

(3) Snapchat 用户每秒分享 50 万张照片。

(4) 每秒发送的短信超过 1600 万条。

(5) 每秒发送的电子邮件超过 1.5 亿条。

令人惊讶的是，从信息安全的角度看，这些传输的绝大多数都是为了在某种程度上得到保护。写这本书的时候，互联网上有近 40 亿用户，但几乎所有传输的数据都是针对其中很小一部分用户的。即使有人在社交媒体上公开发布信息让全世界都看到，他们也是在一个特定平台上发布信息。这种交流首先是针对 Facebook、Twitter、Snapchat 或 Instagram 的，然后这个平台会将其公开。

密码学是保护信息的主要工具。密码术可以帮助提供以下保护。

机密性：只有授权方才能阅读受保护的信息。这可能是考虑加密或密码时想到的第一件事。

身份验证：你知道你正在与正确的实体/人进行对话，他们没有委派身份(他们"在场")。许多人知道，浏览器中的小锁图标意味着数据被加密了，但是很少有人知道，它还意味着服务的身份(如银行)已经被可信的权威机构验证了。毕竟，这是非常重要的：为错误的一方加密数据并没有真正的帮助。

完整性：发送方和接收方之间没有更改消息。这同样适用于明文和加密消息。某些情况下，这似乎是不直观的，但在无法读取加密信息的情况下更改加密信息却是可能的，甚至是在对接收者"有意义"的情况下。

虽然有很多关于密码学的书籍，但其中很少把编程作为讲授算法和相关原理的主要方法。本书的目标是带领计算机程序员通过实践练习，帮助理解和使用这些概念。

1.5 会出现什么问题呢?

遗憾的是,有很多方法不正确地使用密码术。事实上,不正确地使用它的方法比正确地使用它的方法多得多。这有很多原因,但这里只关注两个。

首先,密码学是建立在许多非常深奥的数学基础上的,而大多数程序员和IT专业人员对此几乎没有经验。读者不需要知道使用密码术的数学原理,但是有时不知道它背后的数学原理,就很难对什么可行、什么不可行有正确的直觉。

其次,可能也是最大的问题是,正确的用法也依赖于上下文。很难找到一个"在任何情况下都应该这样做"的通用算法。学习密码学的一个重要部分是学习各种参数设置如何影响操作。

这方面会在书中有很多讨论。实际上,许多练习都是破解设置不正确的密码。观察破解过程是了解密码如何工作的好方法。它也很有趣。

1.6 你不是密码学家

> ▓ **警告**:本节很关键。请仔细阅读。

重复一遍,搞砸密码学的方法比你想象的要多得多。密码学历史中充满了聪明人的故事,他们无意中创造了脆弱的算法和系统。很多时候,非专业人士学到的东西刚好够危险,于是就拼凑了一个基于密码的模块,只不过提供了一种虚假的安全感。甚至一些最优秀的密码学家在发现忽略了一个微妙的边缘情况后,也不得不修改协议。

如果本书是你第一次接触密码学,则读完本书时,你仍然不是一个专家。本书无法令读者创建具有工业强度保护的算法和协议。读完本书,请千万不要认为自己已经准备好,可以为真正的应用程序拼凑自定义的密码了。

即使是专家,当前密码学社区的最佳想法也不是创建新的或自定义的机制。俗语说:"不要使用自己的密码术。"相反,应该查找和使用现有的库、协议和算法,这些库、协议和算法都经过了大量测试,有良好的文档记录和维护。当真正需要新算法时,通常由专家委员会创建这些算法,并对其进行不间断测试,然后提交给同行评审和公众评论,最后才被信任,来保护敏感数据。

那么,究竟为什么要读本书呢?如果只有专家应该发展密码学,为什么普通人要学习这些东西?

第一,密码学很有趣!无论如何准备来保护自己编写的应用程序与后端服务器之间的数据通信,学习密码学都是有趣、令人愉快和值得的。此外,也许在尝试过之后,你会想要做成为专家所需的艰苦工作!也许本书将是你成为密码学奇才的第一步！

第二，我们生活在一个不完美的世界。在你从事的项目中，以前的贡献者确实使用了自己的加密技术。这种情况下，就需要鼓动组织尽快替换它。这就像埋下一个等待爆炸的地雷，可能需要大量的金融投资来修复。组织可能需要聘请密码技术顾问来调查和评估风险。在不提前通知坏人的情况下，可能需要向所有客户发送强制安全补丁。尽管这种情况很糟糕，但最好还是自己去发现它，而不是等着坏人来发现。阅读本书可以帮助认识到这些问题，并对正在处理的问题做一个初步的评估。

第三，即使你使用的是可靠算法(更好的方法是使用第三方库)，至少稍微了解一下底层加密原理也是有帮助的。了解如何使用密码学非常方便，特别是如何设置各种密码方法的参数。密码学社区的一些人大力推动使用API创建库，这些API需要很少的配置，而且几乎不可能被误用(稍后列举这方面的示例)。然而，即使对于这些，如果在这些黑盒中发现一个弱点，知情的用户可以更好地理解这个弱点如何影响系统的安全性，从而更好地选择缓解策略。

最后，消息灵通的用户能够更好地识别好的建议和值得信任的专家。接下来几节将进一步讨论这一点。

1.7　"跳下悬崖"——互联网

大多数写代码的人都严重依赖于互联网。搜索API文档、示例代码甚至最佳实践是很常见的。但在网上搜索有关密码学的建议时请谨慎。许多答案是好的，但更多的答案十分糟糕。如果你不是这方面的专家，就很难分辨出两者的区别。

例如，一些研究人员在2017年发表了一篇题为《堆栈溢出被认为是有害的？复制粘贴对Android应用程序安全性的影响》[5]的研究论文。他们在Stack Overflow网站上详细查看了包括与安全相关的代码片段的4000多篇文章。在对130万个Android应用程序进行了取证后，他们发现有15%的应用程序包含从这些帖子中复制的代码，其中大多数在某种程度上是不安全的。

你能做的第一件事就是在实践中自学密码学，这是写这本书的目标之一。并非成为专家才会见多识广。读本书的大多数人都对计算机硬件有足够的了解，即使没有亲自设计电路板，也不会被咄咄逼人的推销员利用。类似地，对密码学的基础知识稍微多了解一点，就可以帮助识别出好的建议和坏的建议。它可以帮助确定什么时候可以自己找出答案，什么时候应该得到专家的帮助。

1.8 cryptodoneright.org 项目

作者之一是 Crypto Done Right 项目的创始成员。这个项目的目标是在一个地方汇集最好的实用密码指导。在 cryptodoneright.org 网站上，正在创建和维护一组为软件开发人员、IT 专业人员和管理人员设计的密码建议。其目标是在精通所有疯狂数学的密码专家和只需要应用程序与基于云的服务器安全通信的密码用户之间架起一座桥梁。

任何人都可以向 Crypto Done Right 项目提交或建议一个条目，但最好的专家编辑委员会确保内容正确。在写本书的时候，编辑控制点仍在 Johns Hopkins 大学，但是把它转变成一个社区驱动的独立组织尚在规划中。

鼓励读者使用本网站作为密码最佳实践的权威来源，我们认可其内容。作为一个通用的知识库，它不可能拥有每个人需要的所有东西，也不可能回答关于每个应用程序的所有问题。但这是一个很好的开始，可以了解密码算法是如何工作的，哪些参数很重要，以及需要避免哪些常见问题。如果试图在开发项目中弄清楚如何使用密码技术，请从这里开始，然后扩展到其他来源，以获得适用于具体情况的更详细建议。Crypto Done Right 可使你对相关问题更加敏感，以识别哪些信息源是值得信任的。

1.9 小结

这是一本 Python 编程书。我们会写很多非常有趣的代码来学习密码学。为了让事情更有趣，整本书都将提及 Alice、Bob 和 Eve。计算机安全人员实际上是这样谈论场景的：Alice 代表"甲方"，Bob 代表"乙方"，Eve 代表"窃听者"。有时会有其他常见的名字，但这三个是最常见的。

本书使用东南极洲和西南极洲之间的假想冷战来设计许多示例，这完全是虚构的。请不要把任何政治解读到其中。使用南极洲是因为它是我们能想到的最不具有政治色彩的地方。如果无意中冒犯了你，我们提前道歉。

虽然示例代码编写得很有趣，但它也具有相关性和启发性。花点时间研究一下这些示例。尝试自己的实验。从积极和消极的示例中学习。

请非常小心不要在自己的项目中使用"坏"示例代码。即使是"好"代码，也不应该只是复制和粘贴到应用程序中，而没有仔细决定它是否合适。

本书的其余部分组织如下：

第2章开始学习哈希。读者可能已经在某种程度上熟悉哈希了，但是我们会做一些有趣的实验，用暴力攻击哈希算法，甚至讨论一些工作量证明，比如比特币中使用的密码。从安全的角度看，哈希对于密码保护非常重要。它们对于文件完整性也很有用，后续章节讨论消息完整性和数字签名时将再次提到它们。

第3章将讨论对称加密。如果听说过AES，那就是对称加密方案的一个示例。它被称为"对称"，因为加密数据的密钥也用来解密数据。这些算法的速度很快，几乎专门用于加密传输或磁盘上的大多数数据。

与对称算法相反，第4章将深入讨论非对称加密。这种密码学涉及两个一起工作的密钥。一个密钥用于加密，另一个用于解密。这些类型的算法用于证书和数字签名，但该章将重点讨论算法本身。

虽然大多数人一听说密码学就想到加密，但它还有其他用途。第5章主要讨论完整性和身份验证。完整性确保消息在发送方和接收方之间不发生更改。令人感到惊讶的是，即使不能阅读某消息，仍然能够以有用、有意义的方式更改它。该章将探索一些简洁的示例。此外，还将讨论数字签名和证书，将第4章中的非对称工具和第2章中的哈希工具结合在一起。

第6章介绍了如何结合使用非对称加密和对称加密，以及为什么要这样做。第7章探讨了对称加密的其他现代算法。

第8章将非常具体地介绍用于保护HTTPS流量的TLS协议。该章将把本书几乎所有内容都汇集在一起，因为TLS是一个建立在所有这些工具之上的复杂协议。不必担心复杂的东西；这是对本书的一个很好回顾，也是把所有内容组合起来的一个很有帮助的方式。

开端

现在已经快速地介绍了密码学的基础知识，包括简单的密码和它不完全是关于保密的事实：还有其他重要因素。理想情况下，你已经建立了一个良好的Python环境，尝试了一些代码，并准备学习更多知识。

第 2 章

■ ■ ■ ■

哈　希

　　哈希是加密安全的基石。它涉及单向函数或指纹的概念。哈希函数只有在以下几种情况下才能正常工作：

- 它们为每个输入生成可重复、唯一的值。
- 输出值没有提供任何关于生成它的输入的线索。

　　一些哈希函数比其他函数更能满足这些需求，我们将讨论一些好的函数(SHA-256)和一些不太好的函数(MD5、SHA-1)，以演示它们是如何工作的，以及为什么选择一个好的函数如此重要。

2.1　使用 hashlib 自由哈希

■ **警告：MD5 不好**

　　在本章的前半部分，我们将使用一个称为 MD5 的算法。MD5 已被弃用，已不再被应用于任何安全敏感操作，或完全不被应用于任何操作，除非必须与旧系统交互。

　　本文旨在介绍哈希概念并提供历史背景。MD5 在这方面表现很好，因为它生成了短的哈希，有丰富的历史，并提供一些可以破解的密码。

　　上次提及我们最喜欢的两个来自东南极洲的间谍时，Alice 和 Bob 正在用简单的替换密码编出一些代码。尽管密码很弱，但提供了一种基本的消息保密形式。

　　但是，它对消息完整性没有任何作用。消息机密性意味着除了授权方之外，任何人都不能读取该消息。消息完整性意味着未经授权的任何一方如果更改消息，会被另一方注意到。

　　理解这种区别很重要。即使使用现代密码，消息不能被读取，并不意味着它不能被改变，甚至是以解密后有意义的方式改变消息。

　　另外，Alice 和 Bob 在 WA 边境通关时，有时会检查他们的笔记本电脑。在这个过程中没有任何文件被篡改。

对 Alice 和 Bob 来说幸运的是，新技术官员向他们介绍了一种称为"消息摘要"的东西来采集文件和消息传输的"指纹"。可将消息的内容与消息摘要结合起来，使用这两者，就可以判断任何消息的一部分是否被更改。听起来就是这样！

因为他们对"摘要"一窍不通，是时候进行一些训练了。从代码清单 2-1 开始。

代码清单 2-1　hashlib 简介

```
>>>import hashlib
>>>md5hasher=hashlib.md5()
>>>md5hasher.hexdigest()
'd41d8cd98f00b204e9800998ecf8427e'
```

导入一个名为 hashlib 的库似乎很简单，但是什么是 MD5？

MD5 中的"MD"代表"消息摘要"，稍后讨论一些有趣的细节，但现在，像 MD5 这样的摘要将任意长度的文档(甚至是空文档)转换为占用固定空间的一个大数字。它至少应该具有以下特征：

- 相同的文档总是生成相同的摘要。
- 摘要"感觉"是随机的，它不会提供任何关于文档的线索。

这样，摘要就像指纹，有时被称为指纹：它是代表文档身份的少量数据；我们关心的每个文档都应该有一个完全唯一的摘要。

人类的指纹在其他方面也很相似。如果身边有一个人，很容易生成一个相对一致而独特的指纹；但如果你只有指纹，就不太容易确定它是谁的指纹。摘要的工作原理是一样的：给定一个文档，很容易计算它的摘要；但是只给出一个摘要，就很难确定是什么文件生成了它。很难。事实上，越难越好。

MD5 摘要创建一个总是占用 16 字节内存的数字。在示例解释器会话中，要求它为空文档生成摘要，这就是为什么在要求 md5hasher 生成摘要之前，没有向它添加任何数据的原因。hexdigest 的使用演示了一种更易于阅读的数字格式，摘要中的每 16 个字节都显示为两个字符的十六进制值。

让 Alice 和 Bob 哈希他们的名字(用字节表示)，如代码清单 2-2 所示。

代码清单 2-2　哈希名字

```
>>> md5hasher = hashlib.md5(b'alice')
>>> md5hasher.hexdigest()
```

```
'6384e2b2184bcbf58eccf10ca7a6563c'
>>> md5hasher = hashlib.md5(b'bob')
>>> md5hasher.hexdigest()
'9f9d51bc70ef21ca5c14f307980a29d8'
```

对于这样的短字符串，组合操作并不少见，如代码清单 2-3 所示。

代码清单 2-3 组合操作

```
>>> hashlib.md5(b'alice').hexdigest()
'6384e2b2184bcbf58eccf10ca7a6563c'
>>> hashlib.md5(b'bob').hexdigest()
'9f9d51bc70ef21ca5c14f307980a29d8'
```

"那么，Alice，Bob，你们从中学到了什么?"老师问。两个人都不回答，老师建议他们多做些实验。

Python 区分 Unicode 字符串和原始字节字符串。对这些差异的完整解释超出了本书的范围，但是对于几乎所有的密码使用场合，都必须使用字节。否则，当解释器试图(或拒绝)将 Unicode 字符串转换为字节时，就可能遇到一些非常糟糕的意外。我们使用 b' '字符串语法强制字符串的字面值为字节。在用户输入需要以 Unicode 字符串开头的其他示例中，就把这些字符串编码为字节，以确保这样做是安全的。

练习 2-1 欢迎学习 MD5

计算更多摘要。尝试计算下列输入的 MD5 和:

- b 'alice' (再一次)
- b 'bob' (再一次)
- b 'balice'
- b 'cob'
- b 'a'
- b 'aa'
- b'aaaaaaaaaa'(十个"a"字母)
- b'a'*100000(100 000 个"a"字母)

关于 MD5 和，你从练习 2-1 中学到了什么？后面将进一步讨论这些，但下面回到无畏的南极洲。

Alice 和 Bob 这些摘要对象不需要一次全部输入。可以使用 update 方法一次插入一个块，如代码清单 2-4 所示。

代码清单 2-4　哈希 update

```
>>> md5hasher = hashlib.md5()
>>> md5hasher.update(b'a')
>>> md5hasher.update(b'l')
>>> md5hasher.update(b'i')
>>> md5hasher.update(b'c')
>>> md5hasher.update(b'e')
```

老师问 Alice 和 Bob："你们认为 md5hasher.hexdigest()指令的输出是什么？"试试看，看做得对不对！

当他们结束时，老师说："你们的入门训练快结束了。再做一次练习！"

练习 2-2　谷歌知道！

使用以下哈希进行快速谷歌搜索(将哈希按字面输入谷歌搜索栏)：

1. 5 f4dcc3b5aa765d61d8327deb882cf99
2. d41d8cd98f00b204e9800998ecf8427e
3. 6384e2b2184bcbf58eccf10ca7a6563c

2.2　进行一次哈希教育

在计算机安全领域，术语"哈希"或"哈希函数"总是指密码哈希函数，除非另有说明。还有一些非常有用的非加密哈希函数。事实上，我们在小学时学过一个非常简单的运算：计算一个数是偶数还是奇数。下面看看这个简单、熟悉的函数是如何演示适用于所有哈希函数的原则的。

哈希函数基本上是试图将大量(甚至无限)的东西映射到一个较小的集合上。例如，在使用 MD5 时，无论文档有多大，最后得到的都是一个 16 字节的数字。在离散代数术语中，这意味着哈希函数的域(domain)比它的值域(range)大得多。给定非常多的文档，其中许多文档可能生成相同的哈希。

因此，哈希函数是有损的。我们丢失了从源文档到摘要或哈希的信息。这实际上对它们的功能至关重要，因为在不丢失信息的情况下，有一种方法可从哈希返回到文档。我们真的不想这样，后面很快就会知道为什么。

因此，计算一个数字是偶数还是奇数非常符合这种描述。无论这个(整数)数字有多大或多有趣，都可以将它压缩成单个字节的空间：1 表示奇数，0 表示偶数。这是一个哈希！给定任意大小的任意数字，都可以有效地生成它的"奇性"值，但是给定它的奇性，却很难确定是哪个数字生成了它。可以创建非常多的可能输入，但不知道哪个输入用来生成答案。

"偶/奇"位有时被称为"奇偶"位，通常用作基本的错误检测代码。

"偶/奇"哈希示例说明了将输入"压扁"到固定大小值的原则。这个值是一致的，意味着如果把相同的数字放入两次，不会得到不同的值。它将大的输入压缩到一个固定大小的空间(只有 1 位！)，它是有损的：仅通过检查输出，无法确定把哪个数字用作输入。

所有的哈希函数，包括非加密哈希函数，都具有一致性、压缩性和有损性的基本性质，在计算机科学中有各种重要的应用。然而，仅这些特性还不足以使哈希函数是加密的或安全的。为此，哈希函数需要更多属性[11]：

- 原像抗性
- 第二原像抗性
- 抗碰撞性

下面将依次讨论这些重要性质。

2.2.1　原像抗性

通俗地说，原像是生成特定输出的哈希函数的输入集。如果将其应用到前面的奇偶校验示例中，奇校验位的原像是所有奇整数的无限集合。与此类似，偶校验位的原像是所有偶数的集合。

这对于密码哈希来说意味着什么?前面计算了 MD5 哈希值 6384e2b2184bcbf-58eccf10ca7a6563c 可以由输入 b'alice'生成。因此，下述 MD5 的原像：

MD5 (x) = 6384e2b2184bcbf58eccf10ca7a6563c

包含元素 x == b'alice'。

这很重要，因此下面用更精确的术语来表述它(在域和范围内使用整数——记住，文档是有序的位，因此只是一个大整数)。

原像：哈希函数 H 的原像和哈希值 k 是 x 值的集合，其中 $H(x) = k$。

对于密码哈希函数，原像的概念非常重要。如果给定一个摘要值，可能有无穷多个输入数字可用来生成它。这些数字是那个摘要的原像。记住，从计算机的角度看，每个文档都是一个大整数。都是字节，我们只是对它们进行数学运算。因此，原像就是一个无限整数集。[1]

原像抗性的基本思想是这样的：如果你给我一份摘要，我不知道你是怎么得到它的，则我不做大量的工作，甚至不能在原像中找到一个元素。理想情况下，我需要完成大量工作。

通常很难找到整个原像；它太大了。我们真正感兴趣的是很难在原像中找到任何元素，除非碰巧知道一个。这就是生成损耗的原因：无论如何，摘要都不应该提供关于生成它的文档的任何信息。由于没有任何指引信息，我们只能随机猜测或尝试一切，直到偶然发现一个能生成正确摘要的信息。这就是原像抗性。

尝试在给定输出的原像中查找元素的过程称为反转哈希：尝试反向运行它以获得给定输出的输入。原像抗性意味着很难找到任何逆。

所以，偶/奇函数是一个潜在有用的哈希函数，但不是安全的哈希函数。如果提供一个偶数/奇数值，很容易就能找到匹配的数字。比如我说"偶数"，你说"2"。这种原像抗性并不大，因为只需要指出：一个输入生成了给定的输出，这不必想太多就能做到。事实上，不用费多大力气就可以描述整个原像："所有偶数"。对于加密哈希函数，如果指定 $MD5(x) = ca8a0fb205782051bd49f02eae17c9ee$，则理想情况下不能确定 x 是什么，除非能找到已经知道并且愿意告诉你的人。MD5 很难逆转。

现在，可以尝试随机文档或有序文档，看看它们是否生成 ca8a0fb205782051bd49f02eae17c9ee，你可能会非常幸运！这种方法是一种暴力攻击，因为必须在干草堆的每根稻草中找到要找的针。我们必须检查大量稻草，依靠原始耐力来度过难关。

因为一致性是哈希的一个属性，如果恰好有一个输入映射到给定的输出，或者可以通过搜索谷歌来找到它，那么这个特定的输出就会被简单地逆转。无论如何，ASCII 文本 alice 在运行 MD5 时总是映射到 6384e2b2184bcbf58eccf10ca7a6563c，因此，如果碰巧同时知道这两者，就很容易从摘要中找到 alice。对于特定的输出，MD5 被简单地倒置了。但是，这并不意味着 MD5 没有原像抗性：要打破这一限制，需要找到一种简单方法，根据给定的输出来查找输入，而不必事先知道输入是什么。

这又一次要使用暴力方法。使用暴力技术(随机猜测或顺序搜索)"猜测"MD5

---

[1] 如果考虑域是有帮助的，那么哈希函数的每个原像的一个好品质就是它的所有元素都以不可预测的间距分散开。这样就不太可能凭猜测意外地选择一个原像(它们非常分散)，而且一旦选择一个原像，也不太可能找到其他原像(其间隔不可预测)。稍后会深入探讨。

哈希的原像元素需要多长时间？要回答这个问题，首先需要查看有多少可能的哈希值。MD5 总是生成一个 16 字节的摘要，可以用它计算理想情况下逆转 MD5 的难度。为此，需要了解二进制(以 2 为基数)、十进制(以 10 为基数)和十六进制(以 16 为基数)正整数(加 0，但通常只说"非负")。

如果很好地理解了这些内容，请跳到下一节。

1. 字节转换成某个非负整数

大多数计算机用二进制表示一切。二进制数字系统以 2 为基数来表示。介绍它的一个好方法是通过计数。左边是我们熟悉的十进制数，右边是相应的二进制数：

```
0      0
1      1
2      10
3      11
4      100
5      101
6      110
7      111
8      1000
9      1001
```

在这个系统中计数是如何工作的？下面从 0 开始，这很熟悉。加 1 等于 1，这是符合预期的。到目前为止，一切顺利。但是，因为基数是 2，所以再试一次时，数字就用完了！就像在十进制系统中没有一个数字表示 10，在二进制中也没有一个数字表示 2！

以 10 为基数的数用完后怎么办？使用位值。数字 10 表明：这个数字中有"1个 10"和"0 个 1"。它是 9 后面的数字。

二进制是相似的。从 1 向上移动一个数字时，就没有数字了，所以在"2"列中放入一个"1"，在"1"列中重新从 0 开始。

值得注意的是，可以用这种方式表示每一个非负整数，就像用小数一样。基值("二进制""十进制""十六进制"等)说明需要处理多少位数字，因此表示位值的含义。在不同的数字系统中有不同的位值。注意，人们对这些东西有点粗心，用十进制表示它们，但实际上数字系统是任意的。说到这点，世界上有 10 种人：懂二进制的和不懂二进制的[1]。

1　此处的 10 是二进制数。这是一个老笑话；不必在意，很抱歉。

	第 3 位	第 2 位	第 1 位	第 0 位
二进制	8	4	2	1
十进制	1000	100	10	1
十六进制	4096	256	16	1

或者:

	第 3 位	第 2 位	第 1 位	第 0 位
二进制	2^3	2^2	2^1	2^0
十进制	10^3	10^2	10^1	10^0
十六进制	16^3	16^2	16^1	16^0

所有这些数字系统都以相同的方式工作:位值通过在基数上的指数加 1 来确定。因此,十进制数字 237 的含义是 $2×10^2 + 3×10^1 + 7×10^0 = 200 + 30 + 7$。

在十六进制中,该数字(用 x_h 表示十六进制中的 x)是 ed_h,即 $e_h×16_h^1 + d_h×16_h^0$。但这意味着什么呢?在十进制里,$e_h = 14_d$,$d_h = 13_d$。因为 10_h 在十六列上是 1,所以得到十进制数 $14×16 + 13 = 237$。

为什么首先关心十六进制,而不是它的相对紧凑度?十六进制是有用的,因为它的位值是 2 的倍数(确切地说,是 2^4 的倍数),所以它精确地与二进制对齐。考虑下面的表格,十六进制在左边,二进制在右边:

```
0    0
1    1
2    10
3    11
4    100
5    101
6    110
7    111
8 1000
9 1001
A 1010
B 1011
C 1100
D 1101
E 1110
F 1111
```

用完十六进制的数字时，二进制就需要从四列变成五列！这真的很有帮助，因为这意味着可以把计算机的本地二进制数和庞大的二进制数轻松地转换为对人类友好的、紧凑的十六进制数。人们在这方面做得很好，甚至可以一看到就转换过来。下面是一个示例，上面是二进制，下面是十六进制：

```
101 1100 1010 0011 0111
5   c    a    3    7
```

无论二进制数有多大，都可以把每 4 位二进制数字写为一个十六进制数字。

回顾二进制的目的是再次强调，计算机中的每个位序列都是一个数字。如果这些位是一个文档呢？这是一个数字。如果它们代表一个图像呢？这是个很大的数字。

这些位的"意义"不在电脑里，而在我们的大脑里

这些信息可能以某种方式显示，但我们选择这样做是基于我们知道这些信息的含义。计算机不知道它们真正的含义，它们只是数字。能以某种方式储存意义本身吗？当然，但这将迫使我们把意义编码成数字，因为计算机只能理解数字。甚至指令也只是数字。

多做哲学思考，是吗？如果想知道计算机是如何工作的，这实际上是一件非常重要的事，我们确实需要世界上有这样做的人。数据和代码都是很大的数字，计算机基本上只是对它们进行读取、存储和运算。

---

2. 哈希好难呀！

有了这个小插曲，现在可以回答我们想要回答的第一个问题：一般来说，使用暴力逆转 MD5 有多难？可以试试通过观察其输出的大小来了解这一点。MD5 输出一个 16 字节的值，即 $16 \times 8 = 128$ 位。使用 n 位，可以表示 2^n 个不同的值，因此 MD5 可以输出许多不同的摘要。这实际上是十进制数字：[1]

340,282,366,920,938,463,463,374,607,431,768,211,456

即使每秒检查 100 万个值(并保证检查的任何值都不会生成之前看到的输出)，仍然需要大约 10^{26} 年才能通过暴力找到合适的输入。相比之下，太阳最多只能再维持生命 50 亿年，计算机需要运行很多倍的时间。

1　在十六进制中，这个数字与二进制的关系要紧密得多，看起来也更容易理解一些：100000000000000000000000000000000。

如果有一个密码算法，而破解它的唯一方法就是暴力破解，那么该算法就很好。问题是，不一定知道它是好算法。但这给了一个上限，即找到在 MD5 中生成特定哈希的输入需要多长时间。至少不会花更长时间！

2.2.2 第二原像抗性和抗碰撞性

一旦理解了原像抗性，其他两个特性就相对容易理解了。在上一节的结尾，提到了暴力和二进制，下面快速回顾一下：

原像抗性意味着很难找到生成特定摘要的文档，除非已知一个文档。

1. 第二原像抗性

第二原像抗性意味着，如果已经有一个生成特定摘要的文档，仍然很难找到另一个生成相同摘要的文档。

换句话说，仅因为知道：

```
MD5(alice) = 384e2b2184bcbf58eccf10ca7a6563c
```

并不意味着可将另一个值放入 MD5 中，得到相同的值。将不得不再次诉诸暴力。

要将它与其名称联系起来。如果已经有了一个原像的成员，那么查找另一个原像的成员并不容易：在原像中没有可利用的模式。

2. 抗碰撞性

抗碰撞性比刚才提到的任何一个原像特征都要微妙一些。抗碰撞性意味着，很难找到任何两个生成相同输出的输入：不是特定的输出，只是相同的输出。

一个经典方法是用生日来描述[1]。假设在一个满是人的房间里，想找两个生日是 2 月 3 日的人。这种可能性有多大？如果随机选择，则不一定能找到。

但现在假设想做别的事情。想知道是否有两个人的生日是同一天。不关心这一天是一年中的哪一天，只想知道哪两个人的生日重叠。这种可能性有多大？结果是，总的来说，可能性要大得多。毕竟，只去掉了某一天的约束，现在想要的是任何一天的重叠。

这就是碰撞性的基本原理。当一个哈希算法能够抵抗碰撞时，就不能有目的地创建或选择生成相同摘要的任何两个输入(不事先决定该摘要应该是什么)。

MD5 似乎具有很强的抗碰撞能力。一个有助于实现这一点的特性是，输入的微小变化可能导致输出的大变化。以练习 2-1 为例，为非常相似的值(如 a 和 aa，或 bob 和 cob)生成哈希。对这些值执行 MD5 得到的结果不仅不同，而且大相径庭：

---

1 "生日问题"是概率论中一个起源不确定的经典问题。

```
bob:   9f9d51bc70ef21ca5c14f307980a29d8
cob:   386685f06beecb9f35db2e22da429ec9
```

两者之间没有明显联系。这是由于许多哈希和加密密码共享的一个属性，称为雪崩属性：对输入的更改，无论多么小，都会在输出中造成巨大的、不可预测的更改。理想情况下，对于很小的输入改变，应该改变50%的输出位[11]。用 bob 和 cob 作为输入，得到这个效果吗？看看二进制中的摘要，使用一些 Python 代码来辅助探索(注意位串非常长，所以在代码清单 2-5 中将其分成两行)。

代码清单 2-5 雪崩

```
>>> hexstring = hashlib.md5(b'bob').hexdigest()
>>> hexstring
'9f9d51bc70ef21ca5c14f307980a29d8'
>>> binstring = bin(int(hexstring, 16))
>>> print("{}\n{}".format(binstring[2:66], binstring[66:]))
1001111110011101010100011011110001110000111011110010000111001010
0101110000010100111100110000011110011000000101000101001110110000
```

下面显示在给定输入 b'bob'和 b 'cob'时位的变化。

```
MD5(bob):
9 f 9 d 5 1 b c 7 0 e f 2 1 c a
1001111110011101010100011011110001110000111011110010000111001010
5 c 1 4 f 3 0 7 9 8 0 a 2 9 d 8
0101110000010100111100110000011110011000000101000101001110110000
MD5(cob):
3 8 6 6 8 5 f 0 6 b e e c b 9 f
0011100001100110100000101111100000011010111110111011001011100111111
3 5 d b 2 e 2 2 d a 4 2 9 e c 9
0011010111011011001011100010001011011010010000101001111011001001
```

变化的位：

```
X_X__XXXXXXXX_XXXX_X_X___X__XX_____XX_XX_____XXXX_X_X__X_X_X_X
_XX_X__XXX__XXXXXX_XXX_X__X_X_X_X____X_XX_X__X_XX_XXX___X___X
```

27

在本例中，bob 和 cob 的哈希值的差异影响了 128 位中的 64 位。并非坏事！雪崩是一个重要属性，在第 3 章的密码中将再次看到它。

练习 2-3　观察雪崩

比较大量输入值之间的位变化。

雪崩有助于防止碰撞，因为生成文档，然后进行可预测的更改，将很难生成相同的摘要。如果文档中的一个小更改会导致摘要中不可预测的大更改，那么有意地创建冲突很可能是一个难题，只能再次使用暴力来解决它。

还记得前面的生日类比吗？寻找冲突并不像在原像中寻找一个值那么困难。对于一个 n 位摘要的原像抗性，意味着攻击者在尝试 2^n 之后可能会破坏哈希，在这种情况下，只需要尝试 $2^{n/2}$ 次就可找到一个冲突。尝试的次数还不到一半，这是有一半 0 的次数。这种差异令人震惊。具体来说，对于 MD5，为给定摘要查找一个文档需要 2^{128} 次尝试，而查找两个发生冲突的文档只需要 2^{64} 次尝试。

事实上，MD5 的碰撞抗性远没有那么好。它已经被"破坏"了，这意味着已经开发了一些技术，用来发现比预期的 2^{64} 次尝试要少得多的碰撞。简而言之，这个问题可以用其他方法在不到 1 小时的时间内解决，而不是用暴力。记住这一点，稍后再讨论它。

2.3　哈希摘要算法

至此，读者应该掌握了足够的知识，可以创建一个 Python 程序来计算文件的 MD5 摘要[1]。这是哈希的常用用法，也是一个很好的练习。请记住，输入时必须使用 Python 字节，而不是 Python Unicode 字符串。如果尝试使用默认模式打开 Python 文件，可能将其作为文本文件打开，并将数据作为字符串读取，执行隐式解码。相反，应该以 rb 模式打开文件，以便所有读取操作都会生成原始字节。对于文本文件，可能想要将数据读为字符串，然后使用字符串的 encode 方法将其转换为字节。但是根据配置不同，这种编码可能不是期望的，并会导致严重的意外。

1　有时被称为"MD5 和"，其中"和"是"校验和"的缩写，这个名字本身就有一些有趣的、悠久的历史，是由数字传输中的错误检测而来的。

练习 2-4　文件的 MD5

编写一个 Python 程序，计算文件中数据的 MD5 和。不需要担心文件的任何元数据，如最后修改时间以及文件的名称，只需要考虑其内容。

应该检查一下练习 2-4 的答案。如果使用的是 Ubuntu Linux 系统，那么 md5sum 实用程序已经安装。从命令行上运行这个实用程序，以一个文件作为输入，看看它是否生成与实用程序相同的十六进制摘要。

说到 Ubuntu，这是一个使用哈希实现文件完整性的完美示例。

访问 Ubuntu 发行版的网站。撰写本书时，网站为 https://releases.ubuntu.com。例如，如果看看"仿生海狸"的发行版，会发现有许多文件可供下载。特别是，有两个 ISO，但它们可以直接获得或通过其他下载技术(如 BitTorrent)获得。

还有一个名为 MD5SUMS 的文件。对于这个发行版，这个文件的内容应该如下：

```
f430da8fa59d2f5f4262518e3c177246 * ubuntu-18.04.1-desktop-amd64.Iso
9 b15b331455c0f7cb5dac53bbe050f61 * ubuntu-18.04.1-live-server-
amd64.iso
```

下载后，可以在 ISO 上运行"MD5 和"，来验证数据是否未被破坏。

MD5 哈希值有什么用？它不会防止坏人破坏 Ubuntu 网站。如果坏人给 Web 服务器上传假的 Ubuntu，也可以上传假的"MD5 和"。

但是，"MD5 和"确实更容易从其他来源获得 Ubuntu ISO，并且知道它是真实的。例如，假设你正准备从 Ubuntu 网站直接下载 ISO 文件，这时一个同事过来对你说，可以使用他们已经下载到 U 盘上的 ISO 文件。可以从 Ubuntu 的官方网站下载"MD5 和"的较小文件，并在信任它们之前与硬盘上的大得多的文件进行核对。

在 Ubuntu 目录中，还会看到名为 SHA1SUM 和 SHA256SUM 的文件。这些是什么？

到目前为止，只把 MD5 作为讲授哈希的一些原则的一种较简便方式。MD5 在很长一段时间内都是加密哈希的标准方法，但已经被破解了：人们已经发现了比暴力方法更快的方法来诱导冲突，它正在被其他哈希函数取代。

有趣的是，"破解"通常意味着"某人可以用比暴力低一个数量级的时间来解决问题"。例如，这可能意味着平均 2^{127} 次尝试可找到原像值，而不是 2^{128} 次。这仍然很难，只是没有原来那么难。在查看指示某些内容已被破坏的文章时，重要的是要查明这到底是什么意思。这是否意味着其中一个基本性质不再成立？这是否意味着它是成立的，但不那么难以实现？如果不止一个属性呢？这些都很重要。

利用 MD5，研究人员发现了一种"打破"原像抗性[12]的方法。他们展示了可以比 2^{128} 次尝试更快地找到 MD5 哈希的原像。快多少呢？他们的算法比 2^{123} 次尝试的时间稍长。这种攻击被认为是理论上的，在实践中仍然没有用处：2^{123} 仍然非常大。

另一方面，MD5 已被证明在涉及抗碰撞性方面非常脆弱。创建两个生成相同 MD5 输出的输入是相当容易的。已经证明：进行实际攻击，能够获取 TLS 中使用的假证书，TLS 用于各种安全的 Internet 通信。这里不会深入讨论细节，因为还没有讨论过证书，但是本书最后讲到 TLS 时将重新讨论它。

另一方面，抗碰撞性与第二原像抗性是不同的。请记住，如果已经有了原像的第一个成员，第二原像抗性会阻止为输出寻找原像的第二个成员。即使 MD5 的抗碰撞性被破坏了，它的原像抗性也没有被破坏。回到 Ubuntu 发行版的示例，如果从一个中介获得发行版，他们不能用相同的 MD5 摘要创建一个替代发行版。

然而，Ubuntu 组织可以利用 MD5 的抗碰撞性弱点来创建两个具有相同 MD5 和的独立发行版。或许，他们可与政府合作，将一个带有各种跟踪软件的发行版卖给另一个对前者怀有敌意的政府。MD5 和不能用来确保向所有缔约方分发相同的 ISO。

此外，一旦密码算法以某种方式被破坏，人们就会怀疑它也会以其他方式被破坏。因此，尽管还没有人证明 MD5 的原像抗性或第二原像抗性受到实际攻击，但许多密码学者担心存在这样的漏洞。

要重申本章开头的警告，请不要使用 MD5。它已经被弃用超过 10 年，而且它的一些安全缺陷已经被发现了 20 年。

SHA-1 哈希是另一种被广泛认为可以替代 MD5 的算法。然而，SHA-1 的抗碰撞性最近也被破坏了，因为研究人员发现，创建两个哈希到相同输出的输入相对容易[13]。因此，与 MD5 一样，也不要使用 SHA-1。

在撰写本书时，最佳实践是使用 SHA-256。幸运的是，如果你使用的是 hashlib，这对你来说意义不大：只需要更改 hasher，如代码清单 2-6 所示。

代码清单 2-6 改用 SHA-256

```
>>> import hashlib
>>> hashlib.md5(b'alice').hexdigest()
'6384e2b2184bcbf58eccf10ca7a6563c'
>>> hashlib.sha1(b'alice').hexdigest()
'522b276a356bdf39013dfabea2cd43e141ecc9e8'
>>> hashlib.sha256(b'alice').hexdigest()
'2bd806c97f0e00af1a1fc3328fa763a9269723c8db8fac4f93af71db186d6e90'
```

注意，这些不同的哈希算法具有不同长度。当然，MD5 输出 16 字节(128 位)。如果不是很明显，SHA-1 的输出是 20 字节(160 位)。更简单地说，SHA-256 的输出是 32 字节(256 位)。

如果认为反转 MD5(为给定的输出找到一个原像)需要很长时间，那么看看 SHA-1。因为输出是 160 位，所以找到一个原像需要 2^{160} 次尝试，即：

1 461 501 637 330 902 918 203 684 832 716 283 019 655 932 542 976

SHA-256 需要 2^{256} 次尝试，即：

115 792 089 237 316 195 423 570 985 008 687 907 853 269 984 665
640 564 039 457 584 007 913 129 639 936

祝你好运!

2.4 哈希密码

哈希函数的另一个常见用法是密码存储。例如，在 Web 站点上创建一个账户时，它们几乎从不存储密码。通常，它们存储密码的哈希。这样，如果 Web 站点受到攻击，密码文件被盗，攻击者就无法恢复任何人的密码。

这是什么意思？通过安全通道或 HTTPS 发送密码时，服务器不需要存储它来进行检查。注册时，密码被哈希，哈希被存储；称之为 H(密码)。稍后登录时，发送一个密码，称之为"建议"；建议这是真实的密码，服务器需要验证这一点。

因此，尝试通过安全连接发送建议的密码来登录，服务器现在有两件事要做：它可以从用户名中查找 H(密码)，且有刚提交的建议。它只需要检查 H(proposal) = H(password)，如果它们相同，则让你通过。

如果相信该服务会实际存储密码，该怎么办？这可能是一个合理担忧，特别是因为近年来很多网站的密码被盗。为什么不使用 JavaScript 在浏览器中对密码进行哈希，然后将其发送到服务器呢？这样，服务器甚至不会在内存中看到密码，更不用说在数据库中了!

这里有几个大问题：

● 首先，浏览器中哈希密码的代码来自那个服务器，因此仍然必须信任这个服务。

● 如果没有安全的密码通道，那么有人可以在传输途中读取密码。如果有安全通道，那么最好只发送密码。必须信任那个服务。

● 如果成功发送了一个哈希，它就成了密码。是的，可从其他一些容易记住的东西中生成它，但是现在还必须保护那个哈希值。无论如何，服务器必须对那个哈希进行哈希处理，这样攻击者就不能使用存储在数据库中的内容登录了。

简而言之，如果要使用哈希作为密码，正确的方法是使用浏览器之外的工具从密码和感兴趣的站点名称生成哈希，然后使用结果作为密码。与在安全的地方(如密码管理器)创建一个新密码并记住它相比，本质上是一样的。

就这样做吧。服务器永远不会看到在其他地方使用的密码，因为给它创建了一个全新的随机密码。

与尝试用哈希解决安全性问题相比，更好的方法是使用多种形式的身份验证，这些身份验证已被证明更难在网上窃取身份，通常涉及附加到计算机上的硬件令牌。

大多数常见的双因素身份验证形式没有帮助，实际上会使情况变得更糟。保密问题就是其中之一。回答这些问题通常很容易。如果不容易，它们就是另一件很难记住的事情，除非把它们写下来。另外，现在有几个东西可用作站点的密码，这意味着攻击者有更多机会通过猜测进入站点。SMS 已经被证明是非常脆弱的，容易破解，所以代码通过 SMS 发送到手机是不好的。

正确部署的质询-响应硬件令牌不会出现这些问题。它们是你拥有的东西，而不是你知道的另一样东西，偷听连接的人不会猜到它们，也不会通过假装其他网站的登录表单来获得。它们不可能在电话中偶然给出，也不可能是伪造的。

无论如何，最终都需要两个或多个因素来进行身份验证，以获得真正的安全性。"修复密码"不是寻找完整解决方案的好地方。

如果正确使用了服务器端哈希，并且攻击者窃取了密码文件，他们将看到如下内容。你能说出 smithj 的密码吗？

```
...
smithj 5 f4dcc3b5aa765d61d8327deb882cf99
...
```

仔细看，你以前见过那个哈希值吗？

眼尖的读者会记得本章练习开始时的哈希值。在网上寻找这个值。发现了什么？

这个哈希值是 password 的 MD5 哈希，是的，这个密码仍然被频繁地使用。但这里更深层的问题是，哈希值是确定的：相同的输入总是哈希到相同的输出。如果攻击者看到过一次 password 的 MD5 和，就能在每一个被盗的密码文件中寻找相同的摘要。如何解决这个问题？

首先，不要假设可以让人们停止使用愚蠢的密码。

假设他们会这样做，无论如何都需要修复它。从摘要本身开始。

在实践中，MD5 没有因为原像抗性或第二原像抗性而被破坏。因此，目前还没有将这个哈希值转换为密码的实际攻击。然而，MD5 被破解了，不应该使用！下面看一个新的密码文件。

```
...
smithj 5baa61e4c9b93f3f0682250b6cf8331b7ee68fd8
...
```

现在知道 smithj 的密码是什么吗？是的，它仍然是 password，但现在它在 SHA-1 下哈希。好一些，对吧？哦，是的，SHA-1 被破解了，不应该使用！下面再试一次！

```
...
smithj 5 e884898da28047151d0e56f8dc6292773603d0d6aabbdd62a11ef721d1542d8
...
```

终于！我们使用的哈希算法没有了已知的漏洞。这样更好，但确定性哈希仍然是个问题。如果攻击者知道这个哈希映射到 SHA-256 的 password，那么 smithj 的安全仍然受到威胁。

此时 salt(盐)的概念就粉墨登场了。salt 是一个公开的值，在哈希之前与用户的密码混合在一起。通过混合一个 salt 值，用户的密码就不会像现在这样被立即识别出来。

这个 salt 必须选对。它需要是唯一的，并且足够长。一种方法是使用 os.urandom 和 base64.b64encode 生成强随机[1]salt：

```
>>> import hashlib
>>> hashlib.md5(b'alice').hexdigest()
'6384e2b2184bcbf58eccf10ca7a6563c'
>>> hashlib.sha1(b'alice').hexdigest()
'522b276a356bdf39013dfabea2cd43e141ecc9e8'
>>> hashlib.sha256(b'alice').hexdigest()
```

1　要求是唯一性，而不是随机性，但随机性提供了一个简单方法，适用于上例。

```
'2bd806c97f0e00af1a1fc3328fa763a9269723c8db8fac4f93af71db186d6e90'
```

显然，salt 输出将不同于代码清单中显示的输出，每次调用它时，输出都将不同。

一旦有了 salt，就可以存储它，然后将密码和 salt 混合起来。例如，在哈希之前使用 salt 预先设置密码。现在，如果攻击者获取了密码文件，就不可能从任何类型的预计算表中"识别"出密码。

不过，他们仍然可以尝试哈希 salt 和"密码"，看看是否有匹配的内容。猜测总是一种策略，对于大多数人选择的密码来说，这是一种特别好的策略。

很容易看出，每次检查用户密码时都必须使用相同的 salt。但是相同的 salt 应该用于多个用户吗？能否为整个 Web 站点一次性地生成这种 salt，然后重用它？

答案是"不!"你能想到为什么吗？如果两个用户使用相同的 salt，会有什么影响？至少，这意味着如果两个用户共享相同的密码，很容易立即识别出来。因此，最佳实践是将用户名和 salt 与密码哈希一起存储。

如果 smithj 的密码选择了令人恐惧的 password，至少它会正确地存储在系统中：

```
...
smithj,cei6LtJVQYSM+n6Cty0O2w==,
    bd51dac1e2fca8456069f38fcce933f1ff30a656320877b596a14a0e05db9567
...
```

现在已经了解了密码存储的基础知识，但还有更好的算法。它们是基于相同的原理构建的，但会执行额外步骤，使攻击者更难逆转密码。一个强烈推荐的密码存储算法被 Colin Percival 称为 scrypt，并在 RFC 7914[16]中进行了描述。另一个流行算法是更新的 bcrypt [1] (https://pypi.org/project/bcrypt/) 及其继承者 Argon2 (https://pypi.org/project/argon2/)。

幸运的是，使用第 1 章设置的加密模块很容易使用 scrypt。代码清单 2-7 是从 cryptography 模块的在线文档派生出来的一个示例。代码清单派生了要存储在文件系统中的密钥(哈希)。

代码清单 2-7　scrypt 生成

```
1    import os
2    from cryptography.hazmat.primitives.kdf.scrypt import Scrypt
3    from cryptography.hazmat.backends import default_backend
```

1 bcrypt 算法非常好，只有一个"难度"参数，比使用多个参数的方法更容易正确使用。

```
4
5    salt = os.urandom(16)
6
7    kdf = Scrypt(salt=salt, length=32,
8                      n=2**14, r=8, p=1,
9                      backend=default_backend())
10
11   key = kdf.derive (b"my great password")
```

密钥和 salt 都必须存储到磁盘中。scrypt 参数必须是固定的，或者也必须存储。稍后将讨论这些参数，但是首先，代码清单 2-8 描述了验证(假定 salt 和密钥是从磁盘恢复的)。

代码清单 2-8　scrypt 验证

```
1    kdf = Scrypt(salt =salt, length =32,
2                      n=2**14, r=8, p=1,
3                      backend=default_backend())
4    kdf.verify(b"my great password", key)
5    print("Success! (Exception if mismatch)")
```

选择完美的参数

关于 scrypt 参数，首先讨论 backend。cryptography 模块主要是一个低层引擎的包装器。例如，模块可以使用 OpenSSL 作为这样的引擎。这使系统更快(因为计算不是用 Python 完成的)，而且更安全(因为它依赖于一个健壮的、经过良好测试的库)。本书始终使用 default_backend()。

其他参数是特定于 scrypt 的。length 参数是进程结束后密钥的长度。在这些示例中，密码被处理为 32 字节的输出。参数 r、n 和 p 是调节参数，影响计算所需的时间和需要多少内存。为了更好地保护密码，这个过程最好花费更长时间并需要更多内存，以防止攻击者一次破坏数据库的大数据块(每次破坏都需要很长时间)。

幸运的是，推荐的参数是可用的。r 参数应是 8，p 参数是 1。n 参数的值取决于需要提供相对快速响应的 Web 站点，还是提供不需要快速响应的更安全存储。不管怎样，它必须是 2 的幂。对于交互式登录，建议使用 2^{14} 个。对于更敏感的文件，最好是 2^{20} 个。

实际上，这是一个很好的过渡到更一般参数的讨论。密码学中的许多安全性取决于如何设置参数。除非是密码学专家，了解算法的确切细节，并理解为什么它们是这样的，否则很难正确地选择它们。重要的是，现在大致了解了参数的含义，以及如何在不同上下文中使用它们。参考可信的资源，如 https://cryptodoneright.org，以获得意见和建议。也要注意这些来源。随着新的攻击和计算资源的出现，被认为是安全的东西可能会改变。

2.5 破解弱密码

下面看看攻击者是如何尝试破解密码的。遗憾的是，对于 smithj 来说，选择如此糟糕的密码意味着，如果密码文件被盗，他很可能会受到攻击，因为攻击者无论如何都会针对所有哈希尝试常用单词(包括其他被盗数据库中的单词)。但即使是不那么复杂的方法，也可能找出密码。

本节使用最简单的方法：暴力破解弱密码。这个练习是为了强调为什么好的密码是如此重要。

场景如下：攻击者有一个密码文件，其中包含用户名、salt 和密码哈希。他们能做什么？嗯，他们可以尝试所有的小写字母组合，直到一定的长度，例如，从 a、b、c 等开始。

为了使这些练习更容易开始，代码清单 2-9 显示了一些简单代码，用于生成设置为最大长度的字母表的所有可能组合。

代码清单 2-9 字母排列

```
1   def generate(alphabet, max_len):
2       if max_len <= 0: return
3       for c in alphabet:
4           yield c
5       for c in alphabet:
6           for next in generate(alphabet, max_len-1):
7               yield c + next
```

调用 generate(ab, 2)将生成 a、b、aa、ab、ba、bb。在内置的字符串模块中使用有用的集合，下面是几个例子。

- string.ascii_lowercase
- string.ascii_uppercase
- string.ascii_letters

使下面的练习相当容易。哈希算法需要字节作为输入，所以在将生成的字符串传递给哈希函数之前，不要忘记执行一次 encode 操作，如下所示：

`string.ascii_letters.encode('utf-8')`.

ASCII 字符正确地编码为字节，因此不会导致不正确的哈希或意外行为。

练习 2-5　一个字母

写一个程序，下面的步骤执行 10 次(所以，10 个完整的循环与计算出的时间)：
- 随机选择一个小写字母。这是"原像种子"。
- 使用 MD5 计算这个初始字母的哈希值。这就是"测试哈希"。
- 在循环中，遍历所有可能的小写单字母输入。
  - ◆ 用与前面相同的方法哈希每个字母，并与测试哈希进行比较。
  - ◆ 找到一个匹配项时，停下来。
- 计算找到匹配项所需的时间。

平均需要多长时间才能找到随机原像种子的一个匹配项？

练习 2-6　一个字母集，但更大！

重复前面的练习，但要使用越来越大的输入字母集。试着用小写字母和大写字母进行测试。然后尝试使用小写字母、大写字母和数字进行测试。最后，尝试所有可打印字符(string.printable)进行测试。
- 每个输入集有多少个符号？
- 每次运行需要多长时间？

练习 2-7　密码长度对攻击时间的影响

重复前面的练习，但这次使用包含两个符号的输入。然后试着一次用三四个符号。将随机选择的输入倒转需要多长时间？

注意，增加密码的长度和增加字母表的大小，都会增加反哈希的时间。下面看看数学方面的解释。

当只使用小写字母时，有多少个可能的单符号输入？很简单，ASCII 中有 26 个小写字母，所以有 26 个单符号输入。最坏情况下，需要 26 次哈希计算才能逆转一个单字母密码。但是，如果同时有小写和大写字母，则需要的哈希数将增加到 52。加上数字，这个哈希数就变成 62。string.printable 有 100 个字符。这几乎是进行穷举逆转所需的最坏情况哈希数的四倍。

把大小增加到两个输入符号时会怎么样？有多少双符号密码只使用小写字母？如果第一个符号可以有 26 个字符，第二个符号可以有 26 个字符，那么共有 26 ×26＝676 个组合。跳得真快！

现在看看，如果两个符号从 52 个大写字母和小写字母中抽取，会发生什么。数学计算结果显示的是 52×52=2704！将输入集的大小增加一倍，双符号输入的复杂性就增加三倍！如果输入数字，最坏情况的计算结果是 3844 个哈希值，对于所有可打印的 ASCII 字符，大约是 10 000 个哈希值。

对 3 个、4 个和 5 个符号进行计算，很容易明白为什么较长的密码很重要。使用 GPU 的黑客可以转换任何小于 6 个字符的密码，密码长度至少是 8 个字符。由于这里所演示的原因，从所有可打印的字母中进行选择大大增加了复杂性。

练习 2-8　更多的哈希，更多的时间

选择一个逆转起来很复杂的密码是用户的责任，但存储密码的系统也可通过使用更复杂的哈希函数来降低攻击者的速度。重复前面使用 MD5 的任何练习，但现在使用 SHA-1 和 SHA - 256。记录完成暴力行动需要多长时间。最后，尝试使用 scrypt 进行暴力攻击。你可能走不了多远！

最后一个注意事项：长密码未必意味着安全。攻击者还使用大型字典查找已知的单词和短语，甚至使用各种常见的数字或符号替换。像 chocolatecake 这样的密码很长，但仍然很容易破解。随机选择的字母或单词仍然是最佳选择。关键在于它们是 "随机的"，这意味着在任何真正的文章或常见变形中都找不到它们。通常，选择由常见话语组成的密码可将成功攻击所需的时间减少到几秒而不是几年。

2.6　工作量证明

广泛使用哈希的另一个领域是区块链技术中所谓的 "工作量证明" 方案。为了介绍这一点，需要对区块链如何工作做一个非常快速的概述。

区块链的基本思想是 "分布式账本"。该系统是一个分类账，因为它记录了参与者之间交易的相关信息。区块链还可存储其他信息，但主要处理事务；它是一个分布式分类账，因为它的内容是跨参与者的集合存储的，而不是在任何中心位置存储。

问题是没有中心位置来保证系统的正确性。分类账如何不被用户有意或无意地损坏？请注意，这里不会详细讨论分类账，但讨论分类账的组成部分。

每个事务必须存储在一个块中。"块" 没什么特别的；它只是数据的集合。块内的每个事务必须由事务处理程序进行数字签名(第 5 章将详细讨论签名，但现在只要明白：任何人都不能在没有私有密钥的情况下为其他人创建事务)。整个块结构由哈希保护。块被复制到整个参与者集合；如果任何人试图对块的内容"撒谎"，数据将无法正确验证，他们的信息将被拒绝。

中本聪(Satoshi Nakamoto，音译)是比特币的设计者(或设计师)，他希望控制新区块的创建速度，并希望该系统能激励参与者。解决方案是将比特币奖励给生产新区块的"矿工"，同时让新区块的生产变得非常困难。

基本上，在任何给定的时间，被称为矿工的各方都在寻找区块链中的下一个块。任何区块链用户都可以请求事务。他们在区块链网络中广播想要的事务，矿工将接收他们。矿工获取一组请求的事务(每个块的数量有限)并创建一个候选块。这个候选块包含所有正确的信息，包含事务、元数据等；但它不是区块链中的下一个块，直到矿工可以解决一个密码难题。

这个难题是找到一种特殊的 SHA-256 哈希值，特别是小于某个阈值的值。如前所述，查找生成一个特定输出的输入将花费非常长的时间，但查找任何小于某个值的输出将花费非常少的时间。降低这个阈值会减少有效哈希的数量，需要更多工作来找到合适的值，这就是比特币调整难度的方式，以便随着时间的推移，硬件的速度更快或计算池更大。最终，整个比特币网络大约需要 10 分钟找到一个合适的哈希。如果它在一段时间内耗费的时间低于这个平均值，那么允许的最大哈希值就会降低。图 2-1 显示了两个不同的示例块，一个具有合适的 nonce(矿工试图找到一个可接受的哈希的随机值)，另一个没有，其中允许的最大哈希值是 $2^{236} - 1$(需要 20 个前导零)。对于比特币来说，最简单的问题是由最大值 $2^{224} - 1$ 决定的，小程序耗费的时间比以前平均多 2^{12} 倍。换句话说，就是 11.3 个小时，而难度要比现在大得多。

无效块	有效块
Hello, Blockchain! :5 b366873e9261b5a72b642d ad804bfbd00cd30e69fa85 a0a9ae4d4ca5f8889990	Hello, Blockchain! :1030399 000008c8e96b7b13885b48 21a38082492278c2a7ae9a 2c33ec1a1e91b62be712

图 2-1 　两个具有相同内容但不同 nonce 值的块哈希。若 nonce 生成的哈希包含 20 个前导二进制零(十六进制中有 5 个前导零)，则该 nonce 是有效的。要求 20 个前导零就等于要求哈希数小于 2^{236}

程序在短期内肯定不会超过网络上平均 10 分钟的预期。

顺便说一下，前几个位必须是 0，和哈希值 number(哈希只是一个数字，就像任何其他的位串一样)应该小于某个恰好是 2 的幂的阈值是一样的。由于好的哈希函数(如 SHA-256)生成的哈希值本质上是随机的，因此对哈希施加的结构越多，找到一个合适哈希值所需的时间就越长。可从定义搜索空间大小的 0 的个数中得到一些直观感受：如果你必须有一个前导零，那么基本上就是抛硬币；平均只需要两次尝试就可以找到一个以 0 位开始的合适哈希。另一方面，如果需要查找一个具有 8 个前导零的哈希，这是一个更困难的问题：256 个不同的数字可以用 8 位表示，因此平均需要 256 次尝试才能找到一个合适的值。

这就是为什么该策略被称为"工作量证明"：如果在阈值以下找到一个合适的哈希，就必须做一些工作(或者破坏哈希函数，这被认为是非常不可能的，但若能破坏，就是非常棒的)。

这就提出一个有趣问题：每个网络参与者如何决定问题的难度？例如，并不是有一个中央权威机构告诉每个人，难度只是从 11 增加到 12。那将破坏整个网络的目的。网络中的"权威"是参与者之间的默契，即使用相同算法来确定这些事情。当有人在网络上以不同方式做事时，他们的块就会被其他人拒绝，因此他们就没有动力去做错误的事情。这就是多数规则。

在哈希难度的特定情况下，每个参与者都知道计算前导零的数量的标准算法，并使用该算法进行挖掘(或如果不可靠的参与者希望计算简单的哈希，他们的错误建议会被拒绝)。

然而，你可能会问，当输入数据实际上没有变化时，如何计算不同的哈希值。这是一个很好的问题，因为哈希是确定的：它们总是在相同的输入条件下生成相同的输出(否则它们不会很有用)。答案是他们改变了一小部分输入，叫做 nonce。nonce 只是一次性随机数字，并不是实际块数据的一部分，它的唯一目的是实现工作量证明的概念。在搜索合适的哈希时，参与者尝试用不同的 nonce 值对块进行哈希，通常是随机搜索，或者每次尝试时仅在上一个值上加 1。最终找到一个合适的哈希值，并将块发送给其他所有参与者进行验证。

然后，每个参与者通过自己执行哈希来验证块，根据他们的算法检查前导零，并确保答案与提交的哈希值匹配。如果匹配，就接受它，链条随之延长。

练习 2-9　工作量证明

编写一个程序，将一个计数器输入 SHA-256 中，获取输出哈希并将其转换为整数(在转换为二进制之前，已经这样做了)。让程序重复执行，直到它找到一个小于目标数字的哈希。目标数字应该非常大，如 2^{255}。为使它更像区块链，需要包含一些与计数器相结合的任意字节。

2.7　小结

　　本章讨论了很多关于哈希是什么以及如何使用它们的信息，包括为什么永远不应该使用 MD5。分析如何使用哈希进行更安全的密码存储，甚至加密货币。哈希是密码学中强大而重要的一部分，随着密码的发展，我们将会不断地看到它。

　　了解了如何将文档转换成安全的代表值的知识，现在就应该进行一些备份，并重新讨论加密了。

第 3 章

■ ■ ■

对称加密：两端使用同一个密钥

对称加密是所有现代安全通信的基础，是我们用来"搅乱"消息的工具，因此人们只有在能够访问用于加密消息的同一密钥时才能解密这些消息。这就是"对称"的含义：在通信通道的两端都使用一个密钥，用于加密和解密消息。

3.1 加密示例

不出所料，东南极洲的恶棍们[1]又开始发起攻击，给他们的邻居带来各种各样的麻烦。这一次，Alice 和 Bob 正在向西侦察敌军，对他们雪球的大小和投掷的准确性进行侦察。

在早期的任务中，Alice 和 Bob 使用第 1 章中的 Caesar(恺撒)密码来保护信息。可以看出，这个密码很容易破解。因此，EATSA 为他们配备了现代密码技术，使用密钥对机密信息进行编码和解码。这种新技术属于一类称为对称密码的加密算法，因为加密和解密过程都使用相同的共享密钥。他们在后暴力世界中使用的特定算法是 Advanced Encryption Standard (AES)[2]。

Alice 和 Bob 没有很多关于 AES 的正确处理信息。他们有足够的文档进行加密和解密。

"文档要求我们创建 AES 密钥。"拿着一本手册的 Alice 说，"显然，这相当容易。我们这里有示例代码。"

1　或者是英雄，这取决于你的看法。

2　"高级加密标准"这个名字实际上更像一个标题。这个算法最初的名称是 Rijndael，是由两位发明者的姓合成的。

```
import os
key = os.urandom(16)
```

"等等……真的吗？"Bob 问道，"就这样？"

Alice 是对的，这就够了！AES 密钥只是随机位：在本例中为 128 位(相当于 16 字节)。这将允许使用 AES-128。

使用创建的随机密钥，如何加密和解密消息？前面使用 Python 的 cryptography 模块创建哈希。它还做其他许多事情。下面看看 Bob 是如何使用它来用 AES 加密消息的——由于创建密钥的简单性而备受鼓舞。

Bob 从 Alice 手里取过文档并查看下一节,注意到有许多不同的 AES 计算模式。要在它们之间做出选择有点困难，所以 Bob 选择了看起来最容易使用的一个。

"使用 ECB 模式吧，Alice。"Bob 抬起头说。

"ECB 模式？那是什么？"

"我真的不知道，但这是高级加密标准。它应该十分可靠，对吗？"

■ 警告：ECB 对你而言不合适

以后会发现，ECB模式很糟糕，永远不应该使用。但现在我们继续。

代码清单 3-1 是用来创建编码器和解码器的代码。

代码清单 3-1　AES ECB 代码

```
1    # NEVER USE: ECB is not secure!
2    from cryptography.hazmat.primitives.ciphers import Cipher,
     algorithms, modes
3    from cryptography.hazmat.backends import default_backend
4    import os
5
6    key = os.urandom(16)
7    aesCipher = Cipher(algorithms.AES(key),
8                       modes.ECB(),
9                       backend=default_backend())
10   aesEncryptor = aesCipher.encryptor()
11   aesDecryptor = aesCipher.decryptor()
```

"还不错。"Alice 说，"现在怎么办？"

"显然，编码器和解码器都有 update 方法。差不多了。编码器的 update 方法会返回密文。"

练习 3-1　机密消息

不需要看额外的文档，试着找出 aesEncryptor.update()和 aesDecryptor.update()方法如何工作。

提示：将出现一些意想不到的行为，所以尝试大量的输入。考虑从 b"a secret message"开始，然后解码结果。

Alice 和 Bob 开始尝试找出 update 方法。也许是受到第 2 章关于哈希的启发，他们尝试在一个交互式 Python shell 中加密自己的名字。Alice 先加密。

这里的 AES 示例代码使用密钥 b"\x81\xff9\xa4\xbc\xe4\x84\xec9\x0b\x9a\xdbu\xc1\x83"，以便获得相同的结果。

```
>>> aesEncryptor.update(b'alice')
b''
```

"我没有得到密文。"Alice 抱怨道，"我做错了什么？"
"我不知道，让我试试。"Bob 回答说。

```
>>> aesEncryptor.update(b'bob')
b''
```

"我也是。"他困惑地说。出于无奈，他又试了几次。

```
> > > aesEncryptor.update (b 'bob' )
b''
> > > aesEncryptor.update (b 'bob')
b''
> > > aesEncryptor.update (b 'bob')
b '\ xe7 \ xf9 \ x19 \ xe3 ! \ x1d \ x17 \ x9f \ x80 \ x9d \ xf5 \
xa2 \ xbaTi \ xb2'
```

"等等！"Alice 阻止了他，"你得到了密文！"
"奇怪！"Bob 惊呼道，"我没有做任何不同的事情。发生了什么事？"
"现在试着解密吧。"Alice 建议道。

```
> > > aesDecryptor.update (_)
b 'alicebobbobbobbo '
```

再多花点时间，重新阅读文档，Alice 和 Bob 了解到我们从练习中发现的内容：用于加密和解密的 update 函数总是一次处理 16 个字节。用小于 16 字节的信息调用 update 不会立即产生结果。相反，它会累积数据，直到至少有 16 个字节可以处理。一旦有 16 个或更多字节可用，就会产生尽可能多的 16 字节密文块。如图 3-1 所示。

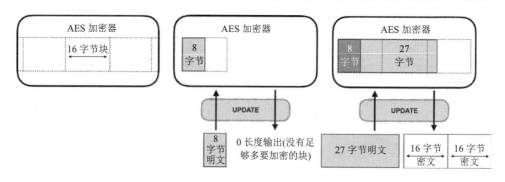

图 3-1　两次调用 update 方法。前 8 个字节没有返回任何内容，
因为还没有完整的数据块需要加密

练习 3-2　更新的技术

将 Caesar 密码应用程序从第 1 章升级为使用 AES。与其指定一个移位，不如弄清楚如何让密钥进出程序。你还必须处理 16 字节的消息大小问题。祝你好运！

3.2　什么是加密?

对于那些听说过密码学的人来说，加密可能是他们听到最多的。网站和在线服务经常提到加密，以确保你的信息是"安全的"。通常包括这样的语句："所有通过互联网传输的数据都受到 128 位加密的保护，以防止被盗。"

这样的声明实际上只是营销。听起来不错，但通常意义不大。这是因为"加密"包括容易破解的东西，如 Caesar 密码，它本身也不足以确保通信安全。在密码学中，有几个属性有助于安全的不同方面，它们需要协同工作[11]。以下这些属性通常被认为是最关键的。

(1) 机密性

(2) 完整性

(3) 身份验证

本章探讨的加密都是关于机密性的。机密性意味着只有拥有正确密钥的人才能读取数据。我们使用加密技术来保护信息，使外人无法读取。

同样重要的是完整性。完整性意味着数据不能在未被注意的情况下更改。一定要明白，不能读的东西并不意味着不能被有效改变。为把这一点讲清楚，本章将执行类似的处理。

最后，身份验证涉及了解与你通信的一方的身份。身份验证通常包括一些建立"身份和在场"[1]的机制，以及将通信与已建立的身份绑定的能力。

很明显，这三个属性在许多形式的交流中都是必不可少的。如果 Eve 能在 Alice 和 Bob 不知情的情况下改变信息的内容，保密就没有什么好处了：Eve 不需要读取信息，就可以给 Alice 和 Bob 带来真正的麻烦。同样，如果 Alice 和 Bob 不能确定他们在通道的另一端找到了合适的人，他们的秘密交流也不会成功。

阅读这一章时，请记住这些观点！关注机密性对于表示是有用的，机密性确实是安全的一个重要组成部分。

3.3　AES：对称块密码

如前所述，对称加密背后的思想是加密和解密都使用相同的密钥。在现实世界中，几乎所有物理锁的钥匙都可以被认为是"对称的"：锁门的钥匙也可以打开门。还有其他一些非常重要的加密方法，它们为每个操作使用不同的密钥，后续章节将讨论这些方法。

对称密钥加密算法通常分为块密码和流密码。块密码之所以得名，是因为它处理的是数据块：在执行任何操作之前，必须给它提供一定数量的数据，较大的数据必须被分解成块(同样，每个块必须是满的)。另一方面，流密码可以一次加密一个字节的数据。

AES 本质上是一个对称密钥、块密码算法。它不是唯一的一个，但这里只关注它。它用于许多常见的 Internet 协议和操作系统服务，包括 TLS(由 HTTPS 使用)、

1　"身份和在场"的大致意思是"我知道这是谁，我知道他们现在同意我知道。"如果你曾经不得不找出信用卡，给网站提供"CVV 代码"，而该网站已经在文件中包含你的信用卡片，你就遇到了在场的概念：CVV 码是表明你有信用卡，因此同意使用它。这个假设是，你是唯一可以持有自己的信用卡的人，这是一个巨大而容易被伪造的假设。因此，CVV 是一个在场的极端脆弱的表示，但最终建立的在场正是它试图完成的。

IPSec 以及文件级加密或全磁盘加密。鉴于它的普遍性，它可以说是知道如何正确使用的最重要密码。更重要的是，正确使用 AES 的原则很容易转化为正确使用其他密码。

最后，尽管 AES 本质上是一个块密码，但它使用起来可以像流密码那样，因此本书不会将本机流密码排除在讨论之外。过去，RC4 是一种常用的流密码，但它容易受到各种攻击，现在正被 AES 的流模式所取代。

而且，正如 Bob 所说："它很先进！"这对任何人来说都应该足够了，对吧？

练习 3-3　历史的教训

在网上做一些关于 DES 和 3DES 的研究。DES 的块大小是多少？它的密钥大小是多少？3DES 如何增强 DES？

练习 3-4　其他密码

做一些关于 RC4 和 Twofish 的研究。它们在哪里使用？RC4 有哪些问题？Twofish 与 AES 相比有什么优势？

既然 AES 是一个很好的起点，下面深入了解一些背景知识。我们知道它是对称块密码。根据 Alice 和 Bob 使用它的尝试，你能猜出块的大小吗？

如果你想的是"16 字节！"(128 位)，就会得到一颗金星。告诉你所有的朋友[1]。

AES 有几种操作模式，允许实现不同的加密属性：

(1) 电子密码本(ECB)(警告！危险！)

(2) 密码块链(CBC)

(3) 计数器模式(CTR)

这些并不是 AES[11]的仅有操作模式。事实上，虽然 CBC 和 CTR 仍在使用，但现在建议在许多情况下使用一种称为 GCM 的新模式来代替它们，本书后面将详细讨论 GCM。然而，这三种模式非常有指导意义，它们涵盖了最重要的概念。它们将提供一个坚实的基础，以便你更深入地理解一般的块密码，尤其是 AES。

3.4　ECB 不适合我

请注意，依赖 ECB 的安全模式是不负责任的危险做法，永远不应该使用。可

1　……通过加密通道。

以认为它只适用于测试和教育目的。请不要在应用程序或项目中使用它！认真对待。我已经警告过你了。别逼我们重复。

顺便问一下，看到这里的开发模式了吗？有时，陈述一件事的最佳方法是说明其根本不适合在实践中使用。这似乎特别适用于密码学，这是我们敦促人们总是使用一个良好的、成熟的库，而不是建立自己的库的一个原因。基本原则很简单，但如果没有成熟的库所具有的所有复杂特征以及对如何使用它们的深刻理解，这些原则本身就会带来非常差的安全性，而不仅是"稍微不完美"的安全性。一旦安全性被破坏，不管它的墙有多厚都没用。密码概念通常很简单，但是安全正确的实现通常很复杂。

既然所有这些警告都已解除(实际上不会，还会有更多警告)，ECB 是什么？在某种程度上，ECB 是"原始的"AES：它独立处理每个 16 字节的数据块，使用提供的密钥以完全相同的方式对每个数据块进行加密。在计数器模式和密码块链模式中看到，有许多有趣的方式可将该方法用作更高级、更安全的密码的构建块，但是它本身并不是进行加密的好方法。

"电子密码本"这个名称让人想起早期的加密密码本，在那里你取出(小)密钥，翻到书中正确的页面，使用该页面上的表查找对应于输入(明文)每个部分的输出(密文)。AES ECB 模式可以这样考虑，但"电子密码本"大得令人难以置信。密钥相似性是：一旦有了密钥，每个可能的块的加密值都是已知的，解密也是如此；就像我们在查找它们一样，如图 3-2 所示。

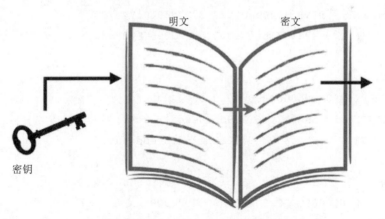

图 3-2　ECB 模式类似于拥有一个从明文到密文的大字典。
每 16 字节的明文都有相应的 16 字节输出

后面将看到，决定性和独立性是有用的，但对于消息安全性来说还不够。ECB 模式非常有用，因为它可用于测试，例如，确保 AES 算法的行为符合预期。有些系统会选择一个特殊密钥，比如所有都是 0，作为"测试密钥"。作为自我测试的一部分，该系统将使用测试密钥在 ECB 模式下运行 AES，以查看是否按预期进行加密。有时这种测试称为 KAT(答案已知的测试)。

美国国家标准与技术研究所(NIST)发布了用于实施验证的 KAT 列表。可以从以下地址包含这些 KAT 的 Zip 文件。

```
https://csrc.nist.gov/CSRC/media/Projects/
Cryptographic-Algorithm-Validation-Program/documents/aes/KAT_AES.
zip.
```

那个归档文件包含响应(.rsp)文件，用于标识给定输入的预期输出。例如，在 ECBGFSbox128.rsp 文件中，前 4 个 ENCRYPT 项是:

```
COUNT = 0
KEY = 00000000000000000000000000000000
PLAINTEXT = f34481ec3cc627bacd5dc3fb08f273e6
CIPHERTEXT = 0336763e966d92595a567cc9ce537f5e

COUNT = 1
KEY = 00000000000000000000000000000000
PLAINTEXT = 9798c4640bad75c7c3227db910174e72
CIPHERTEXT = a9a1631bf4996954ebc093957b234589

COUNT = 2
KEY = 00000000000000000000000000000000
PLAINTEXT = 96ab5c2ff612d9dfaae8c31f30c42168
CIPHERTEXT = ff4f8391a6a40ca5b25d23bedd44a597

COUNT = 3
KEY = 00000000000000000000000000000000
PLAINTEXT = 6a118a874519e64e9963798a503f1d35
CIPHERTEXT = dc43be40be0e53712f7e2bf5ca707209
```

这似乎有用。下面使用代码清单 3-2 测试这个理论。

代码清单 3-2　AES ECB KAT

```
1    # NEVER USE: ECB is not secure!
2    from cryptography.hazmat.primitives.ciphers import Cipher,
      algorithms,modes
3    from cryptography.hazmat.backends import default_backend
4
5    # NIST AES ECBGFSbox128.rsp ENCRYPT Kats
6    # First value of each pair is plaintext
7    # Second value of each pair is ciphertext
8    nist_kats = [
9            ('f34481ec3cc627bacd5dc3fb08f273e6',
             '0336763e966d92595a567cc9ce537f5e'),
10           ('9798c4640bad75c7c3227db910174e72',
              'a9a1631bf4996954ebc093957b234589'),
11           ('96ab5c2ff612d9dfaae8c31f30c42168',
              'ff4f8391a6a40ca5b25d23bedd44a597'),
12           ('6a118a874519e64e9963798a503f1d35 ',
              'dc43be40be0e53712f7e2bf5ca707209')
13   ]
14
15   # 16-byte test key of all zeros.
16   test_key = bytes.fromhex('00000000000000000000000000000000')
17
18   aesCipher = Cipher(algorithms.AES(test_key),
19                      modes.ECB(),
20                      backend=default_backend())
21   aesEncryptor = aesCipher.encryptor()
22   aesDecryptor = aesCipher.decryptor()
23
24   # test each input
25   for index, kat in enumerate(nist_kats):
26       plaintext, want_ciphertext = kat
27       plaintext_bytes = bytes.fromhex(plaintext)
28       ciphertext_bytes = aesEncryptor.update(plaintext_bytes)
```

```
29        got_ciphertext = ciphertext_bytes.hex()
30
31        result = "[PASS]" if got_ciphertext == want_ciphertext else
          "[FAIL]"
32
33        print("Test {}. Expected {}, got {}. Result {}.".format(
34            index, want_ciphertext, got_ciphertext, result))
```

假设处理器正常工作，通过率应是 4/4。

练习 3-5　所有 NIST KAT

编写一个程序，读取其中一个 NIST KAT"rsp"文件，并解析出加密和解密的 KAT。在几个 ECB 测试文件上对所有向量测试和验证 AES 库。

这一切似乎很合理。那么，ECB 怎么了？除非完全睡着了，否则就会注意到对它的可怕警告。为什么？简而言之，因为它的独立性。

回到 Alice、Bob 和他们在南极洲的宿敌 Eve。Alice 和 Bob 在西南极洲边境执行秘密任务。他们通过 Eve 可监控的无线电频道互相发送机密信息。在他们离开之前，会生成一个用于加密和解密消息的共享密钥，并在旅行过程中保证密钥的安全。

我们也可以这么做。从生成一个密钥开始。通常，密钥是随机的，但我们选择一个容易记住的密钥，然后也可以完美地重现结果。下面是密钥：

```
key= bytes.fromhex ("00112233445566778899AABBCCDDEEFF")
```

Alice 和 Bob 是政府工作人员，使用标准化的 EATSA 表格互相发送信息。例如安排会议：

```
FROM: FIELD AGENT<codename>
TO: FIELD AGENT<codename>
RE: Meeting
DATE: <date>


Meet me today at <location> at <time>
```

如果 Alice 告诉 Bob 晚上 11 点在码头接她，消息如下：

```
FROM: FIELD AGENT ALICE
TO: FIELD AGENT BOB
RE: Meeting
DATE: 2001-1-1


Meet me today at the docks at 2300.
```

用先前设定的密钥加密这条消息。需要填充消息，以确保它是 16 字节长度的倍数。可在末尾添加额外字符，直到它的长度是 16 的倍数，如下所示[1]：

代码清单 3-3　AES ECB 填充

```
1   # NEVER USE: ECB is not secure!
2   from cryptography.hazmat.primitives.ciphers import Cipher,
    algorithms, modes
3   from cryptography.hazmat.backends import default_backend
4
5   # Alice and Bob's Shared Key
6   test_key = bytes.fromhex('00112233445566778899AABBCCDDEEFF')
7
8   aesCipher = Cipher(algorithms.AES(test_key),
9                      modes.ECB(),
10                     backend=default_backend())
11  aesEncryptor = aesCipher.encryptor()
12  aesDecryptor = aesCipher.decryptor()
13
14  message = b"""
15  FROM: FIELD AGENT ALICE
16  TO: FIELD AGENT BOB
17  RE: Meeting
18  DATE: 2001-1-1
19
20  Meet me today at the docks at 2300."""
```

1　利用 Python 方便的"负模数"行为，其中-len(msg) % 16 与 16 - (len(msg) % 16)相同。

```
21
22  message += b"E" * (-len(message) % 16)
23  ciphertext = aesEncryptor.update(message)
```

代码清单 3-3 展示了一个简单但可能不是最佳的填充。下一节将使用更标准的方法。然而,就目前而言,这已经足够好了。当 Bob 对消息进行解码时,它的末尾只会有几个额外的 E 字符。

练习 3-6 向 Bob 发送消息

使用前面程序的修改版本或本章开头的 AES 加密机,创建两个从 Alice 到 Bob 的碰头消息。也创建一些从 Bob 到 Alice 的消息。确保可正确地加密和解密消息。

有了新的密码技术,Alice 和 Bob 开始监视西南极洲。他们偶尔会面,分享信息,协调活动。

与此同时,Eve 和她的反间谍同事们得知了渗透的消息,并很快开始识别编码的信息。从 Eve 的角度看一下 Alice 发给 Bob 的几条消息,她能看到的只有密文。你注意到什么了吗?

考虑以下两条信息:

```
FROM: FIELD AGENT ALICE
TO: FIELD AGENT BOB
RE: Meeting
DATE: 2001-1-1


Meet me today at the docks at 2300.


FROM: FIELD AGENT ALICE
TO: FIELD AGENT BOB
RE: Meeting
DATE: 2001-1-2


Meet me today at the town square at 1130.
```

查看这些消息的两个密文输出。注意,即使是间距和换行也很重要,因此一定要严格按照所示的格式使用。

```
message 1, Block 1    a3a2390c0f2afb700959b3221a95319a
message 2, Block 1    a3a2390c0f2afb700959b3221a95319a
message 1, Block 2    0fd11a5dcfa115ba89630f93e09312b0
message 2, Block 2    0fd11a5dcfa115ba89630f93e09312b0
message 1, Block 3    87597bf7f98759410ae3e9a285912ee6
message 2, Block 3    87597bf7f98759410ae3e9a285912ee6
message 1, Block 4    8430e159229e4bf5c7b39fe1fb72cfab
message 2, Block 4    8430e159229e4bf5c7b39fe1fb72cfab
message 1, Block 5    a5c7412fda6ac67fe63093168f474913
message 2, Block 5    c9b3ccefda71f286895b309d85245421
message 1, Block 6    dbd386db053613be242c6059539f93da
message 2, Block 6    699f1cd5adbeb94b80980a0860ead320
message 1, Block 7    800d3ece3b12931be974f36ef5da4342
message 2, Block 7    a8ff0ed2ca9b80908757f8c3ecbc9b0d
```

有多少个 16 字节的块是相同的？为什么？

请记住，AES 的原始模式类似于一个密码本。对于每个输入和密钥，都有一个独立于其他任何输入的输出。因此，由于消息头的大部分内容在消息之间共享，因此输出的大部分内容也是相同的。

Eve 和她的同事们注意到，每天看到的信息中都有重复的成分，很快他们就明白了这些信息的含义。她们是怎么做到的？开始时她们可以进行猜测。如果看到重复发送相同的消息，就可以开始猜测其中一些内容。

另一种取得进展的方法可能是利用敌人组织中的逃兵或内奸。可以想象，她们可以得到表单的副本或丢弃的解码消息。总之，有许多方法可让对手了解加密消息的结构和组织，不应该假设对此束手无策。试图保护信息的人常犯的一个错误是，认为敌人不可能知道系统工作的一些细节。

相反，要始终遵循柯克霍夫原则。这位 19 世纪(远在现代计算机出现之前)的密码学家教导说，密码系统必须是安全的，即使除了密钥，它的一切都是已知的。这意味着，如果敌人知道关于我们系统的一切，只是无法获得密钥，我们就应该找到一种方法来确保信息的安全。

前面用过于官僚的形式完成了这个愚蠢的示例，但即使在真实信息中，也经常有大量可预测的结构。考虑 HTML、XML 或电子邮件消息。它们通常有大量可预测的、定位相同的数据。如果窃听者仅因为消息与其他消息共享协议头，就开始了解消息中有什么内容，将是一件可怕的事情。

更糟糕的是，想象一下如果 Eve 的团队能够找到一种方法来进行所谓的"选择明文"攻击。在这次攻击中，她们找到一种让 Alice 或 Bob 替她们加密的方法。例如，她们发现，Alice 总在西南极洲的总理向公众发表演讲之后，要求与 Bob 见面。一旦她们知道了这一点，就可以利用政治演讲来触发一个很多内容都已知的信息。或者她们设法塞给 Bob 一些假信息，然后加密发给 Alice。一旦她们可以控制部分或全部明文，就可以查看加密，并开始创建自己的密码本。

Eve 还可通过将旧消息的碎片组合在一起，轻松地创建新消息。如果 Eve 知道密文的第一个块是带有当前日期的消息头，那么她可获取一个旧消息体，将 Bob 定向到一个旧的会议站点，并将其附加到新消息头。Bob 就会在错误的时间出现在错误的地点。

练习 3-7 给 Bob 发一条假消息

取两个从 Alice 到 Bob 的不同密文，有不同的日期、不同的会面指示。将密文从第一个消息的正文拼接到第二个消息的正文。也就是说，首先将新消息的最后一个块替换为前一个消息的最后一个块(如果比前一个消息长，则为最后一个块)。消息解密了吗？你改变 Bob 会见 Alice 的地点了吗？

所有这一切似乎仍然只是一个假设。或许 ECB 模式并没有那么糟糕。也许只有在极端情况下才会这样。可以再做一个测试(一个非常有趣的测试)来说服我们自己：ECB 模式永远不应该用于保护真正的消息。

本实验将构建一个非常基础的 AES 加密程序。使用什么密钥并不重要；可以随意生成一个随机的密钥，或者使用一个固定的测试密钥。读取二进制文件，加密除前 54 字节之外的所有内容，然后将其写入新文件。如代码清单 3-4 所示[1]。

代码清单 3-4 AES 练习示例

```
1    # Partial Listing: Some Assembly Required
2
3    ifile, ofile = sys.argv[1:3]
4    with open(ifile, "rb") as reader:
5    with open(ofile, "wb+") as writer:
6        image_data = reader.read()
7        header, body = image_data[:54], image_data[54:]
8        body += b"\x00"*(16-(len(body)%16))
9        writer.write(header + aesEncryptor.update(body))
```

---

1 这个代码清单没有显示所有必需的导入，但它不需要给以前的清单添加任何新内容。为节省空间，我们将定期删除前面示例中显示的细节。

没有加密前 54 个字节的原因是，这个程序要加密一个位图文件(BMP)的内容，而位图头部的长度是 54 个字节[1]。一旦把这个清单写好了，在听选的图像编辑器中，创建一个大的图像和占据大部分空间的文本。在图 3-3 中，图像只有 TOP SECRET 两个单词。其大小是 800×600 像素。

TOP SECRET

图 3-3　带有 TOP SECRET 字样的图片。加密应该会使其不可读，对吗？

使用新创建的文件并通过加密程序运行它，将输出保存为 encrypted_image.bmp 之类的文件。完成后，在图像查看器中打开加密文件。你看到了什么？

加密图像如图 3-4 所示。

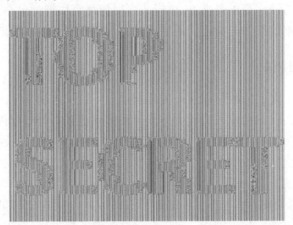

图 3-4　此图像是用 ECB 模式加密的。这条消息不是很机密

这里发生了什么？为什么图像的文本仍然如此易读？

AES 是一个块密码，一次操作 16 个字节。在这个图像中，许多 16 字节的块是相同的。黑色像素块用相同的位编码。每当有一个全黑或全白的 16 字节块时，它

1　在现实生活中，如果文件头被加密了，可以根据文件大小用一些合理的东西覆盖它。

们编码到相同的加密输出。因此，即使对单独的 16 字节块进行了加密，图像的结构仍然是可见的。

真的。不要使用 ECB。把这类事情交给东南极洲真实情报机构的"专业人员"去做吧。

3.5 想要的：自发的独立

为了有一个有效的密码，需要：
- 每次加密的消息都不一样。
- 消除块之间的可预测模式。

为解决第一个问题，使用一个简单但有效的技巧来确保不会两次发送相同的明文，这意味着也不会两次发送相同的密文！为此使用"初始化向量"或 IV。

IV 通常是一个随机字符串，除了密钥和明文外，它还用作加密算法的第三个输入。具体如何使用取决于模式，但其思想是防止把给定的明文加密为可重复的密文。

与密钥不同，IV 是公开的。也就是说，假设攻击者知道或能够获得 IV 的值。IV 的存在不仅有助于防止密文被重复，而且有助于避免常见模式的暴露，从而有助于保守秘密。

至于第二个问题(即消除块之间的模式)，为解决它，需要引入把消息作为一个整体来加密的新方法，而不是像 ECB 模式那样将每个块视为单个独立的微消息。

每个解决方案的细节是特定于所用模式的，但原则可以很好地概括出来。

3.5.1 不是区块链

回顾第 2 章，良好的哈希算法应该具有雪崩特性。也就是说，一个输入位的单个变化将导致大约一半的输出位发生变化。块密码应该有类似属性，幸好 AES 有。然而，在 ECB 模式中，雪崩的影响仅限于块大小：如果明文的长度是 10 个块，那么第一个位的改变只会改变第一个块的输出位。其余 9 个块将保持不变。

如果一个块的密文的更改会影响所有后续块，那该怎么办？可以，而且很容易做到。例如，在加密时，可将一个块的加密输出与下一个块的未加密输入进行 XOR 操作。为在解密时逆转这一过程，对密文进行解密，然后将 XOR 操作再次应用于前面的密文块以获得明文。这称为密码块链(CBC)模式。

这里稍作停顿，回顾一下"异或"(XOR)运算，它通常被象征性地写成 ⊕。本书会经常用到 XOR，值得复习一下。XOR 是一个二元布尔运算符，具有下面的真值表(其中用 0 和 1 替代 false 和 true)。

输入 1	输入 2	输出
0	0	0
0	1	1
1	0	1
1	1	0

真值表非常有用，它精确地显示了像 XOR 这样的函数对于所有输入组合的处理，但是实际上不需要在这个层次上考虑 XOR。重要的是，XOR 具有惊人的反转特性：XOR 操作本身就是它的逆！也就是说，如果从某个二进制数 A 开始，然后用 B 进行 XOR 运算，就可以将输出与 B 再次进行 XOR 操作来恢复 A。从数学角度看，它是这样的：$(A \oplus B) \oplus B = A$。

为什么会这样？如果把"输入 1"看成一个控制位，当它是 0 时，输出的只是"输入 2"。另一方面，当"输入 1"等于 1 时，输出的是"输入 2"的逆。如果获取输出并对"输入 1"再次应用 XOR 操作，它将保持先前未更改的内容不变(再次与 0 进行 XOR 操作)，同时将逆转的内容翻转回原来的样子(再次与 1 进行 XOR 操作)。

XOR 操作常常不是处理单个位，而是处理同时出现的位元序列。这就是本书使用 XOR 的方式：作为位块之间的操作，如下所示：

$$
\begin{array}{r}
11011011 \\
\oplus\ \underline{10110001} \\
01101010 \\
\oplus\ \underline{10110001} \\
11011011
\end{array}
$$

可以在这里看到如何将 $\oplus 10110001$ 两次应用到 11011011 上，让后者重新出现。

练习 3-8　XOR 操作

因为 XOR 将大量使用，所以最好熟悉 XOR 操作。在 Python 解释器中，XOR 将几个数字放在一起。Python 支持直接使用^作为 XOR 的操作符。比如，5^9 结果是 12。12^9 等于多少？12^5 等于多少？用几个不同的数字试试。

练习 3-9　XOR-O 的面具？

虽然这个练习在计数器模式中更重要，但它有助于理解如何使用 XOR 来屏蔽数据。创建 16 字节的明文(16 个字符的消息)和 16 字节的随机数据(例如，使用 os.urandom(16))。XOR 将这两条消息放在一起。没有用于 XOR 处理一组字节的内置操作，因此必须分别使用循环等方式处理每个字节的 XOR 操作。完成后，查看输出。它的"可读性"如何？现在，再次用相同的随机字节与输出进行 XOR 操作。现在的输出是什么样的呢？

从 XOR 的讨论回到 CBC，在这种模式下，对一个密文块与下一个明文块的输出执行 XOR 操作。更准确地说，如果 $P[n]$ 是明文块 n，$P'[n]$ 是"munged、加密之前的"明文块 n(使用 XOR 操作会完成命名非常科学的 munged 过程)，首先从前面的加密块 $C[n-1]$ 中创建 $P'[n]$，然后将其加密成 $C[n]$。$P'[n]$ 的生成公式如下：

$$P'[n] = P[n] \oplus C[n-1]$$

之后可以给 $P'[n]$ 应用 AES 加密，其长度是一个 AES 块，得到 $C[n]$。解密时，得到的不是明文，而是 munged、加密前的明文 $P'[n]$。为得到实际明文，需要反转前面的进程，为此，可使用前面的加密块执行 XOR 操作(回顾一下，XOR 是自己的逆)。执行一些基本的代数操作可了解为什么这样做：

$$P'[n] = P[n] \oplus C[n-1]$$
$$P'[n] \oplus P[n] = P[n] \oplus P[n] \oplus C[n-1]$$
$$P'[n] \oplus P[n] = C[n-1]$$
$$P'[n] \oplus P'[n] \oplus P[n] = P'[n] \oplus C[n-1]$$
$$P[n] = P'[n] \oplus C[n-1]$$

因此，要在解密时获得原始明文，只需要对解密的块和前面的加密块执行 XOR 操作。第一个块没有前任，只是在解密后与初始化向量进行 XOR 操作。这就是 CBC 模式的本质：每个块都依赖于之前的块。这个过程如图 3-5 所示。

在 CBC 模式下，对任何输入块的更改都会影响所有后续块的输出块。这并不能产生一个完整或完美的雪崩属性，因为它不会影响前面的任何块，但即使有雪崩效应，也会阻止暴露我们在 ECB 模式中观察到的各种模式。

CBC 模式的配置是很熟悉的：生成一个密钥，然后采用额外步骤生成一个初始化向量(IV)。因为 IV 与第一块执行 XOR 操作，AES-CBC IV[1]总是 128 位长(16 字节)，即使密钥的位较多(通常是 196 或 256 位)。在下例中，密钥是 256 位，IV 是 128 位，

1　后面将使用更多首字母缩略词。

这是必需的(代码清单 3-5)。

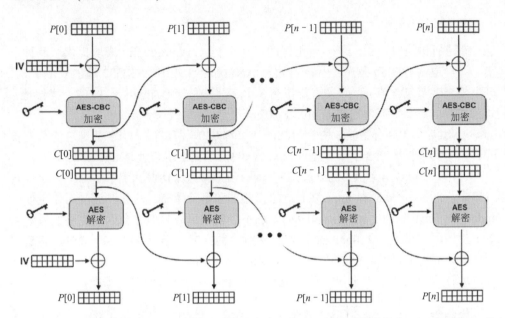

图 3-5　CBC 加密和解密的可视化描述。请注意，在加密中，第一个明文块在 AES 之前与 IV 执行 XOR 操作，而在解密中，密文首先经过 AES，然后与 IV 进行 XOR 操作，以正确地逆转加密过程

代码清单 3-5　AES-CBC

```
1    from cryptography.hazmat.primitives.ciphers import Cipher,
       algorithms,modes
2    from cryptography.hazmat.backends import default_backend
3    import os
4
5    key = os.urandom(32)
6    iv = os.urandom(16)
7
8    aesCipher = Cipher(algorithms.AES(key),
9                       modes.CBC(iv),
10                      backend=default_backend())
11   aesEncryptor = aesCipher.encryptor()
12   aesDecryptor = aesCipher.decryptor()
```

注意，在这个示例中，algorithms.AES 以密钥作为参数，modes.CBC 接收 IV；

AES 总是需要密钥，但 IV 的使用取决于模式。

1. 适当的填充

在进行改进时，引入了一个更好的填充机制。cryptography 模块提供了两种方案，一种遵循 PKCS7 规范，另一种遵循 ANSI X.923 规范。PKCS7 追加 n 个字节，每个填充字节包含值 n：如果需要填充 3 个字节，它就追加\x03\x03\x03。类似地，如果需要填充 2 字节，它将追加\x02\x02。

ANSI X.923 略有不同。所有附加的字节都是 0，但最后一个字节是总的填充长度。在本例中，填充 3 字节就是\x00\x00\ x03，填充 2 字节就是\x00\x02。

cryptography 模块提供了与 AES 密码上下文类似的填充上下文。在下一个代码清单中，创建 padder 和 unpadder 对象来添加和删除填充。注意，这些对象也使用 update 和 finalize，因为调用 update()方法不会创建填充。但它会返回完整的块，为下一次调用 update()或 finalize()操作存储剩余的字节。当调用 finalize()时，将返回所有剩余的字节以及足够的填充字节，以形成完整的块大小。

尽管这个 API 看起来很简单，但它的行为并不一定如期望的那样。

代码清单 3-6　AES-CBC 填充

```
1   from cryptography.hazmat.primitives.ciphers import Cipher,
     algorithms,modes
2   from cryptography.hazmat.backends import default_backend
3   from cryptography.hazmat.primitives import padding
4   import os
5
6   key = os.urandom(32)
7   iv = os.urandom(16)
8
9   aesCipher = Cipher(algorithms.AES(key),
10                     modes.CBC(iv),
11                     backend=default_backend())
12  aesEncryptor = aesCipher.encryptor()
13  aesDecryptor = aesCipher.decryptor()
14
15  # Make a padder/unpadder pair for 128 bit block sizes.
16  padder = padding.PKCS7(128).padder()
17  unpadder = padding.PKCS7(128).unpadder()
```

```
18
19  plaintexts = [
20      b"SHORT",
21      b"MEDIUM MEDIUM MEDIUM",
22      b"LONG LONG LONG LONG LONG LONG",
23  ]
24
25  ciphertexts = []
26
27  for m in plaintexts:
28      padded_message = padder.update(m)
29      ciphertexts.append(aesEncryptor.update(padded_message))
30
31  ciphertexts.append(aesEncryptor.update(padder.finalize()))
32
33  for c in ciphertexts:
34      padded_message = aesDecryptor.update(c)
35       print("recovered", unpadder.update(padded_message))
36
37  print("recovered", unpadder.finalize())
```

运行代码清单 3-6 中的代码并观察输出。这是你想要的吗？输出应如下所示：

```
recovered b''
recovered b''
recovered b'SHORTMEDIUM MEDIUM MEDIUMLONG LO'
recovered b'NG LONG LONG LON'
recovered b'G LONG '
```

为什么它不能准确地生成指定的原始消息？

这段代码在技术上没有任何不正确的地方，但是代码的明显意图和实际输出之间肯定存在不匹配的地方。这段代码表明，作者打算将这三个字符串中的每一个都加密为独立的消息。换句话说，代码的可能意图是加密三个不同的消息，并在解密时返回三个等价的消息。

这不是我们得到的结果。代码清单 3-6 报告了 5 个输出，其中两个为空。

再讨论一下 update()和 finalize() API。由于这些方法对某些模式(例如 ECB 模式)的行为方式，因此很容易将 update()看成一个独立的加密器，其中明文块作为输入，密文块作为输出。

实际上，该 API 的设计使 update()的调用次数变得无关紧要。也就是说，被加密的不是\lstinline{update()}的输入，而是若干个\lstinline{update()}调用的\emph{各个输入连接起来}，当然，最后还有 finalize()调用的输出(如果有)。

因此，代码清单 3-6 中的程序不是加密三个输入并生成五个输出，而是处理单个连续输入，并生成单个连续输出。

理解 update()和 finalize() API 对于前面介绍的填充操作尤其重要。如果试图将update()视为一个独立操作，那么填充行为可能出现异常。图 3-6 演示了填充操作如何处理代码清单 3-6 中的输入。注意，对 update()的单独调用不会产生填充。只有finalize()操作会产生填充。

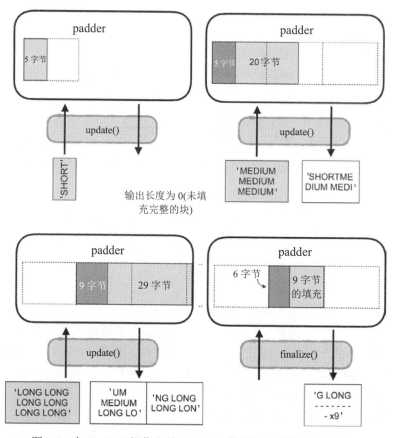

图 3-6　在 finalize()操作之前，PKCS7 填充操作不添加任何填充

删除填充会更不和谐。与填充操作不同，你可向 unpadder 提交整个块，但仍然得不到任何结果。这是因为 unpadder 必须保留在 update()调用中接收到的最后一个块，以防它是最后一个块。因为 unpadder 需要检查最后一个块，unpadder 必须确保它已经接收了所有的块，才能知道它有最后一个块。

再次检查代码清单 3-6，说明当 padder 和 encryptor 一起使用时，组合这些操作的效果。在第一次完成消息加密循环时，输入是 SHORT。5 个字符小于一个块。padder 的 update()方法不添加任何填充，因此 padder 缓存这五个字符，update()方法返回一个空字节字符串。当它被传递给加密器时，显然没有完整的块，因此 encryptor 的 update()方法也返回空字节字符串。这将被附加到密文列表中。

在第二次执行循环时，输入是 MEDIUM MEDIUM MEDIUM。这 20 个字符传递到 padder 的内部缓冲区，并被添加到之前的 5 个字符后面。update()方法现在返回这 25 个字节中的前 16 个字节(一个完整的块)，其余 9 个字节留在内部缓冲区中。来自 padder 的 16 个字节被加密并存储在密文列表中。

在最后一次循环中，LONG LONG LONG LONG LONG LONG 输入被添加到 padder 的内部缓冲区。这 29 个字节添加到缓冲区中当前的 9 个字节后面，共 38 个字节。padder 返回两个完整块(每个 16 个字节)，将最后 6 个字节留在缓冲区中。两个块被加密，其输出存储在密文列表中。

一旦循环退出，就会调用 padder 的 finalize()方法。它接收输入最后的字节，附加必要的填充，并将其传递给加密操作。密文被附加到列表中，加密结束。现在有四条密文信息需要解密。注意，逆转过程时，第一个消息是空缓冲区。它只是直接通过，并输出一个空信息。

但是下一个恢复的文本也是空的。这是因为 unpadder 的第一个完整块被保留了，原因前面已经解释过了。它生成一个空输出，并将其输入 AES 解密器的 update()方法中。这将生成第二个空输出。

剩下的三个比较简单。

现在练习已经结束了，你是否注意到我们仍然使用了错误的术语？我们将 update()方法的单独输出称为单独的密文，而不是密文的片段。类似地，将解密器 update()方法的输出称为恢复文本，而不是单个恢复消息的一部分。

这是故意的。关键的原则是语义很重要。我们对代码的思考方式可能与它的操作方式不同，这可能导致意想不到的结果，而且通常是不安全的结果。使用库时(总是比创建自己的库更好！)，必须理解 API 的方法和设计。

对于 cryptography 库，始终要将提交给加密 update()调用序列和 finalize()调用的所有内容视为单个输入。类似地，把从一系列解密 update()调用和一个 finalize()调用中恢复的所有内容作为单个输出。

解密是怎么回事？如何得到 5 个而不是 4 个输出？列表中的第一个密文只是空

字符串，所以第一个"恢复的"明文为空是有道理的。但是为什么第二个也是空的呢？

下面看看另一种出错的方法[1]。假设决定创建自己的 API，它实际在消息级别上工作。也就是说，每条消息都可以单独进行加密和解密。如代码清单 3-7 所示。

代码清单 3-7　被破坏的 AES-CBC 管理器

```
1   from cryptography.hazmat.primitives.ciphers import Cipher,
     algorithms, modes
2   from cryptography.hazmat.backends import default_backend
3   from cryptography.hazmat.primitives import padding
4   import os
5
6   class EncryptionManager:
7     def __init__(self):
8         self.key = os.urandom(32)
9         self.iv = os.urandom(16)
10
11    def encrypt_message(self, message):
12        # WARNING: This code is not secure!!
13        encryptor = Cipher(algorithms.AES(self.key),
14                      modes.CBC(self.iv),
15                      backend=default_backend()).encryptor()
16        padder = padding.PKCS7(128).padder()
17
18        padded_message = padder.update(message)
19        padded_message += padder.finalize()
20        ciphertext = encryptor.update(padded_message)
21        ciphertext += encryptor.finalize()
22        return ciphertext
23
24    def decrypt_message(self, ciphertext):
25        # WARNING: This code is not secure!!
26        decryptor = Cipher(algorithms.AES(self.key),
```

1　是的，这是书中的一个主题。事物往往是在被破坏时才最容易理解。

```
27                         modes.CBC(self.iv),
28                         backend=default_backend()).decryptor()
29       unpadder = padding.PKCS7(128).unpadder()
30
31       padded_message = decryptor.update(ciphertext)
32       padded_message += decryptor.finalize()
33       message = unpadder.update(padded_message)
34       message += unpadder.finalize()
35       return message
36
37   # Automatically generate key/IV for encryption.
38   manager = EncryptionManager()
39
40   plaintexts = [
41       b"SHORT",
42       b"MEDIUM MEDIUM MEDIUM",
43       b"LONG LONG LONG LONG LONG LONG"
44   ]
45
46   ciphertexts = []
47
48   for m in plaintexts:
49       ciphertexts.append(manager.encrypt_message(m))
50
51   for c in ciphertexts:
52       print("Recovered", manager.decrypt_message(c))
```

运行代码并观察输出。这次收到的每一条信息都是单独的吗？好！你可能更喜欢这个版本！

这一次，API 可能在语义上更加一致，但是实现非常糟糕，而且非常危险。在说明它有什么问题之前，你可以试着自己看看吗？这一章讨论过的安全原则中，有没有我们正在违反的？如果不是很明显，请继续阅读！

2. IV 的密钥

代码清单 3-7 的问题在于，它对不同的消息重用相同的密钥和 IV。看一下创建密钥和 IV 的构造函数。使用该密钥/IV 对，违规代码在每次调用 encrypt_message() 和 decrypt_message() 时重新创建 encryptor 和 decryptor 对象。请记住，每次加密时，IV 应该是不同的，防止相同的数据被加密为相同的密文！这不是可选的。

同样，理解如何构建 API 以及与之关联的安全参数也很重要。返回并查看图 3-5。请记住，在 CBC 加密中，算法在应用 AES 操作之前使用 XOR 操作将第一个明文块与 IV 组合在一起。每个后续明文块在 AES 加密之前使用 XOR 与前一个密文块组合起来。在 Python API 中，每个对 update() 的调用都将块添加到这个链中，从而为后续调用在内部缓冲区中留下少于一个完整块的数据。finalize() 方法实际上并不进行任何加密，但如果仍有不完整的数据等待加密，则会引发错误。

反复调用 update() 方法不是重用密钥和 IV。另一方面，如果创建新的 encryptor 和 decryptor 对象，如代码清单 3-7 所示，就将从头重新创建链。如果在这里重用密钥和 IV，就将使用相同的密钥和 IV！这将导致每次给相同的输入生成完全相同的输出！

因此，在使用 Python 中 cryptography 模块的 API 时，不要多次向加密器提供相同的密钥和 IV 对(显然，要向相应的解密器提供相同的密钥和 IV 对)。事实上，最好不要再重复使用同一个密钥。

在代码清单 3-8 中，更正了之前的错误，即只使用一次密钥/IV 对。encryptor 和 decryptor 对象移到构造函数中，我们使用 cryptography 模块中的 update/finalize 模式，而不是单一的 encrypt_message() 或 decrypt_message() 调用。

代码清单 3-8　AES-CBC 管理器

```
1    from cryptography.hazmat.primitives.ciphers import Cipher,
     algorithms,modes
2    from cryptography.hazmat.backends import default_backend
3    from cryptography.hazmat.primitives import padding
4    import os
5
6    class EncryptionManager:
7      def __init__(self):
8          key = os.urandom(32)
9          iv = os.urandom(16)
10         aesContext = Cipher(algorithms.AES(key),
11                             modes.CBC(iv),
12                             backend=default_backend())
13         self.encryptor = aesContext.encryptor()
```

```
14          self.decryptor = aesContext.decryptor()
15          self.padder = padding.PKCS7(128).padder()
16          self.unpadder = padding.PKCS7(128).unpadder()
17
18   def update_encryptor(self, plaintext):
19          return self.encryptor.update(self.padder.update(plaintext))
20
21   def finalize_encryptor(self):
22          return self.encryptor.update(self.padder.finalize()) +
            self.encryptor.finalize()
23
24   def update_decryptor(self, ciphertext):
25          return self.unpadder.update(self.decryptor.update
            (ciphertext))
26
27   def finalize_decryptor(self):
28          return self.unpadder.update(self.decryptor.finalize()) +
            self.unpadder.finalize()
29
30   # Auto generate key/IV for encryption
31   manager = EncryptionManager()
32
33   plaintexts = [
34      b"SHORT",
35      b"MEDIUM MEDIUM MEDIUM",
36      b"LONG LONG LONG LONG LONG LONG"
37   ]
38
39   ciphertexts = []
40
41   for m in plaintexts:
42      ciphertexts.append(manager.update_encryptor(m))
43   ciphertexts.append(manager.finalize_encryptor())
44
45   for c in ciphertexts:
```

```
46        print("Recovered", manager.update_decryptor(c))
47    print("Recovered", manager.finalize_decryptor())
```

代码清单 3-8 没有重用密钥/IV 对，但注意，不再将单个消息视为单个消息。现在回到了 update() finalize()模式，必须将传递给单个上下文的所有数据视为单个输入。如果希望每个消息都单独处理，每个输入都有一个 update()调用和 finalize()调用序列。或者，可从加密和解密的角度将所有三个消息作为单个输入提交，并有一个将单个解密输出拆分为消息的独立机制。

总之，仔细理解所用的任何加密 API、它们是如何工作的以及它们的需求(尤其是安全需求)是非常重要的。同样重要的是，要理解创建一个看起来做了正确的事情，但实际上容易受到攻击的 API 是多么容易。

记住，不要像这些示例那样，使用自己的密码。

那么，为什么 cryptography 模块使用 update/finalize 模式呢？通常，在许多实际的密码操作中，需要以块的形式处理数据。假设通过网络传输数据。真的想等到得到完整内容后才加密吗？即使是加密硬盘上的本地文件，对于一次性加密来说，它也可能大得不切实际。update()方法允许在加密引擎可用时将数据提供给它。

finalize()操作可满足强制要求，比如 CBC 操作没有留下未加密的不完整块，并且会话已经结束。

当然，只要密钥和 IV 没有被重用，每个消息 API 都没有什么问题。稍后讨论这方面的策略。

练习 3-10 确定的输出

使用相同的密钥 IV，通过 AES-CBC 运行相同的输入。可使用代码清单 3-7 作为起点。每次将输入更改为相同，并打印出相应的密文。你注意到什么？

练习 3-11 加密图像

对前面使用 ECB 模式加密的图像进行加密。加密后的图像现在是什么样子？不要忘记保持前 54 个字节不变！

练习 3-12　手工 CBC

ECB 模式只是原始的 AES。可使用 ECB 作为构建块创建自己的 CBC 模式[1]。对于本练习，看看是否可以构建与加密库兼容的 CBC 加密和解密操作。对于加密，请记住在加密之前将每个块的输出与下一个块的明文进行 XOR 运算。反转解密过程。

3.5.2　流密码

计数器模式与 CBC 模式相比有很多优点，在我们看来，它比 CBC 模式更容易理解。CTR 是传统的缩写形式，实际上，CM 也是一组非常好的缩写。

虽然简单，但这种模式背后的概念一开始可能有点违反直觉。在 CTR 模式中，实际上从未使用 AES 对数据进行加密或解密。相反，此模式生成与明文长度相同的密钥流，然后使用 XOR 将它们组合在一起。

回顾本章前面的练习，XOR 可通过将明文数据与随机数据组合使用，来"屏蔽"明文数据。前面的练习用 16 字节的随机数据屏蔽了 16 字节的明文。这是一种真正的加密形式，称为"一次性密码本"[11]。它工作得很好，但要求密钥的大小与明文相同。这里没有空间进一步探讨 OTP；重要概念是，使用 XOR 将明文和随机数据组合在一起是创建密文的好方法。

AES-CTR 模拟了 OTP 的这一方面。但它并不要求密钥的大小与明文相同(这在加密 1TB 的文件时非常麻烦)，而是使用 AES 和一个计数器从一个最小为 128 位的 AES 密钥中生成几乎任意长度的密钥流。

为此，CTR 模式使用 AES 加密一个 16 字节的计数器，该计数器生成 16 字节的密钥流。要获得 16 个字节的密钥流，该模式将计数器增加 1 并加密更新后的 16 个字节。通过不断增加计数器和加密结果，CTR 模式可以生成几乎任意数量的密钥流材料[2]。一旦生成足够数量的密钥材料，就使用 XOR 操作将它们组合在一起生成密文。

虽然计数器每次只改变一点点(通常只改变一点点！)，但 AES 具有良好的逐块雪崩特性。因此，每个输出块与上一个输出块完全不同，整个流似乎是随机数据。

▨ **随机的想法**

随机性在密码学中是很重要的。许多其他可接受的算法如果没有足够的随机密钥来源，在实践中就会出问题。前面简要提到的 OTP 算法要求密钥的大小与明文相同(无论大小如何)，并且整个密钥是真正随机的数据。AES-CTR 模式只要求 AES

1　千万不要把它用于生产代码！应始终使用经过良好测试的库。
2　限制是有的，但这些超出了本书的讨论范围。

密钥是真正随机的。AES-CTR 生成的密钥流看起来是随机的，但实际上是伪随机的。这意味着，如果知道 AES 密钥，就知道整个密钥流，无论它看起来多么随机。

确保拥有足够随机的数据来源超出了本书的范围。出于本书的目的，假设 os.urandom() 可根据需要返回可接受的随机数据。在实际加密环境中，需要更仔细地分析这一点。

随机性是如此重要，我们将不止一次地提到它。事实上，本章最后会再次讨论它。本节的代码使用 GreenMail 作为 SMTP 服务器，可使用 bin 目录中的 smtp.sh 脚本运行配置好的实例。默认情况下，它将在端口 3025 上开放 SMTP 服务器。

虽然 AES-CTR 是一个流密码，但仍然可以一次一个块地考虑它。要加密任何给定的明文块，请为该块的索引生成密钥流，并使用块(可能是其中一部分)进行 XOR 操作。另一种表示方式如下(其中下标 k 表示"用密钥 k 加密"):

$C[n] = P[n] \oplus n_k.$

另一个小问题是，不想每次都从相同的计数器值开始。因此，IV，也就是 nonce，用作起始计数器值。更新定义:

$C[n] = P[n] \oplus (\text{IV}+n)_k$

XOR 是一种非常通用的数学运算。可以把它想象成"受控的位翻转": 为了计算出 A⊕B，把它们的位串起来; 在 B 中遇到 1 时，就对 A 中相应的位进行逆变换，在 B 中遇到 0 时，就不对 A 中相应的位执行任何操作。从这个角度看，很容易看出两次 XOR 操作就能让 A 恢复到原来的状态。

更正式地说，如前所述，XOR 是它自己的逆: (A⊕B)⊕B = A。通过将 XOR 应用于密钥流中的适当值，来创建一个加密块流，所以解密也只需要做完全相同的操作，即将 XOR 应用于加密块及其相应的密钥:

$P[n] = C[n] \oplus (\text{IV} + n)_k$

当然，如果只用 0 进行异或(因为 A⊕0 = A，这就是逆属性的来源)，什么也不会发生，所以流中的键需要由看起来随机的位组成，但这正是 AES 产生的密钥流的类型。

图 3-7 提供了 AES-CTR 操作的可视化表示。

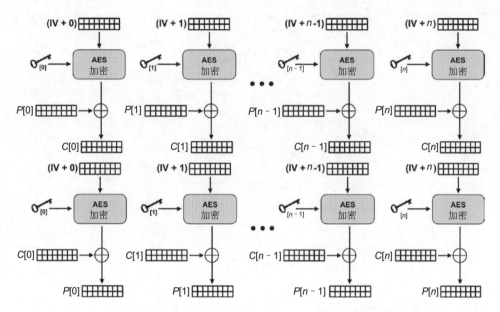

图 3-7　CTR 加密和解密的可视化描述。注意，加密和解密是相同的过程！

幸运的是，流密码不需要填充！只对部分块执行 XOR 是非常简单的，放弃密钥中不必要的后半部分。

通常，这种方法要简单得多。不需要填充，块可以再次独立于其他块进行加密。下面看看它在 cryptography 模块(代码清单 3-9)中的作用。

代码清单 3-9　AES-CTR

```
1    from cryptography.hazmat.primitives.ciphers import Cipher,
     algorithms,modes
2    from cryptography.hazmat.backends import default_backend
3    import os
4
5    class EncryptionManager:
6      def __init__(self):
7        key = os.urandom(32)
8        nonce = os.urandom(16)
9        aes_context = Cipher(algorithms.AES(key),
10                             modes.CTR(nonce),
11                             backend=default_backend())
12       self.encryptor = aes_context.encryptor()
```

```
13        self.decryptor = aes_context.decryptor()
14
15   def updateEncryptor(self, plaintext):
16        return self.encryptor.update(plaintext)
17
18   def finalizeEncryptor(self):
19       return self.encryptor.finalize()
20
21   def updateDecryptor(self, ciphertext):
22        return self.decryptor.update(ciphertext)
23
24   def finalizeDecryptor(self):
25      return self.decryptor.finalize()
26
27   # Auto generate key/IV for encryption
28   manager = EncryptionManager()
29
30   plaintexts = [
31      b"SHORT",
32      b"MEDIUM MEDIUM MEDIUM",
33      b"LONG LONG LONG LONG LONG LONG"
34   ]
35
36   ciphertexts = []
37
38   for m in plaintexts:
39       ciphertexts.append(manager.updateEncryptor(m))
40   ciphertexts.append(manager.finalizeEncryptor())
41
42   for c in ciphertexts:
43     print("Recovered", manager.updateDecryptor(c))
44   print("Recovered", manager.finalizeDecryptor())
```

因为不需要填充，finalize()方法实际上是不必要的，该方法只起到"关闭"对象的作用。该方法是为了对称和教学而保存的。

如何选择 CTR 和 CBC 模式？在几乎所有情况下，建议使用 CTR(计数器模式)[1]。CTR 不仅更容易，而且在某些情况下更安全。不仅如此，计数器模式也更容易并行化，因为密钥流中的密钥是根据它们的索引计算的，并非基于之前的计算。

那为什么还要讨论 CBC 呢？至少它还在广泛使用中，所以在遇到它时，理解它是有好处的。

本书后续章节将介绍其他模式，这些模式建立在计数器模式的基础上，从而使某些东西变得更好。目前，了解 CBC 和 CTR 模式的这些基本特征，以及如何从底层块密码中构建更好的算法就足够了。

练习 3-13 编写一个简单的计数器模式

与使用 CBC 时一样，从 ECB 模式中创建计数器模式加密。这应该比 CBC 更简单。要生成密钥流，应该对 IV 块进行加密，然后将 IV 块的值增加 1，生成下一个密钥流材料块。完成后，对密钥流和明文执行 XOR。以相同的方式解密。

练习 3-14 并行计数器模式

扩展计数器模式的实现方案，使用线程池以并行方式生成密钥流。请记住，要生成一个密钥流块，只需要确定起始 IV 和正在生成哪个密钥流块(例如，第一个 16 字节块为 0，第二个 16 字节块为 1，等等)。首先创建一个函数，它可以生成任何特定的密钥流，例如 keystream(IV, i)。接下来，将密钥流的生成并行化到 n，方法是在独立进程之间以任意方式划分计数器序列，并让它们各自独立生成密钥流块。

3.6 密钥和 IV 管理

如前所述，拥有 cryptography 这样的库可使各种加密变得方便、易用。遗憾的是，这种简单可能具有欺骗性并导致错误；出错的方法有很多。前面简要介绍了其中之一：密钥或 IV 的重用。

这类错误属于"密钥和 IV 管理"这一更广泛的类别，不正确的操作是常见的问题来源。

重要的是要记住：永远不要重复使用密钥和 IV 对。这样做会严重损害安全性，并使密码术书籍的作者失望。千万别这么做。在加密任何内容时，总是使用一个新的密钥/IV 对。

---

1 可以记住它，因为它也代表"选择正确的模式"。我们甚至可买到 CTR 环，作为一种友好的、恒定的加密提醒。

为什么不想重用密钥和 IV 对？对于 CBC，前面提及一个潜在的问题：如果重用密钥和 IV 对，将得到可预测报头的可预测输出。部分信息将成为一种负担；你可能倾向于根本不去想，因为它们是样板文件或包含隐藏的结构，对手可以使用可预测的密文来了解你的密钥。

以 HTML 页面为例。第一个字符通常在多个页面中是相同的(例如，"<!DOCTYPE html > \ n")。如果 HTML 页面的前 16 个字节(一个 AES 块)是相同的，并在相同的密钥/IV 对下加密它们，那么每个页面的密文都是相同的。你刚向敌人泄露了数据，他们可以开始分析你的数据加密模式。

如果 Web 站点有大量的静态内容或生成了相同的动态结果，那么每个加密的页面都是唯一可识别的。敌人可能不知道每一页说了什么，但可以确定使用频率，并跟踪哪一方收到了相同的页面。

在 CBC 模式下重用密钥和 IV 是不好的。

另一方面，在计数器模式中重用密钥和 IV 则糟糕得多。因为计数器模式是一个流密码，所以明文只是与密钥流进行 XOR 操作。如果恰巧知道明文，就可以找回密钥：$K \oplus P \oplus P = K$！

"那又怎样？"你可能会想，"谁在乎他们能不能拿到密钥？如果他们已经知道明文，我们又何必在意呢？"

问题是，在许多情况下，攻击者可能知道明文消息的部分或全部内容。如果其他消息使用相同的密钥流加密，攻击者也可以恢复这些消息！

糟糕至极。

进一步探讨这个想法。假设在商店用信用卡买了 100 美元的东西，读卡器向银行发送一条消息，授权购买仅受 AES-CTR 加密保护的商品。

假设从信用卡阅读器到银行的消息是这样的 XML：

```
1   <XML>
2     <CreditCardPurchase>
3       <Merchant>Acme Inc</Merchant>
4       <Buyer>John Smith</Buyer>
5       <Date>01/01/2001</Date>
6       <Amount>$100.00</Amount>
7       <CCNumber>555-555-555-555</CCNumber
8     </CreditCardPurchase>
9   </XML>
```

商店创建此消息，对其进行加密，并将其发送到银行。为进行通信，商店和银行必须共享密钥。如果编写代码的程序员懒惰且粗心，那么他们可能创建一个在每个消息上都重用了固定密钥和 IV 的系统，如代码清单 3-10 所示。

代码清单 3-10 商店的 AES – CTR

```
1   # ACME generates a purchase message in their storefront.
2   from cryptography.hazmat.primitives.ciphers import Cipher,
     algorithms,modes
3   from cryptography.hazmat.backends import default_backend
4
5   # WARNING! Never do this. Reusing a key/IV is irresponsible!
6   preshared_key=bytes.fromhex('00112233445566778899AABBCCDDEEFF')
7   preshared_iv=bytes.fromhex('00000000000000000000000000000000')
8
9   purchase_message = b"""
10  <XML>
11   <CreditCardPurchase>
12      <Merchant>Acme Inc</Merchant>
13      <Buyer>John Smith</Buyer>
14      <Date>01/01/2001</Date>
15      <Amount>$100.00</Amount>
16      <CCNumber>555-555-555-555</CCNumber>
17      </CreditCardPurchase>
18   </XML>
19   """
20
21   aesContext = Cipher(algorithms.AES(preshared_key),
22                       modes.CTR(preshared_iv),
23                       backend=default_backend())
24  encryptor = aesContext.encryptor()
25  encrypted_message = encryptor.update(purchase_message)
```

为简单起见，前面的代码中包含了购买消息。可随意地将其更改为接收一个文件或命令行标志，来设置购买者的姓名、购买价格等。可能还应该将加密消息写入文件。

回到场景，如果试图破解这个系统，可以在该商店花费 100 美元，然后单击线路并拦截发送到银行的购买消息。这样做，会得到多少明文信息？全部！我们知道谁买了东西，买了多少东西，购买日期，以及自己的信用卡号码。

这意味着可以重新创建明文消息，与密文执行 XOR 操作，并恢复密钥流材料。因为商家为下一个客户重用相同的密钥和 IV，所以可以轻松地解密消息并读取内容。哦，一个关于数据泄露的新闻即将到来。

练习 3-15 窃取密钥流

窃取密钥流的攻击就是使用相同的密钥和 IV 加密两个不同的购买消息。"拦截"其中一个消息，对密文内容和已知的明文执行 XOR 操作。这将提供一个密钥流。接下来，对密钥流与其他消息执行 XOR 操作，恢复该消息的明文。消息大小可能略有不同，但如果缺少一些密钥流字节，请尽可能恢复。

即使攻击者不知道任何明文且无法恢复密钥流，仍可利用通过相同密钥和 IV 加密的消息。如果两个消息使用相同的密钥流加密，就可以使用以下技巧(其中 K 是密钥流)：

$$c_1 = m_1 \oplus K$$
$$c_2 = m_2 \oplus K$$
$$c_1 \oplus c_2 = (m_1 \oplus K) \oplus (m_2 \oplus K)$$
$$c_1 \oplus c_2 = m_1 \oplus m_2 \oplus K \oplus K$$
$$c_1 \oplus c_2 = m_1 \oplus m_2$$

对这两条明文消息执行 XOR 操作，得到了什么？这是可读的吗？视情况而定。由于明文消息通常具有结构，所以私有数据通常是可提取或可猜测的。从示例中获取这些虚构的购买消息。如果把两个这样的信息放在一起，能了解到什么？

首先，任何重叠的部分都等于 0。很快就知道信息的哪些部分是相同的，哪些是不同的。如果攻击者足够幸运，两个消息的长度与购买者姓名相同，那么 amount 字段也会对齐。对它们执行 XOR 操作时，这个字段会产生很多信息，因为这个字段的合理字符很少(0-9 和.)。数字的 ASCII 字符的 XOR 只有很少的几个可能性。

例如，只有两对数字，其 ASCII 字符的 XOR 是 15。即 7 和 8(ASCII 值 55 和 56)以及 6 和 9(ASCII 值 54 和 57)。因此，如果对两个购买 amount 字段的数字执行 XOR 操作，结果是 15，那么这两个消息都有这两对数字中的一个。这只有四种可能性，对于攻击者来说，大多数情况下都不难发现。

你可能会惊讶地发现这个漏洞经常出现。一个简单示例是全双工消息。如果有两方希望向对方发送加密消息，则不能使用相同的密钥和 IV 对连接的每一端进行加密。每一方的加密必须独立于另一方。

如果想想 CBC 和 CTR 模式是如何工作的，这将是非常明显的。如果要在两个方向上写消息，每一边都需要独立的读密钥和写密钥[1]。第一方的读密钥为另一方的写密钥，反之亦然。这样，不同的消息将不会在相同的密钥和 IV 对下写入。

练习 3-16　筛选 XOR

XOR 将一些纯文本消息放在一起，查找模式和可读数据。不需要对此使用任何加密，只需要获取一些常规的、人类可读的消息，并对字节执行 XOR 操作。尝试人类可读的字符串、XML、JSON 和其他格式。可能找不到很多可以立即破译的东西，但这是一个有趣的练习。

3.7　利用可伸缩性

密码学的某些方面一开始并不直观。例如，敌人可能读不懂一条机密信息，但仍然能够以有意义的、欺骗性方式修改它。本节将尝试在无法读取加密消息的情况下更改它。

由于前述原因，计数器模式是一种非常好的加密模式。然而，冒着过于重复的风险，它只能保证保密性。实际上，因为它是一个流密码，所以只更改消息的一小部分而不更改其余部分是无关紧要的。例如，在计数器模式下，如果攻击者修改了密文的一个字节，那么它只影响明文的相应字节。即使一个字节的明文不能正确地解密，其余字节也将保持完整。

密码块链模式不同，因为对密文单个字节的更改将影响所有后续块。

练习 3-17　可视化密文的变化

要更好地理解计数器模式和密码块链模式之间的区别，请返回前面编写的图像加密实用程序。修改它，首先加密然后解密图像，使用 AES-CBC 或 AES-CTR 作为模式。解密后，原始图像应该完全恢复。

现在，将一个错误引入密文，并对修改后的字节进行解密。例如，尝试在加密的图像数据中间选择一个字节并将其设置为 0。破坏数据后，调用解密函数并查看恢复后的图像。用 CTR 进行的编辑有多大的不同？用 CBC 进行的编辑有多大的不同？

提示：如果看不出什么不同，试试全白的图片。如果仍然看不出区别，请更改 50 个字节左右，以确定更改发生在何处。一旦找到了发生改变的地方，再改变一个字节，看看 CTR 和 CBC 之间的区别。能解释一下发生了什么吗？

---

[1] 从技术角度看，如果 IV 不同，就可使用相同的密钥。然而，在实践中有许多方法可能使 IV 有意或无意地重叠，因此通常建议使用不同的密钥而不是依赖于不同的 IV。

为了说明可伸缩性的概念，将让攻击者知道加密消息的一些明文。这些知识将允许他们在途中改变信息。这次的不同之处在于，这个漏洞不依赖于重用的密钥流。

如果攻击者知道用密钥流加密的消息背后的明文，则很容易从密文中提取密钥流。如果密钥流被重用，攻击者可解密使用它的所有消息。即使没有重用它，攻击者也可使用已知的明文更改消息。

重新查看加密的购买消息。假设 Acme 的竞争对手 Evil LLC 想将这笔钱据为己有。他们就可监听来自 Acme 商店的网络连接，并可以拦截和修改消息。当这个消息的加密形式出现时，即使他们没有密钥也无法解密，也可以去掉已知的原始消息部分，并替换为他们选择的部分。

Evil LLC 想要改变的部分是:

```
1    <XML>
2     <CreditCardPurchase>
3      <Merchant>Acme Inc</Merchant>
```

这些数据在每条支付信息中都是已知的、固定的。要获得密钥流，Evil LLC 所要做的就是用密文与这些数据执行 XOR 操作。一旦这个部分执行了 XOR 操作，Evil LLC 就有了这么多字节的密钥流。然后，创建修改后的消息:

```
1    <XML>
2     <CreditCardPurchase>
3      <Merchant>Evil LLC</Merchant>
```

此消息与真实消息的大小完全相同。由于 AES-CTR 具有很强的延展性，因此很容易对提取的密钥流和此部分消息执行 XOR 操作，并将其连接到仍然加密的消息的其余部分。这个过程如图 3-8 所示。

练习 3-18   拥抱邪恶

为 Evil LLC (或自己)工作! 是时候从 Acme 那里偷些钱了。从前面练习中创建的加密支付消息开始。通过识别商家来计算消息头的大小，并从加密的数据中提取这么多字节。对明文头与密文头执行 XOR 操作，得到密钥流。一旦有了密钥流，对提取的密钥流与把 Evil LLC 表示为商家的标头执行 XOR 操作。这就是"邪恶"的密文。将其复制到加密文件的字节上，创建一条新的付款消息，将自己的公司标识为接收方。通过解密修改后的文件来证明它是有效的。

这里的关键教训是，加密本身不足以保护数据。后续章节将使用消息验证码、验证的加密和数字签名，来确保无法在不中断通信的情况下更改数据。

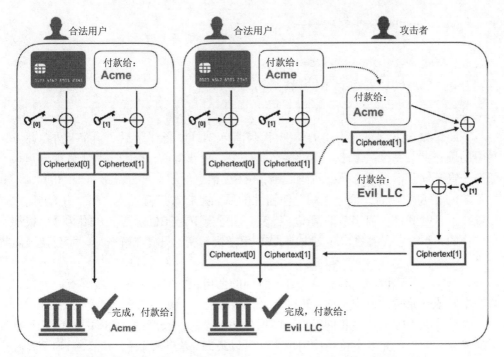

图 3-8　如果攻击者知道明文的 CTR 模式密文，就可以提取密钥流，加密自己的邪恶消息！

填充物

虽然 CBC 模式比计数器模式更难改变，但在这方面它绝不是完美的。事实上，正是 CBC 的可伸缩性使早期版本的 SSL 容易受到攻击。请记住，CBC 模式是基于块的模式，需要填充。填充规范中一个有趣的错误和 AES-CBC 的延展性使攻击者能够执行“填充 Oracle 攻击”并解密机密数据。

现在就开始创建这个攻击吧。它非常有趣，也很有教育意义。

对于这个小练习，需要编写自己的填充函数；cryptography 模块中的那些太安全了。该函数将遵循非常糟糕的 SSL 3.0 规范(最后一章将详细讨论 SSL/TLS)。基本上，任何内容的 N-1 字节后跟一个表示填充总长度的字节。因为该规范中总是需要填充，所以即使明文是块大小的倍数，也会添加填充。这在以后会很重要。

代码清单 3-11　SSLv3 填充

```
1    def sslv3Pad(msg):
2        padNeeded = (16 - (len(msg) % 16)) - 1
3        padding = padNeeded.to_bytes(padNeeded+1, "big")
```

```
4        return msg+padding
5
6   def sslv3Unpad(padded_msg):
7        paddingLen = padded_msg[-1] + 1
8        return padded_msg[:-paddingLen]
```

下面讨论一下到目前为止的情况(代码清单 3-11)。除了最后一个字节外，此方案中的填充字节完全被忽略。不管字节是什么，只要最后一个字节是正确的即可。填充一直延续到消息的末尾，对吗？猜猜 CBC 消息的哪一部分是最可伸缩的。

CBC 消息的最后一部分更具可伸缩性的原因是它对任何后续块都没有影响。它可以在不打乱其他任何字节的情况下改变。回顾一下，CBC 解密一开始对每个块都是一样的，不管它在哪里。密文块由 AES 用密钥解密。只有在解密后，才会使用前一个块中的密文进行 XOR 操作。

这意味着可在链的末端替换 CBC 链中的任何块。它会在最后被解密，就像它会在中间或开始时被解密一样。解密后，它将与前一个块中的密文进行 XOR 操作。

这有什么用呢？假设我们很幸运，原始明文消息的长度是 AES 块长度的 16 字节的倍数。因为填充方案总是使用填充，所以最后会有一整块的填充。因为不关心填充中除了最后一个字节之外的其他字节，所以即使替换了最后一个块，只要最后一个字节解码为 15(当有一整块填充时的填充长度)，就可以正确地恢复整个消息。

另一种解释是，当末尾有一整块填充时，16 个字节中的 15 个完全被忽略。它们是什么并不重要。如果我们试图"愚弄"解密，这是一个很好的地方，因为只需要一个正确的字节！

这个小小的改变，只在乎最后一个字节的值，改变了一切！它将暴力猜测简化为合理的猜测。通常，如果想"猜测"一个正确的 AES 块，就必须尝试 16 字节的所有可能的组合。根据以前的讨论，这是一个非常庞大的数字，不可能逐一尝试具有实际用途的所有组合。

但是现在我们只关心最后一个字节，只需要正确猜测数据的一个字节。重复一遍，只要最后一个字节解密为 15，填充就是"正确的"。一个字节的数据有 256 个可能的值，所以如果最后一个字节是随机选择的，那么在 256 次中有 1 次它将正确地解密为 15！

你可能会抗议，数据不是随机的。我们正试图解密一个特定的字节。非常正确！但请记住，在 CBC 中，对真正的明文和前一个块的密文执行 XOR 操作！密文的行为就像随机数据，至少在这里是这样。对于任何给定的密钥/IV 对，对明文字节与密文的最后一个字节执行 XOR 操作，则最后这个字节有机会成为 256 个可能的 1 字节值中的任何一个。如果足够幸运，对明文字节和密文的"随机"字节执行 XOR

操作的结果将是 15！

如果接受填充并将其解密为 15，就可以使用之前的密文块知识来获得真正的明文字节。

实际上，恢复明文字节是一个小技巧，需要仔细考虑 CBC 解密。请记住，明文的最后一个块(例如，原始消息中的真正填充物)是由倒数第二个块与密文执行 XOR 操作得到的。这个中间数据用 AES 算法加密。因此，如果反向操作，覆盖最后一个密文块，CBC 操作将首先通过 AES 解密操作运行这个块，以生成一个中间值，然后与前面的密文进行 XOR 操作。如果这很难理解，请参阅图 3-5。

如果接受填充(例如，最后一个字节是 15)，就知道由 AES 解密的中间值的最后一个字节是 15 和前一个密文块的最后一个字节的 XOR 操作结果。当然，我们有密文。现在，即使没有 AES 密钥，也可直接计算中间字节(例如，对 15 和倒数第二个密文块的最后一个字节执行 XOR)。

但中间值不是明文字节。记住，我们正在解密前面的密文块。该密文块是实际明文的 AES 加密与前面实际的密文(或 IV，如果它是第一个明文块)进行 XOR 的结果。所以，当恢复中间的最后一个字节时，仍然需要使用适当的 XOR 来删除混合数据。

把它放入代码中。首先，需要定义“Oracle”。在现实生活中，Oracle 是 SSLv3 服务器。如果给它发送一个填充错误的消息，它会发回一个错误消息，指出填充错误。这些知识是完成这次攻击所需的。对于代码清单 3-12 中的代码，在 Oracle 类中使用 accept()方法，该方法指示填充是否有效，执行与服务器相同的目的。

代码清单 3-12　SSLv3 填充 Oracle

```
1    from cryptography.hazmat.primitives.ciphers import Cipher,
      algorithms,modes
2    from cryptography.hazmat.backends import default_backend
3
4    class Oracle:
5      def __init__(self, key, iv):
6        self.key = key
7        self.iv = iv
8
9      def accept(self, ciphertext):
10       aesCipher = Cipher(algorithms.AES(self.key),
11                   modes.CBC(self.iv),
```

```
12                              backend=default_backend())
13       decryptor = aesCipher.decryptor()
14       plaintext = decryptor.update(ciphertext)
15       plaintext += decryptor.finalize()
16       return plaintext[-1] == 15
```

这可能看起来有点奇怪：使用密钥来创建 Oracle。只需要记住，我们模拟的是一个脆弱的远程服务器，它有自己的密钥。下面所写的攻击将在不知道这里使用的密钥的情况下进行。

一旦有了 Oracle，就很容易看到能否幸运地解码密文中任意块的最后一个字节，如代码清单 3-13 所示。

代码清单 3-13　幸运的 SSLv3 填充字节

```
1    # Partial Listing: Some Assembly Required
2
3    # This function assumes that the last ciphertext block is a full
4    # block of SSLv3 padding
5    def lucky_get_one_byte(iv, ciphertext, block_number, oracle):
6        block_start = block_number * 16
7        block_end = block_start + 16
8        block = ciphertext[block_start: block_end]
9
10       # Copy the block over the last block.
11       mod_ciphertext = ciphertext[:-16] + block
12       if not oracle.accept(mod_ciphertext):
13           return False, None
14
15       # This is valid! Let's get the byte!
16       # We first need the byte decrypted from the block.
17       # It was XORed with second to last block, so
18       # byte = 15 XOR (last byte of second-to-last block).
19       second_to_last = ciphertext[-32:-16]
20       intermediate = second_to_last[-1]^15
21
22       # We still have to XOR it with its *real*
```

```
23          # preceding block in order to get the true value.
24       if block_number == 0:
25          prev_block = iv
26       else:
27          prev_block = ciphertext[block_start-16: block_start]
28
29       return True, intermediate ^ prev_block[-1]
```

重复一遍：我们指望倒数第二个块！如图 3-9 所示，必须足够幸运，倒数第二个块的最后一个字节与中间字节的 XOR 操作才能正好是 15。我们所指望的这种运气取决于所选的密钥和 IV。同样，对于任何给定的密钥/IV 对，倒数第二个块"意外地"与中间明文块执行 XOR 操作得到 15 的概率是 1/256。

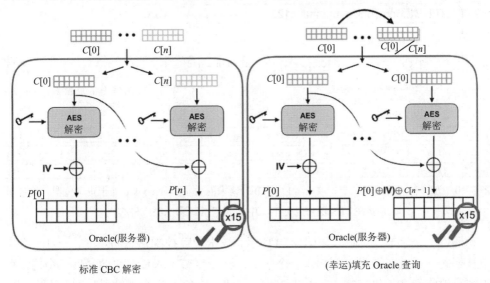

标准 CBC 解密

(幸运)填充 Oracle 查询

图 3-9　如果忽略了填充块的前 15 个字节，可代入倒数第二块，看看 Oracle 是否告诉我们填充是
正确的。如果正确，就可求出前一个块中的最后一个字节

这些真的有用吗？首先，必须足够幸运有一整块填充。其次，只有 1/256 的机会解码一个字节。这似乎没什么帮助。

还是它？

再说一次，密码学可能是非常违反直觉的。计算机的行为与我们所期望的不一样，这就是麻烦的地方。

当 SSLv3 忙于保护 Web 流量时，事实证明，恶意广告可通过多种方式向 SSL 加密的 Web 站点生成流量。但是因为那个广告产生了流量，它的作者可以控制加密信息的长度。因此，如果攻击者试图解密一个加密的 cookie，那么触发不同长度的 GET 请求可控制整个消息的长度。

这种情况下，获得完整的填充块并非十分困难，因为恶意请求者可能将任意数据放入 GET 请求中。

对一台计算机来说，在网络上发出 256 个请求根本算不了什么。注意，在 SSLv3 上下文中，客户机和服务器将为每个连接使用不同的密钥将意味着在每个连接上，密文都是不同的！因此，如果攻击者发送了 256 个请求，那么倒数第二个块每次都会不同，这就提供了一个幸运的新机会，可以拥有正确的"随机"数字，从而提供所需的 15。

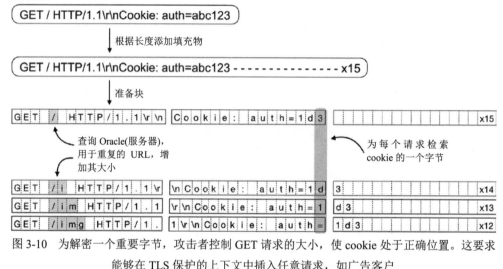

图 3-10　为解密一个重要字节，攻击者控制 GET 请求的大小，使 cookie 处于正确位置。这要求能够在 TLS 保护的上下文中插入任意请求，如广告客户

还是一个字节，对吧？如图 3-10 所示，攻击者可控制消息的长度。一旦一个字节被解码，通过在消息前面插入一个字节，将新字节推入任意块的最后一个槽，可很容易地将消息长度增加 1。再试 256 次，第二个字节也会被解码！重复下去，就可解码所有字节！

练习 3-19　抵抗是徒劳的

完成填充 Oracle 攻击的代码。我们已经提供了主要的部分，但仍然需要一些工作把一切放在一起。我们将做一些事情来尽量简化。首先，选择长度正好是 16 字节(AES 块大小)的倍数的消息，并创建要附加的固定填充。固定填充可以是任意的 16 字节，只要最后一个字节是 15 即可；加密此消息并将其传递给 Oracle，以确保代码正常工作。

接下来，试着恢复消息第一个块的最后一个字节。在循环中，创建一个新的密

钥和 IV 对(以及一个具有这些值的新 Oracle)，加密消息，并调用 lucky_get_one_byte()
函数，将块号设置为 0。重复此循环，直到函数成功并验证恢复的字节是正确的。
注意，在 Python 中，单个字节不被视为字节类型，而是转换为整数。

解码整个消息的最后一步是使任何字节成为块的最后一个字节。同样，为简单
起见，将消息加密为 16 的完美倍数。要将任何字节推到块的末尾，请在开头添加
一些额外的字节，并在末尾截断相同数量的字节。现在可以一次一个字节地恢复整
个消息！

练习 3-20　统计也是徒劳的

在前面的练习中测试填充 Oracle 攻击，计算完全解密整个消息所需的猜测次
数，并计算每个字节的平均尝试次数。从理论上讲，应该可以达到每字节 256 次尝
试。但也可能使用非常小的数字，因此会有很大的差异。在对 96 字节消息的测试
中，平均值在每字节 220 次猜测和 290 次猜测之间变化。

再次强调，加密是关于机密性的，而机密性并不足以解决所有安全问题。接下
来将学习如何结合保密性和完整性来解决更多问题。

3.8　弱密钥，糟糕的管理

为了结束本章，先简要讨论一下密钥。希望读者已经很清楚密钥有多么重要了。
在几乎所有的密码系统中，密钥管理是最困难的部分。生成良好的密钥、共享
密钥以及随后管理密钥(例如，保持密钥的机密性、更新密钥或撤销密钥)可能会很
困难。现在重点关注密钥的生成。
密钥必须有良好的随机来源。这一章简单地提到过随机性，下面再看一看。例
如，下面的代码是错误的。

```
import random
key = random.getrandbits(16, "big")
```

random 包是一个伪随机数生成器，甚至不是一个好的生成器。伪随机数生成器
具有确定性，它生成的数字在人类看来是随机的，但在给定已知种子值的情况下总
是相同的。默认种子是基于系统时间的。这似乎是合理的，但这意味着如果攻击者
能够猜测随机数生成器何时被播种，就完全可以预测所有生成的随机数。使情况变
得更糟的唯一方法是对密钥或种子进行硬编码(这实际上是一样的)。

```
# Set the random number generator seed to 0.
r = random.Random(0)
key = r.getrandbits(16, "big")
```

这段代码将在每次运行程序时生成相同的"随机"数字。这有时对测试很有用，但在生产代码中不能使用它！

虽然 Python 的默认播种不再那么可预测，但它不适合生成密码之类的密钥。相反，总是从 os.urandom()或 secrets.SystemRandom()(对于 Python 3.6 或更高版本)中获取密钥。大多数情况下，这就是足够的随机性。如果需要更强大的工具，可能需要使用不同的硬件，并且应该咨询密码专家。

在某些部署中，密钥不是从随机数中提取的。相反，它是从密码中派生出来的。如果要从密码中派生密钥，那么密码需要非常安全！第 2 章了解了暴力攻击，所有这些教训都适用于本文。

感受一下在这些场景中猜测密钥的不同难度。尝试所有可能的 128 位随机密钥需要多长时间？需要多少次尝试？

有 2^{128} 个不同的 128 位密钥。不同的键共有：

340 282 366 920 938 463 463 374 607 431 768 211 456

但是，如果密钥来自一个五位数的密码，就已经将它减少到 99 999！的确，很少有密码能像真正随机的 128 位密钥那样难以破解。毕竟，需要一个由大约 20 个随机字符组成的密码，才能获得与 128 位密钥相同的暴力效果。但是，99 999 只是祈求计算机接受挑战。你可以做得更好！

提醒一下，从密码中派生密钥的算法已经得到了验证。一定要用一个好的。在第 2 章中，使用了 scrypt。一些人认为还有更好的方法(如 bcrypt 或 Argon2)。什么是好的求导函数？一个特点是需要多长时间。如果有人选择了一个弱密码(如 puppy1)，攻击者很快就会发现。但是，如果派生函数很慢，则可能会花费太长时间。

简而言之，不要用好密码和坏密钥。请确保密钥的生成是安全的，并能充分抵抗一个顽固对手的滥用。

练习 3-21　预测基于时间的随机性

编写一个使用 Python 随机数生成器生成密钥的 AES 加密程序(或修改为本章编写的其他加密程序之一)。在 seed 方法中，根据使用 time.time()四舍五入到最近的秒的当前时间显式配置生成器。然后使用此生成器创建密钥，并加密一些数据。编写一个单独的程序，将加密的数据作为输入，并尝试猜测密钥。它应该把最小时间和最大时间作为一个范围，并尝试在这两个点之间迭代，作为随机种子值。

3.9 其他加密算法

本章专门讨论了 AES 加密。这是有充分理由的。AES 是目前使用的最流行对称密码。它用于网络通信以及在磁盘上存储数据。如第 7 章所述，它是几个高级 AEAD(带关联数据的认证加密)的基础。

还可以使用其他对称密钥密码。以下是 cryptography 库支持的一些示例：

- Camellia
- ChaCha20
- TripleDES
- CAST5
- SEED
- Eve

尽管我们总是鼓励使用经过良好测试的、受人推崇的第三方库，但请注意，库通常包含对不太理想的算法的支持。在 cryptography 支持的算法列表中，一些密码已经被认为是不安全的，并且正在逐步淘汰。例如，虽然糟糕的 DES 不包括在 cryptography 库的密码中，但这个模块包含了 3DES(TripleDES)。虽然 3DES 没有 DES 那么糟，但应该尽快退役。CAST5 属于这一类。

另一个由 cryptography 支持的密码是 Blowfish。此算法也不推荐使用，其更强大的后继算法 Twofish 在当前的 cryptography 实现中不可用。

3.10 finalize ()

本章涵盖了许多内容，但只触及了密码学的皮毛。也许能从本章学到的最重要原则是，密码学通常比看起来要复杂得多。不同的操作模式有不同的优缺点，其中一些通过实例进行了探讨。即使使用 API 进行加密操作，也会对安全性产生重大影响。

务必记住，你不是一个密码学家。这些练习是介绍性和教育性的。请不要将此代码复制到生产环境中，也不要使用获得的入门知识来编写安全非常重要的操作。你真的想拿别人的个人信息、财务信息或与掌握新技能有关的其他敏感数据去冒险吗？

甚至可以更广泛地理解"加密"这个词的含义。下次听到"受 AES 128 位加密保护"时，使用的是 CTR、CBC 还是 ECB 模式？是否正确地使用了加密？因为破坏对称加密可能还有其他一些方式(通常是意想不到的)。

这是进入密码学世界的第一步。下面讨论非对称加密！

第4章

■■■■

非对称加密：公钥/私钥

非对称加密是密码学安全领域最重要的进展之一。它支撑着网络、Wi-Fi连接、安全电子邮件和其他各种通信的安全。它无处不在，但也很微妙，容易实现或误用，缺乏正确性意味着有时安全性会急剧下降。

你可能听说过"公钥""公钥基础设施"或"公钥加密"。实际上，非对称密码术中有多种操作，还有许多不同算法。本章专门讨论非对称加密，并特别使用一种称为RSA的算法。后续章节将讨论其他非对称操作，如签名和密钥交换。

事实上，RSA加密几乎完全过时了。为什么还要学习它呢？因为RSA是经典的非对称算法之一，并且在引入一些核心概念方面做得很好，这些概念对于学习更现代的方法是有帮助的。

4.1　两个密钥的故事

东南极洲真实间谍机构(EATSA)为Alice和Bob准备了一项新任务。Bob留在东南极洲(EA)作为Alice的助手，Alice在西南极洲政府餐厅(WAGGS)得到一个卧底的职位。Alice向Bob汇报西南极洲(WA)的政客们在吃什么。EATSA计划就这些政客吃了多少热食敲诈他们，因为他们的选民只能吃冷冻餐。

然而，EATSA担心通信遭到破坏。如果Alice被捕时带着对称密钥，那么西南极洲中心骑士办公室(WACKO)就可以用它来解密他们截获的Alice发给EATSA的任何信息。那会毁了整个计划的！

EATSA决定实施一项他们听说过的新技术：非对称加密。他们发现有两个密钥的加密方案：用一个密钥加密的消息只能由另一个密钥解密。

使用这种新技术，Bob可只给Alice发送两个密钥中的一个("公共"密钥)。Alice就可以用公钥加密消息并发送回Bob，但Alice不能解密消息！只有Bob位于安全的 EA 区域内,使用对应的"私钥"才能对消息进行解密。这听起来很完美——如果 Alice 的密钥被破解,至少不会让抓获她的人破解她所写的内容,这比以前要好得多[1]。什么地方可能出错?

为了完成这个方案,EATSA 选择使用 RSA 加密,这是一种使用非常大的整数作为密钥和消息的非对称算法,而"模幂运算"是加密和解密的主要数学运算符。该算法简单易懂,与现代编程语言相比,实现起来相对容易。从各方面看,这都是加密方案的完美配方。

4.2 越来越紧张

在 RSA 中生成密钥有点棘手,因为需要找到两个非常大的整数,并且出现协素数的可能性很高。对于 EATSA 的间谍来说,这看起来需要大量的数学运算,所以他们选择使用现有的库。代码清单 4-1 展示了在 Python 3 中引入的包,以及使用它编写的代码。

代码清单 4-1 RSA 密钥的生成

```
1   from cryptography.hazmat.backends import default_backend
2   from cryptography.hazmat.primitives.asymmetric import rsa
3   from cryptography.hazmat.primitives import serialization
4
5   # Generate a private key.
6   private_key = rsa.generate_private_key(
7       public_exponent=65537,
8       key_size=2048,
9       backend=default_backend()
10  )
11
12  # Extract the public key from the private key.
13  public_key = private_key.public_key()
14
15  # Convert the private key into bytes. We won't encrypt it this time.
16  private_key_bytes = private_key.private_bytes(
```

---

1 仍然可以伪装成 Alice 发送假消息,这在对称加密的情况下也是可能的。

```
17          encoding=serialization.Encoding.PEM,
18          format=serialization.PrivateFormat.TraditionalOpenSSL,
19          encryption_algorithm=serialization.NoEncryption()
20      )
21
22      # Convert the public key into bytes.
23      public_key_bytes = public_key.public_bytes(
24          encoding=serialization.Encoding.PEM,
25          format=serialization.PublicFormat.SubjectPublicKeyInfo
26      )
27
28      # Convert the private key bytes back to a key.
29      # Because there is no encryption of the key, there is no password.
30      private_key = serialization.load_pem_private_key(
31          private_key_bytes,
32          backend=default_backend(),
33          password=None)
34
35      public_key = serialization.load_pem_public_key(
36          public_key_bytes,
37          backend=default_backend())
```

　　这种模式对于任何私有/公共密钥的生成都是一样的，因此，尽管其中有一些名称很长的常量，但选用现有的库使 EATSA 更容易实现安全通信。

　　看到 RSA 中的私钥了吗？公钥是从它派生出来的。虽然任何一个密钥都可以用于加密(另一个密钥可用于解密)，但私钥具有特殊之处。RSA 密钥是不对称的，其中一个用来加密，另一个用来解密；可从私钥派生 RSA 公钥，但反过来不行。

　　private_bytes 和 public_bytes 方法将大整数密钥转换为标准网络和磁盘编码(称为 PEM)中的字节。从磁盘读取这些字节后，可使用相应的序列化 load 方法对这些字节进行解码，使它们看起来像加密和解密算法的密钥。

　　可对私钥本身进行加密(这是一个非常好的主意)，但是这里选择不这样做，这就是不使用密码的原因。

4.3 RSA 出错

Alice 和 Bob 将通过探索所有不正确使用 RSA 的方法来帮助我们学习 RSA。

实际的加密和解密部分对 EATSA 来说非常简单，他们看到的每个库似乎都有许多不必要的额外内容，使其更难理解，甚至减慢了速度。由于没有意识到自己"不是密码学家"，他们决定自己实现加密和解密。他们没有使用第三方库，而是选择省略填充。这导致了一个非常"原始的"或基本的 RSA，有助于我们学习内部原理，即使结果是非常破碎的。

■ 警告：不要自行加密

同样，实现自己的RSA加密/解密，而不是使用库，根本不是一个好主意。使用没有填充的RSA是非常不安全的，原因有很多，本节只讨论其中的几个。尽管出于教学目的，这里将编写自己的RSA函数，但在任何情况下都不要将此代码用于实际通信。

下面是加密的数学模型，其中 c 是密文，m 是消息，剩下的参数是公钥和私钥，后面会解释：

$$c \equiv m^e \pmod{n} \tag{4.1}$$

类似地，下面是解密的数学模型：

$$m \equiv c^d \pmod{n} \tag{4.2}$$

看起来还不错，对吧？模幂运算在大型整数数学库中是一种非常标准的运算[1]，所以这里不讨论太多。

如果是新手，那么不要被 ≡ 吓到。为简单起见，通常可把它看成一个等号。

式(4.1)和式(4.2)中的操作可使用 Python 中的 gmpy2(一个大型数学库)简明地编写。powmod 函数执行必要的模幂运算，如代码清单 4-2 所示。

代码清单 4-2　gmpy2

```
1    #### DANGER ####
2    # The following RSA encryption and decryption is
3    # completely unsafe and terribly broken. DO NOT USE
4    # for anything other than the practice exercise
5    ################
```

1　发明 PKI 后，它当然变得流行起来。

```
6   def simple_rsa_encrypt(m, publickey):
7       # Public_numbers returns a data structure with the'e'and 'n'
        parameters.
8       numbers = publickey.public_numbers()
9
10      # Encryption is(m^e) % n.
11      return gmpy2.powmod(m, numbers.e, numbers.n)
12
13  def simple_rsa_decrypt(c, privatekey):
14      # Private_numbers returns a data structure with the'd'and 'n'
         parameters.
15      numbers = privatekey.private_numbers()
16
17      # Decryption is(c^d) % n.
18      return gmpy2.powmod(c, numbers.d, numbers.public_numbers.n)
19  #### DANGER ####
```

如前所述，现在可能更明显了，RSA 操作的是整数，而不是消息字节。如何将消息转换为整数？Python 很容易做到，因为它的 int 类型有 to_bytes 和 from_bytes 方法。在代码清单 4-3 中更好地使用它们。

代码清单 4-3　整数/字节转换

```
1   def int_to_bytes(i):
2       # i might be a gmpy2 big integer; convert back to a Python int
3       i = int(i)
4       return i.to_bytes((i.bit_length()+7)//8, byteorder='big')
5
6   def bytes_to_int(b):
7       return int.from_bytes(b, byteorder='big')
```

重要的是，因为 RSA 处理的是整数，而不是字节，所以默认实现方案将丢失前导零。就整数而言，01 和 1 是相同的数字。如果字节序列以任意数量的零开始，它们将无法在加密/解密后继续存在。示例发送的是文本，因此这不会成为问题。然而，对于二进制数据传输来说，可能会出问题。这个问题将通过填充来解决。

EATSA 现在拥有创建一个简单的 RSA 加密/解密应用程序需要的所有部分。在查看代码清单 4-4 中的代码之前，尝试创建自己的版本。

代码清单 4-4　简单完成的 RSA

```
1   # FOR TRAINING USE ONLY! DO NOT USE THIS FOR REAL CRYPTOGRAPHY
2
3   import gmpy2, os, binascii
4   from cryptography.hazmat.backends import default_backend
5   from cryptography.hazmat.primitives.asymmetric import rsa
6   from cryptography.hazmat.primitives import serialization
7
8   #### DANGER ####
9   # The following RSA encryption and decryption is
10  # completely unsafe and terribly broken. DO NOT USE
11  # for anything other than the practice exercise
12  ################
13  def simple_rsa_encrypt(m, publickey):
14      numbers = publickey.public_numbers()
15      return gmpy2.powmod(m, numbers.e, numbers.n)
16
17  def simple_rsa_decrypt(c, privatekey):
18      numbers = privatekey.private_numbers()
19      return gmpy2.powmod(c, numbers.d, numbers.public_numbers.n)
20  #### DANGER ####
21
22  def int_to_bytes(i):
23      # i might be a gmpy2 big integer; convert back to a Python int
24      i = int(i)
25      return i.to_bytes((i.bit_length()+7)//8, byteorder='big')
26
27  def bytes_to_int(b):
28      return int.from_bytes(b, byteorder='big')
29
30  def main():
31      public_key_file = None
32      private_key_file = None
33      public_key = None
```

```
34      private_key = None
35      while True:
36          print("Simple RSA Crypto")
37          print("--------------------")
38          print("\tprviate key file: {}".format(private_key_file))
39          print("\tpublic key file: {}".format(public_key_file))
40          print("\t1. Encrypt Message.")
41          print("\t2. Decrypt Message.")
42          print("\t3. Load public key file.")
43          print("\t4. Load private key file.")
44          print("\t5. Create and load new public and private key
            files.")
45          print("\t6. Quit.\n")
46          choice = input(" >> ")
47          if choice == '1':
48              if not public_key:
49                  print("\nNo public key loaded\n")
50              else:
51                  message = input("\nPlaintext: ").encode()
52                  message_as_int = bytes_to_int(message)
53                  cipher_as_int = simple_rsa_encrypt(message_as_int,
                    public_key)
54                  cipher = int_to_bytes(cipher_as_int)
55                  print("\nCiphertext (hexlified): {}\n".
                    format(binascii.hexlify(cipher)))
56          elif choice == '2':
57              if not private_key:
58                  print("\nNo private key loaded\n")
59              else:
60                  cipher_hex = input("\nCiphertext (hexlified):
                    ").encode()
61                  cipher = binascii.unhexlify(cipher_hex)
62                  cipher_as_int = bytes_to_int(cipher)
63                  message_as_int = simple_rsa_decrypt(cipher_as_int,
                    private_key)
```

```
64                  message = int_to_bytes(message_as_int)
65                  print("\nPlaintext: {}\n".format(message))
66          elif choice == '3':
67            public_key_file_temp = input("\nEnter public key file: ")
68            if not os.path.exists(public_key_file_temp):
69                print("File {} does not exist.")
70            else:
71                with open(public_key_file_temp, "rb") as public_key_
                  file_object:
72                    public_key = serialization.load_pem_public_key(
73                              public_key_file_object.read(),
74                              backend=default_backend())
75                    public_key_file = public_key_file_temp
76                    print("\nPublic Key file loaded.\n")
77
78                    # unload private key if any
79                    private_key_file = None
80                    private_key = None

81          elif choice == '4':
82            private_key_file_temp = input("\nEnter private key file: ")
83            if not os.path.exists(private_key_file_temp):
84                print("File {} does not exist.")
85            else:
86                with open(private_key_file_temp, "rb") as private_
                  key_file_object:
87                    private_key = serialization.load_pem_private_key(
88                              private_key_file_object.read(),
89                              backend = default_backend(),
90                              password = None)
91                    private_key_file = private_key_file_temp
92                    print("\nPrivate Key file loaded.\n")
93
94                    # load public key for private key
95                    # (unload previous public key if any)
```

```
96                   public_key = private_key.public_key()
97                   public_key_file = None
98          elif choice == '5':
99              private_key_file_temp = input("\nEnter a file name for
                new private key: ")
100             public_key_file_temp=input("\nEnter a file name for a
                new public key: ")
101             if os.path.exists(private_key_file_temp) or os.path.
                exists(public_key_file_temp):
102                 print("File already exists.")
103             else:
104                 with open(private_key_file_temp,"wb+") as private_
                    key_file_obj:
105                     with open(public_key_file_temp,"wb+") as
                        public_key_file_obj:
106
107                         private_key = rsa.generate_private_key(
108                                         public_exponent =65537,
109                                         key_size =2048,
110                                         backend = default_backend()
111                                     )
112                         public_key = private_key.public_key()
113
114                         private_key_bytes = private_key.private_
                        bytes(
115                             encoding=serialization.Encoding.PEM,
116                             format=serialization.PrivateFormat.
                            TraditionalOpenSSL,
117                             encryption_algorithm=serialization.
                            NoEncryption()
118                         )
119                         private_key_file_obj.write(private_key_bytes)
120                         public_key_bytes = public_key.public_bytes(
121                             encoding=serialization.Encoding.PEM,
122                             format=serialization.PublicFormat.
```

```
                        SubjectPublicKeyInfo
123                     )
124                     public_key_file_obj.write(public_key_bytes)
125
126                     public_key_file = None
127                     private_key_file = private_key_file_temp
128         elif choice == '6':
129             print("\n\nTerminating. This program will self
                    destruct in 5 seconds.\n")
130             break
131         else:
132             print("\n\nUnknown option {}.\n".format(choice))
133
134     if __name__ == '__main__':
135         main()
```

在进行之前，花几分钟来自己尝试一下这个练习。顺便注意，因为公钥可从私钥中派生，所以加载私钥时也会加载公钥。

准备好了，就继续读下去！可能需要不时地参考代码清单 4-4。后续的许多代码清单都重用这些导入和函数定义。为节省空间，通常不会重新打印它们，因此此代码清单也可作为模板。

练习 4-1　简单的 RSA 加密

使用前面的应用程序，建立从 Alice 到 Bob 的通信，然后将一些加密消息从 Alice 发送到 Bob 进行解密。

4.4　给发件箱填料

一旦 EATSA 建立了 RSA 加密应用程序，就把它交给 Alice 和 Bob，命令他们开始执行任务。Alice 会潜入 WAGGS，并向 Bob 发送最新消息。Alice 和 Bob 首先需要做什么？

公钥/私钥对的惊人之处在于，为让 Alice 向 Bob 发送安全消息，他们在分手之前不需要在任何事情上达成一致！[1]只要 Alice 知道在哪里查找，Bob 就可在任何地方向她发布公钥。Bob 可以将公钥寄到报纸上，在电话里背诵给她听，或者在环绕西南极洲飞行的古德伊尔软式飞艇上宣传。密钥是公开的。如果西南极洲的反情报部门发现了它，那也没有关系，他们将无法解密 Alice 的信息。

对吧？

Alice 离开 EATSA 的总部，越过边界，来到西南极洲，在那里她潜入了 WAGGS。当她执行秘密行动时，Bob 生成一个公钥/私钥对。Bob 保留私钥并发布公钥，供 Alice 查看。

启动代表 Bob 版本的应用程序实例并选择选项 5，该选项生成新的配对密钥并将它们保存到磁盘。完成后，就有两个文件可在编辑器中查看。

查看公钥文件(在提示时选择了对应的名称)。它的内容应该如下所示：

```
-----BEGIN PUBLIC KEY-----
MIIBIjANBgkqhkiG9w0BAQEFAAOCAQ8AMIIBCgKCAQEAuGFr+NV3cMu2pdl+i52J
XkYwwSHgZvA0FyIPsZ/rp6Ts5iBTkpymt7cf+cQCQro4FSw+udVt4A8wvZcppnBZ
h+17ZZ6ZZfj0LCr/3sJw8QfZwuaX5TZxFbJDxWWwsR4jLHsiGsPNf7nzExn7yCSQ
sXLNqc+mLKP3Ud9ta14bTQ59dZIKKDHVGlQ1iLlhjcE1dhOAjWlsdCVfE+L/bSQk
Ld9dWKCM57y5tiMsoqnVjl28XcsSuiOd4QPGITprsX0jb7/p/rzXc9OQHHGyAQzs
WTAbZNaQxf9AY1AhE4wgMVwhnrxJA2g+DpY1yXUapOIH/hpD0sMH56IGcMx9oV/y
SwIDAQAB
-----END PUBLIC KEY-----
```

这是一个 PEM 格式的公钥。恭喜你！Bob 可拿到这个密钥，把它发表在西南极洲一家报纸的分类广告上。

与此同时，Alice 一直在仔细观察西南极洲的政客们喜欢吃什么。Alice 看到政客们正在吃热狗和热巧克力；她翻阅了手中的报纸，发现了她一直在找的分类广告！公钥已经到了！她小心翼翼地把公钥复制到一个文件中，现在她能加密消息，而只有 Bob 才有能力解密。

接下来，将刚生成的公钥复制到一个新文件中。这表示 Alice 从分类广告中拷贝文本后创建的文件。现在启动应用程序的一个新实例，表示 Alice 的程序副本。选择选项 3 来加载公钥。

---

1 Bob 不一定知道消息来自于谁，但这是另一个问题(而且非常有趣)。Bob 至少知道他是唯一能读懂的人。

Alice 需要给 Bob 回信。这是项目中的选项 1。运行它，选择选项 1，并在明文字段中输入文本 hot dogs，这将弹出加密的消息[1]。如果使用前面的公钥，会得到如下输出：

```
Plaintext: hot dogs

Ciphertext (hexlified): b'56d5586cab1764fae575bc5815115f1c5d759
daddccbd6c9cb4a077026e2616dfca756ffa7733538e66997f06ebbbb853028
3926383a6bb80b7145990a29236d042048eed8eb7607bd35fcafe3dadd5d60a
1f8694192bddedac5728061234ffbb7a407155844a7e79b3dbc9704df0de818
d24acad32ccd6d2afe2d0734199c76e5c5c770fa8c3c208eceae00554aa2f29
9a8510121d388d85f35fa49c08f3e9d7540f22fe5eb4ea15da5f387dbdd0e00
6710aa9031b885094773ef3329cde91dbede53ed77b96483d34daa4fedbf5bc
d95e95b6b482a7decbf47fe2df0e309d706ab9c73ce73a2bdef33b786dd12e9
8a9ce34bbc1847f36e13ae9eea4007b616'
```

再做一次，但这次是 hot chocolate。如果使用前面展示的公钥，会得到如下输出(但继续使用自己生成的公钥)：

```
Plaintext: hot chocolate

Ciphertext (hexlified): b'4d1e544e71c4cb15636ef4b0d629294538a05
979db762952cc5f0fc494f71535dff326dbb8543d0f2ace51a2279f65c2a76b
2a5ca5a3ee151e65e516afcb1d4da9ca9871dc7ce1dd4361a3b49def05c5089
99f5fab81b869b251ba8694fb171ab56ca1cde7cef0ac3934da4c28f7bfbb65
b03afa9cff30db974f0bd4fb8dee7fac75c99cd4def94ca8de83d46fffa092a
90642c9cfbfbf07c371f5aa3a62dc997d20e9959fcbec7dd0b434709b679619
ea195008a9a12eaa7462ffdbe8e6f765dd86b21f0f1d9b8b2b523ca7f11785e
fc6da84ec717bd1f0e2191e5a3bef74e489b5e396c49bd8f222ccd89984dbec
8b5e4cbb23ba739637d3307bca4e9f57e7'
```

同样，这些消息即使是 Alice 加密的，Alice 也不能解密：她没有私钥。至少理论上是这样。

她对自己的间谍活动充满信心，把这些信息通过一个不安全的载体“海豹”[15]发送给 Bob。Bob 接收到消息并重新加载应用程序。首先，Bob 使用选项 4 加载

1　消息以十六进制字节表示，以方便选择以及粘贴到其他地方。

私钥文件，然后选择选项 2 尝试解密。果然，当他把信息抄送给 Alice 时，正确地解密了：

```
Ciphertext (hexlified): 56 d5586cab1764fae575bc5815115f1c5d759da
ddccbd6c9cb4a077026e2616dfca756ffa7733538e66997f06ebbbb85302839
26383a6bb80b7145990a29236d042048eed8eb760735fcafe3dadd5d60a1f86
94192bddedac5728061234ffbb7a407155844a7e79b3dbc9704df0de818d24a
cad32ccd6d2afe2d0734199c76e5c5c770fa8c3c208eceae00554aa2f299a85
10121d388d85f35fa49c08f3e9d7540f22fe5eb4ea15da5f387dbdd0e006710
aa9031b885094773ef3329cde91dbede53ed77b96483d34daa4fedbf5bcd95e
95b6b482a7decbf47fe2df0e309d706ab9c73ce73a2bdef33b786dd12e98a9c
e34bbc1847f36e13ae9eea4007b616

Plaintext: b'hot dogs'
```

"热狗！"Bob 惊呼道，"真可耻！"

```
Ciphertext (hexlified):
4d1e544e71c4cb15636ef4b0d629294538a05979
    db762952cc5f0fc494f71535dff326dbb8543d0f2ace51a2279f65c2a76
b2a5c
    a5a3ee151e65e516afcb1d4da9ca9871dc7ce1dd4361a3b49def05c5089
99f5f
    ab81b869b251ba8694fb171ab56ca1cde7cef0ac3934da4c28f7bfbb65b
03afa
    9cff30db974f0bd4fb8dee7fac75c99cd4def94ca8de83d46fffa092a90
642c9
    cfbfbf07c371f5aa3a62dc997d20e9959fcbec7dd0b434709b679619ea1
95008
    a9a12eaa7462ffdbe8e6f765dd86b21f0f1d9b8b2b523ca7f11785efc6d
a84ec
    717bd1f0e2191e5a3bef74e489b5e396c49bd8f222ccd89984dbec8b5e4
cbb23
    ba739637d3307bca4e9f57e7

Plaintext: b'hot chocolate'
```

Bob 眯起眼睛："热巧克力？他们一点儿也不觉得羞耻吗？"

到目前为止，一切顺利！Alice 的信息传给 Bob。消息被 WACKO 特工 Eve 截获了，但 Eve 不能读懂它们，即使她有公钥也是如此。如果 Alice 不能读她自己的信息，Eve 为什么能读懂呢？

Alice 和 Bob 不知道的是，Eve 即将造成各种各样的破坏。本章的其余部分将逐步了解 RSA 可能遭到破坏的一些方式以及正确的实现方法。但首先要多加练习！

练习 4-2 来人是谁？Bob，是你吗？

假设你扮演 Eve，知道关于 Alice 和 Bob 操作的所有信息，但不知道私钥。也就是说，知道分类广告、载体"海豹"甚至加密程序[1]。Alice 和 Bob 的方案使用非对称加密得到加强，但仍然容易受到 MITM(中间人)攻击。Eve 如何定位自己，以欺骗 Alice 发送 Eve 可以解密的消息，而 Bob 只能接收来自 Eve 而不是 Alice 的假消息？

练习 4-3 生命、宇宙等的答案是什么？

第 3 章讨论了选定的明文攻击。这里也可使用相同的攻击。这回再次扮演那个 WACKO 特工 Eve。在报纸上截获了 Bob 的公钥，还可访问 RSA 加密程序。如果知道 Alice 发送的加密消息，请解释或演示如何验证这个猜测。

4.5 是什么让非对称加密与众不同？

如本节所述，RSA 是不对称加密的一个示例。

如果以前没有听说过非对称加密，那么希望你刚通过练习了解了一些关键概念。现在明确一些事情。

在对称加密中，有一个用于加密和解密消息的单一共享密钥。这意味着任何有能力创建加密消息的人都有能力解密相同的消息。如果赋予某人对于对称加密消息进行解密的能力，同时不赋予他对相同类型消息进行加密的能力，这是不可能的，反之亦然。

在非对称密码体制中，总是存在一个绝对不能公开的私钥和一个可以广泛公开的公钥。密钥对究竟可以做什么取决于算法。本章主要讨论 RSA 加密，本节回顾了 RSA 的操作。但请记住，这些可能不适用于其他非对称算法和操作。

1　记得柯克霍夫(Kerckhoff)原则吗？又来了！

特别是，RSA 支持非对称加密方案，在这种方案中，可用一个密钥加密消息，而用另一个密钥解密消息。通常，密钥都可充当任何一个角色：私钥可以加密消息，再由公钥解密，反之亦然。当然，对于 RSA，一个密钥显然是私钥，因为公钥可从私钥派生而来，但反过来不行。拥有一个 RSA 私钥而又没有匹配的公钥是不可能的。因此，一个密钥明确指定为私钥，另一个密钥被指定为公钥。

如果拥有受适当保护的 RSA 私钥和足够健壮的协议，使用非对称加密可能出于两个目的。

(1) 密码 dropbox：任何拥有公钥的人都可加密消息，并将其发送给私钥的所有者。只有拥有私钥的人才能解密消息。

(2) 签名：任何拥有公钥的人都可解密由私钥加密的消息。这显然不利于保密(任何人都可以解密消息)，但有助于证明发送方的身份，或至少证明发送方拥有私钥；否则，将无法加密可用公钥解密的消息。这是一个密码签名的示例，稍后讨论它。

▓ **注意：RSA 加密**

现在学习的密码dropbox操作几乎从未用来以这种方式发送完整信息。使用RSA加密的最常见方法是用对称密钥加密，以便从一方传输到另一方。这是另一个概念，将在后续章节中讨论。

RSA 加密的不对称本质的真正奇妙之处在于，双方不需要彼此见面就可以开始交换消息。在示例中，Alice 和 Bob 不需要一起创建任何共享密钥。Alice 甚至不需要见 Bob，也不需要认识他。只要 Alice 拥有 Bob 的公钥，Alice 就可以加密只有 Bob 可以读取的消息。

遗憾的是，只为一个人加密消息的能力并不是现实生活中唯一重要的事情。如练习所示，非对称加密的优点也是它的缺点。之前没有任何交流，现在能够沟通也意味着，如果没有额外信息，就无法知道是在和正确的人交流。

如果做了前面的练习，就知道对 WACKO 来说，通过截获消息和密钥欺骗双方，来读取和修改 Alice 和 Bob 之间的通信是很简单的。

(1) 可通过拦截和修改发表在报纸上的公钥来欺骗 Alice。通过插入自己的公钥(Alice 现在误认为是 Bob 的公钥)，就可以读取 Alice 发给 Bob 的所有消息。没有其他信息，Alice 不可能知道公钥已被泄露。

(2) 然后，可以阻止 Bob 接收到 Alice 错误加密的消息，并向 Bob 发送用截获的正确密钥加密的错误消息，来欺骗 Bob。如果没有其他信息，Bob 无法知道是谁在发送消息。

这是对称键和非对称键之间的一个重要区别。事实上，一些密码学家区分"秘密"对称密钥和"私有"非对称密钥。两个人可以共享一个秘密，但只有一个人知道自己的私钥。这在实践中意味着一个对称密钥，只要它对双方都是保密的，就可用来确定你正在与正确的人(即与你创建共享密钥的人)对话。而非对称密钥做不到这一点[1]。

现在暂时避开这个问题，把它留到以后讨论，需要在证书上下文中讨论解决方案。

4.6 传递填充

回顾一下，早些时候 EATSA 选择实现没有任何填充的 RSA。他们真的不应该那样做；这是一个非常严重的错误。事实上，它是如此严重，以至于 cryptography 模块甚至不允许在没有填充的情况下使用 RSA 加密！

那么，什么是填充，为什么填充这么重要呢？

最好的解释方法是演示如何读取使用公钥加密的消息，即使没有私钥，只要这些消息没有被填充，就可以解密。另一个很好的练习是在互联网上搜索 RSA 填充攻击。使用未经填充的明文存在很多问题。

4.6.1 确定的输出

从最基本的问题开始。RSA 本身就是一个确定性算法。这意味着，给定相同的密钥和消息，将始终得到相同的密文。回顾一下，在对称密钥密码方面也存在与 AES 同样的问题。必须使用初始化向量(IV)来防止确定性输出。还记得为什么确定性输出如此糟糕吗？

确定性输出的问题是，它们也许使被动窃听者(如 Eve)进行一些密码反向工程。因为加密是确定的，如果 Eve 知道 m 将加密到 c，那么任何时候只要 Eve 看到 c，她就知道明文是什么。

Eve 同时拥有公钥和算法(永远不能假定加密算法是保密的)。她可对任意数量的潜在消息进行加密，并存储预加密值的查找表。图 4-1 看起来熟悉吗？第 3 章展示了同样的图像，来讨论对称密码的 ECB 模式及其问题。

---

1 除非公钥也保证是秘密的，但那样的话会在某种程度上破坏非对称密钥的目的，因为需要一个安全的共享信道进行密钥交换。

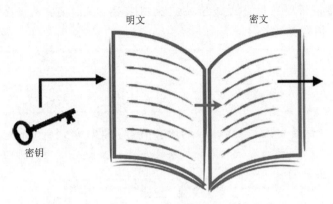

图 4-1 如果 RSA 的输出是确定的，那么发现明文和相应密文之间的映射的敌手可将其记录到查
找表中，供以后使用。这个图片看起来熟悉吗？

但确定性非对称加密会更糟糕。与对称加密不同，必须假设对手拥有公共密钥。
在假想的南极洲冲突中，Eve 可能会发现，或者只是猜测，Alice 正在根据她对自助
餐厅的监视发送信息。如果 Eve 试着把在房间里发现的东西(例如，在餐厅吃饭的政
客的姓名，谈话的话题，正在吃的食物)列一个清单，这样就能加密几百个单词，一
旦她对"热狗"或"热巧克力"进行加密，加密后的值将与返回给 Bob 的消息中截
获的值完全匹配。对于像这样的短消息，特别是如果东南极洲情报人员总是使用小
写字母，那么需要尝试 8 个字符长度的消息将少于 3 亿条。创建一个包含这么多消
息的密文表并不太麻烦。使用这个查找表，Eve 可较快地识别"热狗"。

即使 Eve 猜不出信息，仍然可执行各种各样的分析。假设 Alice 日复一日地发
送同样的信息。虽然 Eve 可能无法解密这条消息，但她仍然能够自信地声明这是同
一条消息。前几章已经考虑了许多利用这种"信息泄露"的示例。

练习 4-4 暴力 RSA

编写一个程序，使用暴力攻击来解密一个用 RSA 加密的单词，该单词都是小
写的(没有空格)，且少于四个字符。程序应该采用公钥和 RSA 加密的密文作为输入。
使用 RSA 加密程序生成几个包含 4 个字母或更少字母的单词，并用暴力程序破
解这些代码。

练习 4-5 等待是最难的部分

修改暴力程序，尝试所有 5 个或更少字母的单词。衡量一下暴力查找 4 字母单

词和 5 字母单词所用的时间(最差情况)。大概需要多长时间？为什么？尝试所有可能的 6 字母单词需要多长时间？

练习 4-6　字典式攻击

很明显，尝试长度远大于 4 或 5 的所有小写 ASCII 单词所用的时间将较长。前几章讨论过同样的问题。尝试相同的解决方案。修改暴力程序，将字典作为输入，以尝试任意英语单词。

4.6.2　选择性密文攻击

没有填充的 RSA 也容易受到所谓"选择性密文攻击"[1]。可让受害者解密一些选择的密文时，这种攻击就会起作用。这听起来可能有悖常理。为什么会有人帮着解密？例如，Bob 为什么要为 Eve 解密呢？

请记住，许多计算机安全都是关于心理学、欺骗和人类思维的[1]。Bob 在找什么？Bob 假设他正在解密来自 Alice 的人类可读消息。如果 Bob 收到的信息不是人类可读的呢？例如，假设在解密一条消息(假设来自 Alice)时，他得到以下输出：

```
b'\xe8\xca\xe6\xe8'
```

这完全可能是由于传输错误造成的。这些事情在现实生活中经常发生。可能是位错误，或者是载体海豹弄脏了墨水。Bob 可能看到很多未正确解密的消息。

Bob 是做什么的？如果他没有很好地实施安全控制，就可能把错误消息扔掉。但如果 Alice 能打入敌人内部，也能以另一种方式运作。对 Eve 来说，哪一个更容易落入她的手中？被发送到命令链进行分析的绝密消息，还是被扔进垃圾桶的"错误"消息？如果清洁工中有 Eve 自己的秘密特工，那么很有可能是被丢弃的纸张或没有充分销毁的数据。

假设这样一个场景：Eve 可向 Bob 发送任意密文。对于本场景的目的，Eve 看不到任何人类可读的消息，但可恢复 Bob 丢弃的错误消息，因为这些消息看起来毫无意义。

遗憾的是，对于 Alice 和 Bob 来说，Eve 可使用这个技巧来解密 Alice 发送回大本营的几乎所有消息。有必要讨论这个技巧背后的数学理论，在整章的多个示例中

1　选择性密文攻击(CCA)比这里讨论的要复杂得多。这里的 CCA 讨论过于简单。如果想进一步了解关于 CCA 和 CCA 的不可区分性，可参阅 Matthew Green 博士发表的一些很棒的博客文章[7]。

都有使用。所以下面讨论加密中的同态。

加密同态的基本概念是，如果对密文执行某种计算，结果将反映在明文中。并不是所有密码系统都具有同态性，但 RSA 在某种程度上具有同态性。在 RSA 中，有一些方法可在密文上进行乘法，从而在明文上进行乘法。还存在其他特殊的同态加密技术，并且正在开发中，可让第三方为数据提供服务，而不必读取数据。你可能听说过其中的一些；如果没有，尝试在网上搜索"同态加密"。这很有趣。

虽然 RSA 不是一种同态加密方案，但这个乘法特性非常有趣。还记得代数课上的$(a^c)(b^c) = (ab^c)$吗？如下式所示，模幂也是如此：

$$(m_1)^e\ (m_2)^e\ (\mathrm{mod}\ n) = (m_1 m_2)^e\ (\mathrm{mod}\ n) \tag{4.3}$$

这个等式的各部分看起来熟悉吗？回顾一下(式 4.1)。你现在看到了吗？

每当在 RSA 中加密一个值(m)时，最后得到的结果是对 m^e 取余。在(4.3)的左边，有两个加密，一个是 m_1，一个是 m_2，都使用相同的公开指数 e，模 n 也相同。

在右边，对值 m_1 乘以 m_2 进行了一次加密。这个方程说明，如果把这些单独加密的值相乘，就会得到乘法的加密结果！

以另一种方式重述，两个密文的乘积(在同一公钥下加密)将解密为两个明文的乘积。在开始前，试着自己完成下面的练习。

练习 4-7　无填充 RSA 的同态性质

使用(4.3)将两个 RSA 加密的数字相乘，并解密结果，以验证等式。

这个练习的代码非常简单，所以一定要先自己尝试一下。准备好之后，解决方案如代码清单 4-5 所示。

代码清单 4-5　解决方案

```
1    # FOR TRAINING USE ONLY! DO NOT USE THIS FOR REAL CRYPTOGRAPHY
2
3    import gmpy2, sys, binascii, string, time
4    from cryptography.hazmat.backends import default_backend
5    from cryptography.hazmat.primitives import serialization
6    from cryptography.hazmat.primitives.asymmetric import rsa
7
8    #### DANGER ####
9    # The following RSA encryption and decryption is
10   # completely unsafe and terribly broken. DO NOT USE
```

```
11    # for anything other than the practice exercise
12    ################
13    def simple_rsa_encrypt(m, publickey):
14        numbers = publickey.public_numbers()
15        return gmpy2.powmod(m, numbers.e, numbers.n)
16
17    def simple_rsa_decrypt(c, privatekey):
18        numbers = privatekey.private_numbers()
19        return gmpy2.powmod(c, numbers.d, numbers.public_numbers.n)
20
21    private_key = rsa.generate_private_key(
22        public_exponent=65537,
23        key_size=2048,
24        backend=default_backend()
25    )
26    public_key = private_key.public_key()
27
28    n = public_key.public_numbers().n
29    a = 5
30    b = 10
31
32    encrypted_a = simple_rsa_encrypt(a, public_key)
33    encrypted_b = simple_rsa_encrypt(b, public_key)
34
35    encrypted_product = (encrypted_a * encrypted_b) % n
36
37    product = simple_rsa_decrypt(encrypted_product, private_key)
38    print("{} x {} = {}".format(a,b, product))
```

如果这种数学计算没有太大意义，在这一点上不要太担心。你可以试着去理解它是如何使用的，即使不完全确定它是如何工作的。

回到当前的示例，假设 Eve 有一个密文 c，密文是由 RSA 公钥加密 m 得到的。如果没有私钥，Eve 应该无法解密它。估计 Bob 也不会帮她解密。不过，如果能破解它的一个倍数，Eve 就能找回原来的密码。

本例选择倍数为 2。Eve 首先使用式 4.1 和公钥加密 2 以获得 c_r。

为清晰起见，将原始密文称为 c_0。如果把 c_0 和 c_r (模为 n)相乘，就会得到一个新密文，称之为 c_1。

$c_1 = c_0 c_r \pmod{n}$。

由式 4.3 可以得到：

$c_1 = c_0 c_r \pmod{n}$

$= m^e r^e \pmod{n}$

$= (mr)^e \pmod{n}$。

那么 Eve 是如何使用它的呢？假设 Eve 截获了 Alice 的一个密文 c。Eve 获取她计算的 c_r(同样，这只是用公钥加密的 2 的值)，然后将这两个加密值相乘(模为 n)。Eve 将这个新的密文 c_1 发送给 Bob。

Bob 接收 c_1 并将其解密为 mr，然后将整数转换为字节。Bob 发现不能将其解密成任何易读的东西，就假设在运输过程中损坏了。Bob 耸了耸肩，把纸揉成一团扔进废纸篓。晚些时候，Eve 的特工翻遍了垃圾箱，找到那张皱巴巴的纸。特工快速复制了一份，通过秘密载体寄给 Eve。

Eve 现在有了 mr，需要提取 m，没问题。她选择 r 为 2。在熟悉的算术中，可对它除以 r 来提取 m，但用模运算来做这个算术时，必须使用一个不同的逆运算：$r{-}1 \pmod{n}$。幸运的是，有一些库可计算这些数字，如 gmpy2。

```
r_inv_modulo_n = gmpy2.powmod (r, 1, n)
```

练习 4-8 Eve 的门徒

重现 Eve 选择的密文攻击。使用 Python 创建一个示例消息，就像前面所做的那样，使用公钥加密它。然后加密一个 r 值(如 2)。将两个数字版本的密文相乘，不要忘记取模 n。解密这个新密文，并尝试将其转换为字节。它不应该是人类可读的东西。提取这个解密的数字版本，然后乘以 $r \pmod{n}$ 的倒数，应该得回原始的数字。将其转换为字节以查看原始消息。

4.6.3 共模攻击

没有填充的 RSA 的另一个问题是"共模"攻击。回顾一下，n 参数是模数，同时包含在公钥和私钥中。由于篇幅有限，本书做了数学计算简化；如果同一个 RSA 消息由两个具有相同 n 模的不同公钥加密，则可在不使用私钥的情况下对其解密。

在选择性密文示例中，详细讨论了这个数学问题，因为它容易描述，而且对于多次攻击非常重要。对于这个示例，为了简单和节省空间，不讨论数学细节。相反，使用代码清单 4-6 中的代码来测试和探索攻击。如果对数学细节感兴趣，可阅读由

Hinek 和 Lam 编写的"对小型私有指数 RSA 和一些快速变体的共模攻击"。

代码清单 4-6 共模

```
1    # Partial Listing: Some Assembly Required
2
3    # Derived From: https://github.com/a0xnirudh/Exploits-
     and-Scripts/tree/master/RSA At tacks
4    def common_modulus_decrypt(c1, c2, key1, key2):
5        key1_numbers = key1.public_numbers()
6        key2_numbers = key2.public_numbers()
7
8        if key1_numbers.n != key2_numbers.n:
9            raise ValueError("Common modulus attack requires a
             common modulus")
10       n = key1_numbers.n
11
12       if key1_numbers.e == key2_numbers.e:
13           raise ValueError("Common modulus attack requires
             different public exponents")
14
15       e1, e2 = key1_numbers.e, key2_numbers.e
16       num1, num2 = min(e1, e2), max(e1, e2)
17
18       while num2 != 0:
19           num1, num2 = num2, num1 % num2
20       gcd = num1
21
22       a = gmpy2.invert(key1_numbers.e, key2_numbers.e)
23       b = float(gcd - (a * e1))/float(e2)
24
25       i = gmpy2.invert(c2, n)
26       mx = pow(c1, a, n)
27       my = pow(i, int(-b), n)
28       return mx * my % n
```

注意，为测试这种攻击，需要两个具有相同模数(n 值)和不同公共指数(e 值)的公钥。建议 e 总是 65 537。但显然，本例不会对两个密钥都使用它。

如何创建公钥？在目前的所有示例中，要么生成新密钥，要么从磁盘加载它们。

回顾一下，n 和 e 值定义了公钥。其他一切都只是包装器。cryptography 模块提供了一个 API，用于直接从这些值中创建密钥。RSA 私钥对象有一个名为 private_numbers 的方法，而 RSA 公钥对象有一个名为 public_numbers 的方法。这些方法返回带有 n、d 或 e 等数据元素的数据结构。这些数字对象也可用来创建密钥对象。

在代码清单 4-7 中，生成一个私钥，然后手动创建另一个具有相同模数和不同公共指数的密钥。

代码清单 4-7　共模密钥的生成

```
1    # Partial Listing: Some Assembly Required
2
3    private_key1 = rsa.generate_private_key(
4        public_exponent =65537,
5        key_size=2048,
6        backend = default_backend()
7    )
8    public_key1 = private_key1.public_key()
9
10   n = public_key1.public_numbers().n
11   public_key2 = rsa.RSAPublicNumbers(3, n).public_key
     (default_backend())
```

现在应该有了测试这种攻击需要的所有 Python 代码。

此时，你可能会问自己，"这种攻击贴近实际吗？"为了实现它，必须让相同的信息用两个共模的密钥加密。为什么相同的消息会用两个不同的密钥加密两次？为什么两个不同的密钥会共模？

在处理密码学时，永远不要依赖这种思想。如果有一种方法可以利用密码学，坏人就会找到一种方法利用它。首先考虑如何用两个不同的密钥加密相同的消息。

一种可能性是让 Alice 相信已经创建了一个新公钥，她需要切换。如果我们控制新的公钥，就可以给她提供一个我们选择的具有 n 和 e 值的密钥。

但是如果我们可控制 Alice 的密钥，为什么需要使用共模攻击？为什么不给她提供一个我们创建的公钥，并提供配对的私钥呢？

的确，新的私钥/公钥对将允许 Eve 对 Alice 将来发送的任何消息进行解密。但是共模攻击将允许 Eve 确定过去发送的一些消息。在示例中，Alice 进入自助餐厅后，饮食服务可能会有规律地重复。事实上，如前所述，即使 Eve 不能解密，也能知道是否正在发送相同的消息。如果 Eve 观察到相同的消息被发送了一遍又一遍，那么共模攻击提供了对发送内容的历史以及关于未来发送的消息的更大视图。

练习 4-9　共模攻击

创建一个共模攻击演示程序来测试本节中的代码。

练习 4-10　共模用例

编写一个额外场景，令使用共模攻击可能对攻击者有用。

4.7　证据就在填充物里

如前所述，这种非常原始的 RSA 形式，有时称为"教科书式 RSA"，是比较容易被破解的。有两个关键问题。如前所示，教科书式 RSA 的一个问题是：输出是确定的。所以需要对同一消息加密两次的共模攻击更容易实施。

也许更大的问题是这些信息的可伸缩性有多强。我们在第 3 章讨论了对称加密的可伸缩性。对于 RSA，我们有类似的问题，例如，乘以 RSA 密文并得到一个可解密的值。

尝试加密小消息也存在潜在的问题，如在练习中加密的一些小消息。除了练习中的暴力方法外，还有一些方法可破坏较小的消息，特别是使用较小的公共指数(例如，$e = 3$)。

为减少或消除这些问题，RSA 的实际使用总是利用随机元素的填充。我们一直使用的原始 RSA 计算在加密前将 RSA 填充应用于明文消息。填充确保消息不会太小，并提供一定数量的结构，这降低了延展性。此外，随机元素的操作与对称加密的 IV 类似：良好的随机填充确保 RSA 加密操作生成的每个密文(即使是相同的明文)都是唯一的(具有很高的概率)。

没有填充的 RSA 非常危险，以至于 cryptography 模块甚至没有无填充的 RSA 操作。应该非常清楚地说明，不能在没有填充的情况下使用 RSA 进行加密。虽然 cryptography 模块不允许这样做，但其他库允许这样做。值得注意的是，这包括 OpenSSL。

在撰写本书时，通常使用两种填充方案。旧方案称为 PKCS #1 v1.5，另一个是 OAEP，即最佳的非对称加密填充。代码清单 4-8 所示的 cryptography 模块可使用这些填充模式中的任何一种。

代码清单 4-8 RSA 填充

```
1   from cryptography.hazmat.backends import default_backend
2   from cryptography.hazmat.primitives.asymmetric import rsa
3   from cryptography.hazmat.primitives import serialization
4   from cryptography.hazmat.primitives import hashes
5   from cryptography.hazmat.primitives.asymmetric import padding
6
7   def main():
8       message = b'test'
9
10  private_key = rsa.generate_private_key(
11      public_exponent =65537,
12      key_size=2048,
13      backend=default_backend()
14   )
15  public_key = private_key.public_key()
16
17  ciphertext1 = public_key.encrypt(
18    message,
19    padding.OAEP(
20      mgf = padding.MGF1(algorithm = hashes.SHA256()),
21      algorithm = hashes.SHA256(),
22      label = None # rarely used. Just leave it 'None'
23     )
24  )
25
26  ###
27  # WARNING: PKCS #1 v1.5 is obsolete and has vulnerabilities
28  # DO NOT USE EXCEPT WITH LEGACY PROTOCOLS
29  ciphertext2 = public_key.encrypt(
30    message,
```

```
31          padding.PKCS1v15()
32      )
33
34      recovered1 = private_key.decrypt(
35      ciphertext1,
36      padding.OAEP(
37          mgf=padding.MGF1(algorithm=hashes.SHA256()),
38          algorithm=hashes.SHA256(),
39          label=None # rarely used.Just leave it 'None'
40      ))
41
42      recovered2 = private_key.decrypt(
43      ciphertext2,
44      padding.PKCS1v15()
45      )
46
47      print("Plaintext: {}".format(message))
48      print("Ciphertext with PKCS #1 v1.5 padding(hexlified): {}".
         format(ciphertext1.hex()))
49      print("Ciphertext with OAEP padding (hexlified): {}".
         format(ciphertext2.hex()))
50      print("Recovered 1: {}".format(recovered1))
51      print("Recovered 2: {}".format(recovered2))
52
53  if __name__=="__main__":
54  main()
```

如果重复运行这个演示脚本，将发现这两种填充方案的密文每次都会导致输出改变。因此，像 Eve 这样的对手不能执行选择性密文攻击，不能执行本章前面演示的共模攻击，也不能使用 RSA 的确定性加密来分析消息模式、频率等。

填充也解决了加密过程中丢失前导零的问题。填充确保输入总是固定的大小：模数的位数。因此，例如，使用填充，RSA 加密的输入(模数大小为 2048)将始终是256 字节(2048 位)。因为输出的大小是已知的，所以也允许明文以前导零开始。无论组合消息是否从 0 开始，已知的大小意味着可以附加 0，直至达到正确的大小。

现在万事俱备，对吧？Alice 和 Bob 会转而使用填充物，而 Eve 会被拒之门外吗？

首先，请注意填充既不能解决中间人问题，也不能解决身份验证问题。Eve 仍然可以截获并更改公钥，从而对 Alice 的消息进行完全解密。Bob 仍然不知道是谁在给他发信息。这些是另一章的问题。

其次，精明的读者可能注意到源代码清单中的警告。此处将重申一次。

■ **警告：对 PKCS #1 v1.5 说"不"**

不要使用PKCS #1 v1.5，除非必须这样做才能与旧协议兼容。它是过时的，存在漏洞(包括下一节要测试的一个漏洞)！对于加密，尽可能使用OAEP。

在继续本节之前，还有两条关于 OAEP 使用的评论：

(1) 注意 OAEP 的 label 参数。这很少使用，通常可取值 None。使用 label 不会增加安全性，所以暂时忽略它。

(2) OAEP 需要使用哈希算法。在使用 SHA-256 的示例中。为什么不使用 SHA - 1？这与 SHA-1 已知的弱点有关吗？不。实际上，目前还没有针对 OAEP 的已知攻击依赖于 SHA-1 的弱点。因为 SHA - 1 被认为是过时的，最好不要用它编写自己的代码。结合使用 OAEP 和 SHA－1 只是为了兼容或维护别人的代码，撰写本书时，还不知道有比 SHA - 256 更不安全的算法。

练习 4-11　得到升级

帮助 Alice 和 Bob。重写 RSA 加密/解密程序以使用 cryptography 模块，而不是 gmpy2 操作。

4.8　利用 PKCS #1 v1.5 填充的 RSA 加密

本节令人兴奋，非常有趣！Eve 不是密码学家，而本书的读者可能也不是密码大师。但读者和 Eve 将实现一个由出色的密码编码员设计的攻击并使用它破解 Alice 和 Bob 的密码。

这种攻击不仅有趣，而且非常真实。它不仅在过去是一种真正的攻击，而且现在仍然适用于配置很差的 TLS 服务器。它同时具有历史意义和现实意义。

所涉及的论文是 Daniel Bleichenbacher 撰写的《基于 RSA 加密标准 PKCS #1 的协议的选择性密文攻击》[2]。可在网上找到这篇文章，一些读者可能对攻击背后的数学原理感兴趣。接下来几节将浏览这篇论文，实施一次攻击。同时尝试根据某些关键概念给出一些点评。如果深入的细节令你沮丧，应该忽略大部分解释，从源代码清单中提取有效的 RSA 破解部分。我们不会生气的。

本例有很多代码片段。应该从代码清单 4-9 开始，它初始化了一些导入。不要忘记前面描述过的对其他函数的依赖。处理新的代码片段时，将这些函数添加到这个框架中。

代码清单 4-9　RSA 填充Oracle 攻击

```
1    from cryptography.hazmat.primitives.asymmetric import rsa,
      padding
2    from cryptography.hazmat.primitives import serialization
3    from cryptography.hazmat.primitives import hashes
4    from cryptography.hazmat.backends import default_backend
5
6    import gmpy2
7    from collections import namedtuple
8
9    Interval = namedtuple('Interval', ['a','b'])
10   # Imports and dependencies for RSA Oracle Attack
11   # Dependencies: simple_rsa_encrypt(), simple_rsa_decypt()
12   # bytes_to_int()
```

Alice 和 Bob 又争吵起来。不过这一次，他们使用了带有填充的 RSA。但是 EATSA 仍然在做错误的决定。他们决定使用 PKCS #1 v1.5，只是因为它不需要任何参数。最初，他们打算使用 OAEP，以便实施现代 RSA 操作和更好地加密。为工作组的名称(EATMOREBEEF)争论了几个星期。由于时间紧迫，无法就 OAEP 应该使用哪种哈希算法，以及是否应该使用 EATMOREBEEF 作为标签达成一致，他们举起手说：“我们非常确定 PKCS #1 v1.5 足够好。”

我们又一次发现 Alice 在西南极洲监视她的邻居。然而，这一次，Alice 是一家制冰公司的 CEO，在西南极洲城市的一次会议上，她会见了制冰业的其他高管。过去几年，冰水的销量在下降，政府自身也面临着资产冻结和流动性下降的问题，要么无法提供补贴，要么不愿提供补贴。Alice 的任务是继续明确反对现任执政党的不同意见，试图在下次选举中巩固影响力。

会议结束后，Alice 需要向 Bob 发送一份关于 CEO 的报告，她已经说服 Bob 向反对党捐款。Alice 使用带有 PKCS #1 v1.5 的 RSA 来传输以下信息：“Jane Winters、F. Roe Zen 和 John White。”

Alice 拿出一个翻盖手机(他们在技术上正在慢慢赶上……虽然还没有智能手

机，但他们最终废除了载体"海豹"）。她输入发送给 Bob 的消息，自动将其转换为数字，进行加密并传输。几秒钟后，Alice 的手机显示了一条新消息：

```
Received: OK
```

在城市的其他地方，Eve 监视着这种交流。自从越过边界以来，Eve 一直在跟踪 Alice。但 Eve 无法解密这些信息。Alice 甚至还在电话里安装了公钥，所以 Eve 也不能给她假密钥。Eve 能做什么？

幸运的是，Eve 通过自己的情报机构发现 Alice 和 Bob 正在使用 PKCS #1 v1.5 作为 RSA 填充。Eve 很惊讶。Eve 已经读了很多关于 RSA 的内容，她知道这个填充方案存在已知的漏洞。Eve 想知道他们为什么要用它，他们没有拿到备忘录吗？

Eve 拿了一份 Bleichenbacher 的论文，开始阅读。这篇文章解释了 PKCS #1 v1.5 填充可以被第 3 章介绍的 Oracle 攻击所破坏。

这种情况下，Eve 需要 Oracle 告诉她，给定的密文(数字)是否能用适当的填充将其解密。当然，Oracle 不会告诉她密文解密后的内容；关于填充，只需要说"能"或"不能"。

幸运的是，Eve 一直在监视 EA 通信，EA 在技术中构建了一个错误报告系统。当 Alice 发送一个有效的消息时，会得到回复：

```
Received: OK
```

但当 Eve 发送一个随机数(密文)时，回复几乎总是：

```
Failed: Padding
```

在发送了数千个随机数字后，她终于得到一个带有 OK 消息的回复。据她所知，这不是一条"真正的"消息(人类可读的或 Bob 可理解的消息)，但是自动处理系统报告，填充是正确的。

这是 Eve 的 Oracle。这就是她完全解密一个密文信息所需的东西。

为便于编写攻击程序，Eve 首先破解一个在本地用自生成的私钥加密的消息。她使用一个可插拔的 Oracle 配置，这样当需要攻击 Bob 时，就可以简单地关闭用来发动攻击的 Oracle。测试 Oracle 使用真正的私钥来解密消息，并检查消息是否具有正确的格式。

Eve 开始研读 PKCS v1.5，并进行自己的实验。她创建自己的密钥对，用填充对消息进行加密，然后检查输出。她对消息 test 进行加密，然后在不删除填充的情况下对消息进行解密。代码清单 4-10 显示了她使用的关键代码片段。

代码清单 4-10　用填充进行加密

```
1    # Partial Listing: Some Assembly Required
2
3    from cryptography.hazmat.primitives.asymmetric import rsa,
     padding
4    from cryptography.hazmat.primitives import hashes
5    from cryptography.hazmat.backends import default_backend
6    import gmpy2
7
8    # Dependencies: int_to_bytes(), bytes_to_int(), and
     simple_rsa_decrypt()
9
10   private_key = rsa.generate_private_key(
11       public_exponent=65537,
12       key_size=2048,
13       backend=default_backend()
14    )
15   public_key = private_key.public_key()
16
17   message = b'test'
18
19   ###
20   # WARNING: PKCS #1 v1.5 is obsolete and has vulnerabilities
21   # DO NOT USE EXCEPT WITH LEGACY PROTOCOLS
22   ciphertext = public_key.encrypt(
23     message,
24     padding.PKCS1v15()
25   )
26
27   ciphertext_as_int = bytes_to_int(ciphertext)
28   recovered_as_int = simple_rsa_decrypt(ciphertext_as_int,
     private_key)
29   recovered = int_to_bytes(recovered_as_int)
30
```

```
31   print("Plaintext: {}".format(message))
32   print("Recovered: {}".format(recovered))
```

可以看到，Eve 使用 cryptography 模块来创建加密过程。但使用自己的 simple_rsa_decrypt 操作进行解密，以保留填充。

结果如下：

```
Plaintext: b'test'
Recovered: b'\x02@&\x1cC\xb1\xe4\x0f\x14\xd9\x93oU
\x07\x1b\xfdC\xe1\xe2K\xeeP\xdd\x8b\x10\xf9cZJ\x0c
42\x8e\xbblZ\xfb\x80\x8b\xfcA?p\xac\xba\xf7I\x9e\x
11\x1cn&t\xb8\x15\xbfo\xfe\xcc\xdf\xe7=\xc2\x9e\x
ca<v\xcd\x9ep\xd8\x1c\xf6b2"\x8c\xc0\x1e\xb8\xdb\x
97\x89\xfauj\x8f``\x99m~,\x18h\xc2k6d~qr-\x0c\xb9\
xfe?\xf9\xf9\xa6o\x05\\ZV\xfd4?\x0e;y\xf3\xd3q\xb2
\x94\xf6\xf8~a\xc1eA\xe4\x14\xce\x82\xdcc\xbf4e\xa
e\xa3<"\xcb,L\xd8\xed\xca}\xeb\x82\xa67\x1a\xd1\xc
7)\x13\xc1D)\xe8\x05h\xbe/\x97\xdf>\xf0\xef\xeb\xe
4Q\xc2\x85(*\xdcE\x9ct\x08c0\xb1\x80la\x94_/2\xd4y
\xc7\x95\x01\x90@\xea\x92\xaa\xb8\x18!\xc7\xff\xab
\x03\xea\x8b\xa3\xb4\xf6\xf2\xd6GH\x98-fM\x1c\x99\
x84\x8d4\xaf"\x95\xa7XR(M\x836\xd4\x17\x99m\xa8\x1
a\xb3\x00test'
```

Eve 注意到实际消息在填充的末尾处，这与 PKCS #1 v1.5 标准一致。在本节的其余部分，将用 PKCS 表示 PKCS #1 v1.5。

她注意到恢复的文本的第一个字节是 2。这似乎很奇怪，因为标准规定填充应该以 0 和 2 开头。最初的 0 去了哪里？

Eve 还记得？当然！因为 RSA 使用整数而非字节，所以任何前导零都会被清除。幸运的是，当使用 RSA 填充时，字节的大小固定为密钥大小。Eve 决定使用最小尺寸的可选参数更新转换函数[1]，如代码清单 4-11 所示。

代码清单 4-11 整数对字节

```
1   # Partial Listing: Some Assembly Required
```

---

[1] 在大多数源代码中，由于大小是固定的，所以被指定为预期的大小，并进行代码检查，以免太大。

```
2
3     # RSA Oracle Attack Component
4     def int_to_bytes(i, min_size = None):
5       # i might be a gmpy2 big integer; convert back to a Python int
6       i = int(i)
7       b = i.to_bytes((i.bit_length()+7)//8, byteorder='big')
8       if min_size != None and len(b) < min_size:
9         b = b'\x00' * (min_size-len(b)) + b
10      return b
```

现在正确更新后，Eve 编写只用于测试的"假" Oracle。代码清单 4-12 中的代码执行简单的 RSA 解密，将结果转换为字节(使用刚实现的位数最少的参数)，并检查第一个字节和第二个字节是否分别为 0 和 2。确保新的 int_to_bytes 工作正常。旧版本总是去掉前导 0，Oracle 总是报告 false。

代码清单 4-12　假的 Oracle

```
1    # Partial Listing: Some Assembly Required
2
3    # RSA Oracle Attack Component
4    class FakeOracle:
5      def __init__(self, private_key):
6        self.private_key = private_key
7
8      def __call__(self, cipher_text):
9        recovered_as_int = simple_rsa_decrypt(cipher_text, self.
         private_key)
10       recovered = int_to_bytes(recovered_as_int,
         self.private_key.key_size //8)
11       return recovered [0:2] == bytes([0, 2])
```

有了 Oracle，Eve 准备攻击文中描述的算法。算法分为四个步骤。下面将分别检查每个步骤，并逐步开发代码。

4.8.1　步骤 1：盲操作

Bleichenbacher 的算法需要执行盲操作。但算法末尾的备注部分说明，对于我们的情况，这些大都是不必要的：

如果 c 已经符合 PKCS(即 c 是加密的消息)，可跳过步骤 1。这种情况下，设置 $s_0 \leftarrow 1$。

在此步骤中配置了三个值。因为处理的是已用 PKCS 填充的加密消息，只需要将这些值设置为指定的默认值：

$$c_0 \leftarrow c(s_0)^e \pmod{n}$$
$$M_0 \leftarrow [2B, 3B-1]$$
$$i \leftarrow 1$$

因为 $s_0 = 1$，可把第一个赋值简化为：

$$c_0 \leftarrow c$$

显然，1 的任意次方还是 1，所以幂和模都不受影响。

M 参数是一个区间列表的列表(稍后讨论区间)。该算法由 i 标识的重复步骤组成。M_0 记录 $i = 1$ 标识的步骤中的间隔列表。在本例中，只有一个区间 $[2B, 3B - 1]$。

B 是什么？如前所述，B 是拥有适当填充的合法值数量。它定义为：

$$B = 2^{8(k-2)}$$

基本上，k 是以字节为单位的密钥大小。如果使用 2048 位密钥，$k = 256$。但为什么要减去 2 呢？

下面分析一下。对于带有填充的 RSA，明文大小(以字节为单位)总是应该与密钥大小相同。如果使用的是 2048 位密钥，那么填充的明文也必须是 2048 位(256 字节)。这意味着有 2^{2048} 个可能的明文值。

但这不是真的，不是吗？我们知道前两个字节必须是 0 和 2，这样合法值的数量减少 $2 \times 8 = 16$。因此，考虑前两个固定字节时，B 是这个密钥大小的最大值。

回到区间，$2B$ 和 $3B$ 是什么？该数据结构中的间隔表示实际明文消息所在的 PKCS 数字的合法值。因为开始的字节是最重要的，所以 0 对整数没有影响(例如，0020 = 20)。2 意味着任何合法数字必须至少是 $2B$，但必须小于 $3B$。

这样想吧。如果我告诉你一个两位数必须在 20 到 30 之间，就会有 10 个可能的值。而且，最小值是 2×10。这是一样的。

这个算法的工作方式是缩小合法区间，直到它只有一个数字。那个数字就是明文信息！

Eve 决定为算法的每个步骤创建一个函数。考虑到这些函数(如 B、M 等)之间需要共享状态数据，她决定使用一个类来存储状态。构造函数接受公钥和 Oracle。请记住，Oracle 只接收一个密文作为输入，如果密文解密为一个适当的 PKCS 填充的明文，则返回 true。

现在,Eve 为算法的这一步(步骤 1)编写代码。这一步需要一个密文作为输入(*c*),并初始化 c_0、*B*、*s* 和 *M* 的值。Eve 还在一个名为_step1_blinding 的简单函数中复制了 *n* 个公钥,如代码清单 4-13 所示。

代码清单 4-13　RSA Oracle 攻击:步骤 1

```
1    # Partial Listing: Some Assembly Required
2
3    class RSAOracleAttacker:
4      def __init__(self, public_key, oracle):
5          self.public_key = public_key
6          self.oracle = oracle
7
8      def _step1_blinding(self, c):
9          self.c0 = c
10
11         self.B = 2 ** (self.public_key.key_size-16)
12         self.s = [1]
13         self.M = [ [Interval(2 * self.B, (3 * self.B)-1)] ]
14
15         self.i = 1
16         self.n = self.public_key.public_numbers().n
```

B 的值直接从位中计算,而不是从字节转换而来。其他的都按论文中的描述来计算。

此代码中的 Interval 数据结构是使用 collections.namedtuple factory 创建的。它的两个值是 *a*(下限)和 *b*(上限)。

4.8.2　步骤 2: 搜索符合 PKCS 的消息

本节需要从 RSA 密文的乘法运算中重新学习数学。花一分钟快速复习一下(式 4.3)。

从概念上讲,第 2 步是在 M_{i-1} 区间内搜索符合 PKCS 的新消息,该消息是原始明文消息 *m* 和其他整数 s_i 的乘积。

图 4-2 描述了所有可能的 RSA 密文值中与 PKCS 一致的空间的简化视图。RSA 加密的输出范围从 0 到 2^k-1,其中 *k* 是以位为单位的密钥大小。无论密钥大小如何,每个数字(十六进制)都是从 16 位数字中的 1 开始,从 0 到 *f*。在 2 和 3 之间突出显

示的部分表示有适当PKCS 填充的 RSA 密文值(这个视图过于简化,因为在现实中,正确部分应该在 00 到 FF 范围的 02 到 03,所以实际上它应该是 256 个部分中的 1 个)。

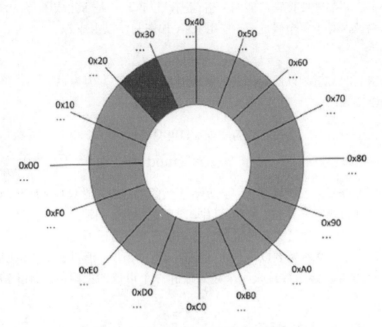

图 4-2　符合 PKCS 的空间的简化视图

消息空间显示为环形的原因是我们处理的是模块化(环绕式)算术。如果在这个空间里取两个数相乘(n 模),且乘积大于 n,它就会缠绕起来。

这又回到将明文消息 m 乘以另一个数字的问题上。在图 4-2 的简化视图中,m 必须位于突出显示的区域内。如果使用模乘法,用 m 乘以特定的数(模 n),就会得到其他的数,这些数也在同一个区域内。

当然,我们不知道 m 的确切位置,因为只有加密的版本 c。我们所知道的是,因为它符合 PKCS,所以在这个区域的某个地方。同样,因为不知道 m 在哪里,所以也不知道 m 的倍数会落在哪里。当然,唯一的例外是,使用 Oracle,可确定倍数是否落回了符合 PKCS 的区域!

然后,使用 Oracle,搜索一个 s_i 值,当乘以 m (n 模)时,该 s_i 值符合 PKCS,因此在 RSA 消息空间的符合 PKCS 的区域内。我们仍然不知道 m 在哪里,但知道它有一个倍数落在一个特定区域内,就会在包含它的区间上引入额外的约束条件。在步骤 3 中将更多地讨论这些约束以及如何使用它们。但是现在,找到 s_i!

Bleichenbacher 将寻找 s_i 分为三个子步骤:
(1) 第一次执行这个操作时,首先开始搜索(例如当 $i = 1$)。

(2) 对于有两个区间(而不是一个区间)这种罕见情况，搜索多个剩下的区间。

(3) 对于只有一个区间而 i 不为 1 的情况，就搜索剩下的一个区间。这应该是所有其他的情况。

每个子步骤都需要搜索可能的 s_i 值范围，以查看它是否生成了一致的密文。

具体来说，对于每个候选 s_i，使用 RSA 加密它，以生成 c_i。

$$c_i = s_i^e \pmod{n}$$

将加密后的 s_i 值乘以原始密文 c_0 来创建测试密码 c_t。因为 c_0 是未知明文 m_0[9] 的加密，所以得到：

$$s_t = c_i c_0 \pmod{n}$$
$$= s_i^e m_0^e \pmod{n}$$

c_t 发送到 Oracle 去测试是否一致。对于假的 Oracle，它只是使用私钥解密 c_t，并检查明文是否以字节 0 和 2 开始(记住，要破解 Alice 的消息，不会有一个支持私钥的 Oracle。相反，把密文发送给 Bob，并检查填充错误消息的响应)。

因为每个子步骤都需要以这种方式检查 s_i 值的范围，所以 Eve 决定创建一个辅助函数执行搜索。该函数接收一个起始值和一个可选的上限值(如代码清单 4-14 所示)。

代码清单 4-14　执行搜索

```
1   # Partial Listing: Some Assembly Required
2
3   # RSA Oracle Attack Component, part of class RSAOracleAttacker
4       def _find_s(self, start_s, s_max = None):
5           si = start_s
6           ci = simple_rsa_encrypt(si, self.public_key)
7       while not self.oracle((self.c0 * ci) % self.n):
8           si += 1
9           if s_max and (si > s_max):
10              return None
11          ci = simple_rsa_encrypt(si, self.public_key)
12      return si
```

1　刚才称它为 m，但是为了把它和 c_0 值联系起来，称它为 m_0。

使用这个辅助函数，前两个子步骤非常简单。步骤 2a 要求测试 $s \geqslant n/(3B)$ 的所有值，直到其中一个符合为止。Eve 对这个步骤进行编码，如代码清单 4-15 所示。

代码清单 4-15　步骤 2a

```
1   # Partial Listing: Some Assembly Required
2
3   # RSA Oracle Attack Component, part of class RSAOracleAttacker
4       def _step2a_start_the_searching(self):
5           si=self._find_s(start_s=gmpy2.c_div(self.n, 3 * self.B))
6           return si
```

注意，使用 gmpy2 模块中的 c_div 函数计算初始 s 值为 $n/(3B)$。因为处理的是这么大的数字，所以不能相信 Python 内置的浮点数。我们计算的许多值只是范围，不能保证是整数，所以小数是可能的。gmpy2 模块提供了对非常大的数字(包括浮点数)的快速操作。

c_div 函数本身提供了向上限方向舍入的除法。例如，c_div(3,4)计算 3/4 并四舍五入，结果是 1。

使用这些 RSA 概念，此步骤搜索 s_i 值，s_i 值是将 c 与另一个 PKCS 一致值相乘的结果。具体来说，对于 s_i 的一个候选值，使用 RSA 加密它，然后将它乘以原始密文。使用上限，是因为 s_i 必须是一个整数，且必须大于或等于初始值。无论起始值是不是整数，下一个整数(即上限)是 s_i 的起点。

子步骤 2b 也很容易做到。这个子步骤处理罕见的情况：m_0 的区间被一分为二。当发生这种情况时，向前迭代 s_i，直到找到另一个符合的值(代码清单 4-16)。

代码清单 4-16　步骤 2b

```
1   # Partial Listing: Some Assembly Required
2
3   # RSA Oracle Attack Component, part of class RSAOracleAttacker
4       def _step2b_searching_with_more_than_one_interval(self):
5       si = self._find_s(start_s=self.s[-1]+1)
6       return si
```

在 self.s 数组中保存发现的每一个 s 值，以便能够访问这些值。

最后一个子步骤 2c 稍微复杂一些。它需要搜索 s 的取值范围。回顾一下，在前面的步骤中，只找到一个区间，取下限为 a，上限为 b。接下来，必须迭代 r_i 值：

$$r_i \geqslant 2\frac{bs_{i-1}-2B}{n}$$

使用这些 r_i 值来界定 s_i 搜索的两个边界：

$$\frac{2B+r_in}{b} \leqslant s_i < \frac{3B+r_in}{a}$$

这里选择了一个特定范围内的 s_i 值，帮助继续缩小解的范围。Bleichenbacher 在论文中解释了为什么这些边界是有效的，这里不重复他的评论。讨论步骤 3 时，将对整个算法给出进一步的说明，这将有助于澄清所发生的事情。

同时，Eve 将这个算法编码为代码清单 4-17。

代码清单 4-17　步骤 2c

```
1    # Partial Listing: Some Assembly Required
2
3    # RSA Oracle Attack Component, part of class RSAOracleAttacker
4      def _step2c_searching_with_one_interval_left(self):
5          a,b = self.M[-1][0]
6          ri = gmpy2.c_div(2*(b*self.s[-1] - 2 * self.B),self.n)
7          si = None
8
9          while si == None:
10             si = gmpy2.c_div((2 * self.B+ri*self.n),b)
11
12             s_max = gmpy2.c_div((3 * self.B+ri*self.n),a)
13             si = self._find_s(start_s=si, s_max=s_max)
14             ri += 1
15         return si
```

与前面的计算一样，使用 gmpy2.c_div 处理除法。这非常重要。如果只使用 Python 的除法运算符，可能得到不完整的结果。

4.8.3　步骤 3：缩小解的集合

一旦在步骤 2 中找到 s_i 值，就更新 m 位置的边界。在进行数学运算之前，讨论一下这个算法中发生了什么。

在图 4-3 中，再次可视化了包含合法 PKCS 填充值的 RSA 消息空间环的切片。

这个空间的下限是以 000200…00 开头的数字，包含的上限是 0002FF…FF。明文消息 m_0 就在这里。在算法的开始，我们不知道 m_0 在哪里。

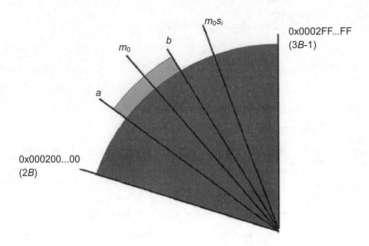

图 4-3　描述了 Bleichenbacher 的攻击

然而，我们发现的每一个 s_i 值都符合 PKCS，且新值 $m_0 s_i$ 也在这个区域内。我们知道 $m_0 s_i$ (n 模)在一个特定范围内，这一事实为 m_0 的位置带来了新约束。我们可以使用这些约束条件来计算一个新的区间 a 到 b，m_0 必须在这个区间内。

一旦更新了边界，就可以使用新的 s_i 值来重复这个过程，进一步收紧边界。最终，边界将限制 m_0 为单个值。这就是我们要找的明文！

希望这种解释会有所帮助。或者，如果试着研究 Bleichenbacher 的论文，这将是有帮助的。在任何情况下，都计算新的上限和下限，如下。

对于前一个 m_0 中的每个 a、b 区间(通常有一个，但有时有两个)，找出 r 的所有整数值，使：

$$\frac{a s_i - 3B + 1}{n} \leqslant r \leqslant \frac{b s_i - 2B}{n}$$

对于 a、b 和 r 的每一个值，计算一个新区间。首先计算一个下限候选，如下：

$$a_i = \frac{2B + rn}{s_i}$$

和一个上限候选

$$b_i = \frac{3B - 1 + rn}{s_i}$$

定义一个新的区间为 $[\max(a, a_i),\ \min(b, b_i)]$。

所有区间的集合插入 m_i 中。同样，通常只有一个区间。Eve 对算法的这一步进行编码，如代码清单 4-18 所示。

代码清单 4-18　步骤 3

```
1    # Partial Listing: Some Assembly Required
2
3    # RSA Oracle Attack Component, part of class RSAOracleAttacker
4        def _step3_narrowing_set_of_solutions(self, si):
5          new_intervals = set()
6          for a,b in self.M[-1]:
7              r_min = gmpy2.c_div((a * si - 3 * self.B + 1),self.n)
8              r_max = gmpy2.f_div((b * si - 2 * self.B),self.n)
9
10             for r in range(r_min, r_max+1):
11                 a_candidate=gmpy2.c_div((2 * self.B+r * self.n),si)
12                 b_candidate = gmpy2.f_div((3 * self.B-1+r *
                     self.n),si)
13
14                 new_interval = Interval(max(a, a_candidate),min(b,
                     b_candidate))
15                 new_intervals.add(new_interval)
16         new_intervals = list(new_intervals)
17         self.M.append(new_intervals)
18         self.s.append(si)
19
20         if len(new_intervals) == 1 and new_intervals[0].a == new_
               intervals[0].b:
21             return True
22         return False
```

在这段代码中，注意 r_max 是用 f_div 计算的。这次计算是向下四舍五入，而不是向上。使用这个值是因为 r 是整数，且必须小于等于这个值。

计算出区间后，代码将它们添加到 self.M 数据结构中，并将 s_i 值添加到 self.s 中。

最后，检查是否找到了解。Eve 在这方面有点操之过急了。这是步骤 4 的一部分，但把它放在这里更方便。

4.8.4　步骤 4：求解

如前所述，该算法有终止条件。考虑到前面的讨论，这是相当明显的。要么

● m_i 只包含一个区间

要么

● m_i 区间的上下限是相同的。

简而言之，当界定 m 位置的区间被缩小到一个数字时，就终止了。

Eve 的代码在步骤 3 的末尾检查这个条件。Bleichenbacher 的步骤 4 还处理了一个比上述问题更普遍的问题，包括 s_0 为 1 时不需要的步骤。回顾一下，对于已经用 PKCS 填充了明文的 RSA 加密消息的处理，s_0 设置为 1。

虽然这有点不必要，但为了完整性和一致性，Eve 为步骤 4 创建了一个方法(代码清单 4-19)。

代码清单 4-19　步骤 4

```
1    # Partial Listing: Some Assembly Required
2
3    # RSA Oracle Attack Component, part of class RSAOracleAttacker
4      def _step4_computing_the_solution(self):
5          interval = self.M[-1][0]
6          return interval.a
```

就是这样！这就是整个算法！Eve 将这些步骤合并到代码清单 4-20 的攻击方法中。

代码清单 4-20　攻击！

```
1    # Partial Listing: Some Assembly Required
2
3    # RSA Oracle Attack Component, part of class RSAOracleAttacker
4      def attack(self, c):
5          self._step1_blinding(c)
6
7          # do this until there is one interval left
8          finished = False
9          while not finished:
10             if self.i == 1:
11                 si = self._step2a_start_the_searching()
```

```
12          elif len(self.M[ -1]) > 1:
13              si = self._step2b_searching_with_more_than_one_
                interval()
14          elif len(self.M[-1]) == 1:
15              interval = self.M[-1][0]
16              si=self._step2c_searching_with_one_interval_left()
17
18              finished=self._step3_narrowing_set_of_solutions(si)
19              self.i += 1
20
21          m = self._step4_computing_the_solution()
22          return m
```

请注意，attack()方法的输入是密文，但它必须是整数形式。别忘了先对密文调用 bytes_to_int()!

练习 4-12　运行攻击!

使用前面的代码并运行一些实验来破解用 PKCS 填充的 RSA 加密。应该使用 cryptography 模块来创建加密消息，将加密消息转换为整数，然后使用攻击程序(和伪 oracle)来破解加密。首先，在大小为 512 的 RSA 密钥上测试程序。这能更快地验证代码。

练习 4-13　确定所花费的时间

攻击需要多长时间？使用定时检查和 Oracle 函数被调用次数来检测代码。对一组输入运行攻击，并确定破解 512 位、1024 位和 2048 位密钥所需的平均时间。

练习 4-14　紧跟时代潮流

尽管这种攻击已有 20 多年的历史，但仍然困扰着互联网。做一点谷歌搜索，找出这一攻击的当前状态、更新的变种。一定要弄清楚机器人攻击；讲述 TLS 时会再讨论这个问题。

4.9 关于 RSA 的补充说明

本章花了很多时间讨论 RSA，甚至还没有深入了解它在实际中的应用。像大多数非对称密码一样，RSA 几乎从未用来加密消息，就像本章中 Alice 和 Bob 做的那样。当使用它时，它通常用于加密对称密码或签名的会话密钥。

然而，理解非对称密码的工作原理以及如何破解它们至关重要。尽管有这些缺点，RSA 仍然被广泛使用，但用法常常是不正确的。浏览本章中的漏洞有助于正确使用它。

这里列出其他一些需要考虑的事项。

4.9.1 密钥管理

与所有密码一样，安全性很大程度上取决于正确地创建和保护密钥。

创建 RSA 密钥时，一定要使用库。不要尝试自行生成公钥和私钥。与此同时，要密切关注所使用的库的任何 bug 报告。例如，一些库被发现生成 RSA 私钥而没有足够的随机性，从而产生易受各种攻击的私钥。不可能预料到出错的所有事情，或者预料到使用的库或算法何时暴露出漏洞，所以必须了解最新的已知漏洞。

漏洞可以是特定于系统的。例如，ROCA 漏洞主要局限于某些硬件芯片。

在创建 RSA 密钥时使用适当参数也很重要。密钥大小通常至少为 2048 位，除非旧约束强制选择更小的密钥。公共指数 e 的值应该总是 65 537。

还必须小心保护私钥及其机密。显然，私钥本身应该安全存储，并具有适当的权限。私钥至少应该以最小权限存储在文件系统上。非常敏感的密钥可能需要离线存储。

还应该考虑以加密形式存储私钥。需要一个密码来解密密钥，这在完全自动化系统中可能有难度。但如果使用得当，即使攻击者获得对主机系统的访问权，也能降低私钥被破解的风险。

此外，私钥由许多组件值组成。在示例中，可将 d 视为私钥，因为它是用于实际解密的值。但除了 d 之外，还必须注意不要暴露生成它的机密。例如，模 n 本身并不是秘密，但生成它的两个大素数 p 和 q 是机密的。

在创建私钥时会生成一些附加值，如果公开这些值将危害安全性。除了 p 和 q 之外，这些值在生成密钥后并不是严格必需的，因为一切都可从 e、d 和 n 计算出来。但大多数库都将它们作为私钥的一部分，保存在内存和磁盘中。应该阅读有关生成私钥的库文档，并遵循建议的处理过程。

非对称加密的一个弱点是无法"撤销"私钥。如果 Bob 的私钥被破坏，Alice 如何知道停止发送用关联的公钥加密的数据？在实践中，RSA 密钥可能与证书一起使用，其中可能包括证书和密钥的层次结构，允许某些密钥的密级比其他密钥低，还包括一个过期日期，以限制被破解密钥的暴露。其他地方对此有更多讨论。

练习 4-15　破解 RSA 密钥

本节建议使用 2048 位密钥。对于本练习，进行 Internet 搜索，找出当前容易破解的密钥的大小。例如，搜索"破解服务"，看看破解 512 位密钥需要多少成本。

练习 4-16　ROCA 脆弱的密钥

除非 RSA 密钥是由特定的 RSA 硬件模块生成的，否则为本章练习生成的密钥应该不会受到 ROCA 的攻击，但检查一下也无妨。对于这个练习，访问在线的 ROCA 漏洞检查站点 https://keychest.net/roca#/ 并测试几个密钥。

4.9.2　算法参数

如果应该从本章中得到一个教训，那就是要特别注意 RSA 的填充参数。在撰写本书时，应该为加密操作使用 OAEP 填充方案，为签名使用 PSS 填充方案。除非旧应用程序绝对需要，否则不要使用 PKCS #1 v1.5。

4.9.3　量子密码

本书没有足够的篇幅深入探讨量子密码学，但不能不提到它就结束对 RSA 的讨论。当量子计算到来时，现有的大多数非对称算法将变得易于破解。RSA 已经很容易受到一些当代攻击的威胁，但当量子计算一旦可行，RSA 就会被彻底破解。因此，在未来十年左右，RSA 将完全失效。

4.10　小结

可从本章中得出一个结论，那就是参数很重要，正确的实现是微妙的，并且随着时间的推移而发展。非对称加密的工作和使用原理并不复杂，但是有许多细节可以使一种实现很安全，而另一种实现则非常脆弱。

为工作选择正确的工具，为工具选择正确的参数。

哦，破解密钥很有趣！

第5章

■■■■

消息完整性、签名和证书

本章讨论"密钥哈希",分析如何通过数字签名(使用非对称密码术)来提供消息隐私、消息完整性和真实性。还将讨论证书与密钥的区别,以及为什么这种区别很重要。下面从示例和代码开始!

5.1 过于简单的消息验证码

东南极洲间谍二人组 Alice 和 Bob 最近在西部敌对地区的冒险中遇到麻烦。显然,Eve 设法截获了他们之间的一些通信消息。消息是用对称加密法加密的,是不可读的,但 Eve 想出了如何改变它们:插入一些错误的指令和信息。Alice 和 Bob 根据假情报行动,差点中了圈套。幸运的是,由于全球变暖,一座冰山融化了,他们设法安全地游回家!

很快,他们就从这次麻烦中吸取了教训,在总部花费了一点时间,设计了新的通信机制,以防止未经授权修改他们的加密数据。

最终,东南极洲真实间谍机构(EATSA)发现了一个新概念:"消息验证码"或MAC。

Alice 和 Bob 被告知,MAC 是随消息一起传输的"代码"或数据,可以对其进行评估,以确定消息是否被更改。这是一个非正式的定义,用于直观理解。这个过于简单的 MAC 的基本思想是:

(1) 发送方使用函数 $f(M_1)$ 为给定的消息 M_1 计算代码 C_1。

(2) 发送方将 M_1 和 C_1 传输给接收方。

(3) 接收方接收到的数据是 M 和 C,但不知道它们是否被修改过。

(4) 接收方重新计算 $f(M)$,并将输出与 C 进行比较,以确认消息是否被更改过。

假设 Eve 截获了 Alice 发送给 Bob 的 M_1 和 C_1。如果 Eve 希望将消息 M_1 改为 M_2，她还必须重新计算 $C_2 = f(M_2)$，并将 M_2 和 C_2 都发送给 Bob。否则，Bob 将检测到因为 $f(M)$ 和 C 不匹配而发生了更改。

如果有人问："那又怎样？Eve 可以重新计算 MAC，对吧？"就会看到这个过于简单的设置的问题。必须假设 Eve 拥有除密钥之外的所有内容，但是这个示例仍假设她没有 $f()$。稍后修复这个问题。请继续关注！

现在，Alice 和 Bob 只是假设 Eve 不能计算，或者不能很容易地计算函数 $f()$。如果这个假设是正确的(在现实中它不是)，那么创建指纹的任何机制都是有效的。EATSA 决定将该消息哈希作为该消息的附件发送。因此，在这种情况下，MAC 是一个哈希。

下面深入研究一些代码，看看这个简单想法如何组合在一起。此时，可结合新的伪 MAC 技术和第 3 章的一些对称加密。代码清单 5-1 演示了这一点。

代码清单 5-1　伪 MAC 与对称加密

```
1   # THIS IS NOT SECURE. DO NOT USE THIS!!!
2   from cryptography.hazmat.primitives.ciphers import Cipher,
    algorithms, modes
3   from cryptography.hazmat.backends import default_backend
4   import os, hashlib
5
6   class Encryptor:
7     def __init__ (self, key, nonce):
8       aesContext = Cipher(algorithms.AES(key),
9                           modes.CTR(nonce),
10                          backend=default_backend())
11      self.encryptor = aesContext.encryptor()
12      self.hasher = hashlib.sha256()
13
14    def update_encryptor(self, plaintext):
15      ciphertext = self.encryptor.update(plaintext)
16      self.hasher.update(ciphertext)
17      return ciphertext
18
```

```
19    def finalize_encryptor(self):
20        return self.encryptor.finalize() + self.hasher.digest()
21
22  key = os.urandom(32)
23  nonce = os.urandom(16)
24  manager = Encryptor(key, nonce)
25  ciphertext = manager.update_encryptor(b"Hi Bob, this is Alice !")
26  ciphertext += manager.finalize_encryptor()
```

回顾一下，"计数器模式"不需要填充，在前面的示例中，finalize()函数实际上并没有做什么。但是现在，清理管理器时，不仅要完成加密，还返回计算后的哈希，作为要附加到加密数据的最后几个字节。因此，最后的加密消息将简单的 MAC 添加到它的末尾处。

练习5-1 信任，但要核查

完成简单加密+哈希系统的代码，并添加解密操作。解密操作应该在清理完成后重新计算密文的哈希值，并将其与发送过来的哈希进行比较。如果哈希不匹配，则会引发异常。小心！MAC 没有加密，也不应该被解密！如果不仔细考虑这一点，就可能解密不存在的数据！

练习5-2 邪恶的 Eve

继续"拦截"用本节编写的代码加密的一些消息。修改截获的消息，并验证解密机制报告了一个错误。

5.2 MAC、HMAC 和 CBC –MAC

Alice 和 Bob 的支持人员告诉他们，任何消息验证机制都是消息验证码(MAC)。如前所述，这不是一个完整定义。真正的 MAC 也需要密钥[1]。

前面使用密钥进行加密，但到目前为止，还没有将它们用于其他用途。你可能已经猜到，MAC 密钥与加密根本没有关系。相反，它确保消息验证码只能由知道密钥的各方计算。

在前面的示例中，Alice 和 Bob 假设 Eve 不能计算函数 $f(M)$。当然，这是不合

---

1 这仍然只是一个非正式的定义。对于挑剔的人有正式的定义[11]。

理的。Alice 和 Bob 使用 SHA-256 来获得指纹，所以显然 Eve 也可用它来计算自己的验证码。假设 Eve 可果断地修改密文，如第 4 章所述，在某些情况下，Eve 可插入一条新消息和一个新的伪 MAC。

然而，真正的 MAC 依赖于密钥，不能由 Eve 生成，除非她破解了密钥！请记住，良好的安全性意味着除了密钥外的一切都可以公开，而且它仍然可以正常工作[1]。

MAC 保护消息的完整性。没有密钥的攻击者无法更改数据而不被察觉。此外，如果密钥保持机密，MAC 也提供了真实性：接收方知道只有共享密钥的其他人才能发送 MAC，因为只有拥有密钥的人才能生成合法的 MAC。

虽然有许多 MAC 算法，下面介绍两种易于理解的方法：HMAC 和 CBC-MAC。这些算法很好地解释了 MAC 的工作原理。它们在实践中也很有用。

5.2.1 HMAC

HMAC 是一种"基于哈希的消息验证码"。事实上，你已经知道 HMAC 最复杂的特性：哈希。HMAC 基本上只是一个密钥哈希。

什么是"加了密钥"？为了说明这一点，首先回顾一下未加密钥的标准密码哈希。对于这样的哈希，如果输入不变，那么输出也不变。它们仅基于单个输入：消息内容，是完全确定的。如果重温第 2 章中的"谷歌知道！"练习，就会回想起，实际上可以在谷歌中输入一些哈希值，并找到匹配的输入。

打开 Python shell，再测试一两次：

```
>>> import hashlib
>>> hashlib.sha256(b"hello world").hexdigest()
'b94d27b9934d3e08a52e52d7da7dabfac484efe37a5380ee9088f7ace2efcde9'
>>> hashlib.sha256(b"happy birthday").hexdigest()
'd7469a66c4bb97c09aa84e8536a85f1795761f5fe01ddc8139922b6236f4397d'
```

用于 hello world 和 happy birthday 的 SHA-256 输出在每台计算机上永远都是这些值，永远不会改变。你可自行运行代码，来验证这一点。SHA-256 定义需要它。也可以尝试在网上搜索哈希。

重复一遍，对于未使用密钥的算法，相同的输入总会生成相同的输出。

当一个算法使用密钥时，意味着输出同时依赖于输入和密钥。但哈希算法如何使用密钥呢？

从概念上讲，这其实很简单。因为即使对哈希算法的输入做微小更改，也会完全改变输出，所以可让密钥成为输入的一部分！

1　柯克霍夫原则又起作用了！

虽然下面的示例不是真正的 HMAC，也不够安全，但它说明了这个想法：

```
>>> import hashlib
>>>
>>> password1 = b"CorrectHorseBatteryStaple" # See XKCD 936
>>> password2 = b"LiverKiteWorkerAgainst"
>>>
>>> # This is not really HMAC, it is for illustration ONLY:
>>> hashlib.sha256(password1 + b"hello world").hexdigest()
'ca7d4abd13bceb305eef2738e3592da77ed826aa1665ba684b80f36bd7522b32'
>>>
>>> hashlib.sha256(password2 + b"hello world").hexdigest()
'b22786bc894c8bb27d1e7e698a9bddfd6b95f35dcd063e37d764fa296216408a'
```

本例使用人类可读的密码作为密钥。将输入 hello world 又哈希了两次，但每次都插入不同密码作为前缀。基本上，使用这个密钥来改变哈希的内容。每个密码都会生成一个完全不同的输出，这意味着，为消息 hello world 重新创建输出 MAC 的唯一方法是也知道密码(或通过暴力破解)。与任何其他加密算法一样，密钥/密码必须足够大且足够随机。

值得注意的是，密码的大小并不是影响哈希输出效果的因素。还记得雪崩原理吗？更改输入的一个位，哈希函数将完全改变输出的哈希值。如果有一个 TB 级文档，只更改它的一个字符，就会生成一个新哈希，它与未更改文档的哈希没有关系。同样，密码可以是单个字符，它会有效地"打乱"任何给定输入(无论输入有多大)的输出。需要注意，密码长度(和随机性)应足够强大，可抵抗暴力攻击。

练习 5-3　再次暴力攻击

前几章就完成了一些暴力攻击，但在掌握这个概念之前，重复这个练习是很重要的。使用前面的假 HMAC，让计算机生成一个特定大小的随机密码，并使用暴力方法找出它是什么。更确切地讲，假设已知消息是什么(例如，hello world、happy birthday 或所选的某消息)。编写一个程序，创建一个随机的字符密码，在消息前加上密码，然后打印出 MAC(哈希)。获取输出并遍历所有可能的密码，直至找到正确的密码。从一个简单的单字母字符测试开始，然后尝试两个字符，以此类推。使用不同的字符集(如所有小写，小写和大写组合，任意大小写加数字等)来测试。

练习 5-4　暴力攻击四字密码

重复前面的练习。但是，不要使用从字母来源中提取的字母，而使用从单词来源中提取的单词。查找或创建包含常用单词列表的文本文件。它应该包含至少 2000字。使用这个字典，通过随机选择 *n* 个单词来创建密码。通过尝试字典中每一个可能的组合来破解这个密码。从 *n* = 1(一个单词的密码)开始。

甚至前面的方法也不够好，所以下面来谈谈真正的 HMAC。前面多次提到过，仅仅预先设置密码不够安全。HMAC 是标准文档 RFC 2104 中定义的算法的官方名称。如果以前没有看过 RFC，现在要知道，这些是来自互联网工程任务组(IETF)的文档，它们代表了互联网协议和算法的标准、最佳实践、实验和讨论。它们都是免费的，可在网上找到。有关 RFC 2104 的网址是 https://tools.ietf.org/html/rfc2104。

文件摘要：

本文档描述了 HMAC，这是一种使用密码哈希函数进行消息身份验证的机制。HMAC 可用于任何迭代的加密哈希函数，如 MD5、SHA-1，并与一个共享密钥结合使用。

这部分应该说得很清楚了。前面做过的实验使用了 SHA-256 和一个秘密共享密钥，但显然可使用 SHA-1 或 MD5。但是，需要提醒的是，这些哈希算法被认为是"糟糕的"，除非在旧应用程序中有必要，否则不应该使用它们。

返回 RFC 的第 3 页，会看到一旦选择了哈希函数 *H*，就会计算输入文本上的 HMAC，因此：

```
H(K XOR opad, H(K XOR ipad, text))
```

下面来看看每一项。已知 *H* 是底层的哈希函数。text 指的是输入，但它不必由可读的文本字符组成；任何"明文"消息都不需要这样，可以是任意二进制数据。还得加上逗号。因为 *H*()是一个函数，所以你可能认为这个定义是一个包含两个参数的哈希函数。但在 RFC 的这个定义中，逗号可看作连接符。在所有其他示例中，哈希函数只接收单个输入。

K 指的是密钥，但它不可能是任何东西。RFC 对密钥有许多要求，这些要求通常需要一些预处理。这些要求大部分与 *H* 的块大小相关。回顾一下，第 3 章使用术语"块大小"和块密码来描述块密码一次操作的数据大小。例如，AES 的块大小为 16 字节(128 位)。哈希算法可以哈希任何大小的输入，那么哈希算法的块大小是多少？

实际上，哈希函数通常一次操作一个块，但将一个块的哈希输出提供给下一个块的哈希计算。例如，SHA-1 的块大小为 64 字节(512 位)，而 SHA-256 的块大小为 128 字节(1024 位)。RFC 将 H 的块大小表示为 B(字节)。

密钥的第一个要求是，如果它比块大小 B 短，那么它必须填充 0，直到它是 B 字节长。

第二个要求是，如果密钥比 B 长，首先要用 H 哈希密钥来减少长度。不要对此感到惊讶。我们将在一个 HMAC 操作中多次使用 H。

总之，如果 K 太短，就用 0 填充；如果 K 太长，就改用 $H(K)$。

细心的读者会注意到，哈希的长度也可能比块大小短。SHA-1 的哈希长度为 20 字节，其块大小为 64 字节。SHA-256 的哈希是 32 字节长，但它的块大小是 128 字节。用哈希函数缩短太长的密钥后，它通常会太短，所以需要填充。

最后，应该有一个正好是 B 字节长的密钥。

接下来，需要计算出 $K \oplus$ ipad (XOR)。其中的 ipad 表示"内部填充"，因为这是 HMAC 中的内部哈希操作。RFC 将 ipad 定义为"字节 0x36 重复 B 次"，将 opad 定义为"字节 0x5c 重复 B 次"。为 ipad 和 opad 选择的值是任意的。最重要的是它们是不同的。

填充的原因超出了本书的讨论范围，但它们为 HMAC 提供了一些额外的安全性，以防底层哈希函数被破坏。因此，例如，即使在证明 MD5 被破坏的情况下，这些标记也使 HMAC-MD5 较强。这很有帮助，但不是在新应用程序中使用 HMAC-MD5 的好理由。HMAC 的填充意味着，即使有人发现了 SHA-256 哈希函数的漏洞，HMAC-SHA256 仍是一个相当强大的 MAC，这有助于保持现有哈希函数(可能不容易立即升级为更好的哈希函数)的相对安全。

$K \oplus$ ipad 的计算很简单，因为它们的大小是一样的。随后的值放置在输入 text 之前，组合的数据被 H 哈希。现已计算出 $H(K \oplus (\text{ipad, text}))$。这是内部哈希计算。

现在，对于外部哈希，计算 $K \oplus$ opad。随后的值预先写入内部哈希的输出，而聚合的字节被再次哈希。外部函数的哈希是输入文本的 HMAC，键值为 K。

幸运的是，密码库几乎总将 HMAC 作为基础。

```
>>> from cryptography.hazmat.backends import default_backend
>>> from cryptography.hazmat.primitives import hashes, hmac
>>>
>>> key = b"CorrectHorseBatteryStaple"
>>> h = hmac.HMAC(key, hashes.SHA256(), backend=default_backend())
```

```
>>> h.update(b"hello world")
>>> h.finalize().hex()
'd14110a202b607dc9243f83f5e0b1f4a1e59fba572fc5ea5f41d263dd4e78608'
```

为什么要费那么大力气去学习 HMAC 内部是如何工作的，而不是仅学习如何使用提供的库呢？有几个原因。首先，最好至少对事物的工作原理有一点了解。这有助于理解何时使用它以及为什么使用它。

其次，也许是最重要的：你不是密码专家！必须记住这个原则！尽可能使用密码库，不要试图提出自己的"聪明"算法。再来看看 HMAC。它所基于的一些概念与简单地用密钥为输入加上前缀相同，但更复杂。这种复杂性来自更深层、更微妙的目标，包括在哈希函数出现故障时的前向安全性。这种复杂性不是随意的；HMAC 操作基于密码学者的一篇研究论文，该论文从数学上证明了某些安全特性。除非是密码编码员，出于教育或演示的目的发表作品(通常带有正式的证据)供公众同行审查、测试和辩论，否则真的不应该创建自己的算法。

练习 5-5　测试 Python 的 HMAC

虽然不应该有自己的密码，但这并不意味着不应该验证实现！按照 RFC 2104 的说明创建自己的 HMAC 实现，并使用该实现和 Python 的密码库实现，测试一些输入和密钥。确保它们生成相同的输出！

5.2.2　CBC-MAC

HMAC 是一款非常流行的 MAC，例如在 TLS 中使用，但也有其他方法来创建 MAC。例如，可利用第 3 章关于密码块链(CBC)模式的知识作为另一种获得安全 MAC 的方法。

下面简要介绍一些新术语。MAC 有时也称为"标签"。创建一条消息的 MAC 时，可称它为消息的"标签"；它就像一件礼物或一件衣服上的标签：附加在文章主体上的少量信息。在数学符号中，标签通常表示为 t。因此，消息 m_1 上的 MAC 生成一个标签 t_1，这对 (m_1, t_1) 被发送给接收方进行验证。

回顾一下，在使用 AES 加密时，一次只能加密 128 位。如果对每个 128 位块进行单独加密，仍然会有关于整个数据的"泄露"信息。例如，大的图像特征可能仍然是可识别的。解决这个问题的一种方法是把加密"链"起来，这样来自一个块的输入就会传递到下一个块，并影响下一个块的加密。换言之，开始时做一点改变，就会产生连锁效应，一直到最后一个块。

换言之，密文的最后一个块由链中每个其他块的值决定：输入中任何地方的更改都将反映在最后一个块中！这使得 CBC 加密模式的最后一个块成为整个数据上的 MAC，如图 5-1 所示。

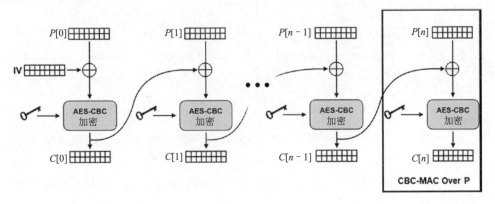

图 5-1　因为所有消息都会影响最后一个加密数据块的值，所以 $C[n]$ 是所有 P 上的 MAC，但存在一些缺点

可以看出，所有密码术都有限制和关键参数。与 HMAC 一样，下面先通过一些简单示例来了解 CBC-MAC 算法背后的基本概念，以及如何利用这些简单方法。

首先获取消息，并通过 AES-CBC 加密来运行。出于稍后解释的安全原因，把初始化向量固定为零。为使消息是块大小的倍数，使用用于加密的 PKCS7 填充。需要一些没有填充的完整块消息 MAC 来简化接下来的练习，所以包含一个关闭填充的标志。

代码清单 5-2　伪 MAC 和 CBC

```
1    # WARNING! This is a fake CBC-MAC that is broken and insecure!!!
2    # DO NOT USE!!!
3    from cryptography.hazmat.primitives.ciphers import Cipher,
      algorithms,modes
4    from cryptography.hazmat.backends import default_backend
5    from cryptography.hazmat.primitives import padding
6    import os
7
8    def BROKEN_CBCMAC1(message, key, pad=True):
9        aesCipher = Cipher(algorithms.AES (key),
10                       modes.CBC(bytes(16)), # 16 zero bytes
```

```
11                            backend=default_backend())
12      aesEncryptor = aesCipher.encryptor()
13
14      if pad:
15          padder = padding.PKCS7(128).padder()
16          padded_message=padder.update(message)+padder.finalize()
17      elif len(message) % 16 == 0:
18          padded_message = message
19      else:
20          raise Exception("Unpadded input not a multiple of 16!")
21      ciphertext = aesEncryptor.update(padded_message)
22      return ciphertext[-16:] # the last 16 bytes are the last block
23
24  key = os.urandom(32)
25  mac1 = BROKEN_CBCMAC1(b"hello world, hello world, hello world,
        hello world", key)
26  mac2 = BROKEN_CBCMAC1(b"Hello world, hello world, hello world,
        hello world", key)
```

代码清单 5-2 中的代码虽然不安全，但展示了 MAC 背后的基本概念。首先填充数据，然后对数据进行加密。但不管它有多长，最后一个块(16 字节)是由前面的所有输入决定的。把第一个字母从 h 改成 H，MAC 就完全不同了。

然而，它是可以利用的。回顾一下，对于给定的消息和密钥对，MAC 必须是唯一的。如果攻击者可用相同的密钥为不同的消息生成相同的 MAC，MAC 算法就失效了。

事实证明，对于这个 CBC-MAC 的初级版本，完全可做到这一点。下面先用代码来做，看看能不能猜出是怎么回事。注意，代码清单 5-3 将与代码清单 5-2 组合在一起。

代码清单 5-3　MAC 模拟攻击

```
1   # Partial Listing: Some Assembly Required
2
3   # Dependencies: BROKENCBCMAC1
4   def prependAttack(original, prependMessage, key):
```

```
5       # assumes prependMessage is multiple of 16
6       # assumes original is at least 16
7       prependMac=BROKEN_CBCMAC1(prependMessage, key, pad = False)
8       newFirstBlock = bytearray(original [:16])
9       for i in range (16):
10          newFirstBlock[i] ^= prependMac[i]
11      newFirstBlock = bytes(newFirstBlock)
12      return prependMessage + newFirstBlock + original [16:]
13
14  key = os.urandom(32)
15  originalMessage = b"attack the enemy forces at dawn!"
16  prependMessage=b"do not attack.(End of message,padding follows)"
17  newMessage=prependAttack(originalMessage,prependMessage, key)
18  mac1 = BROKEN_CBCMAC1(originalMessage, key)
19  mac2 = BROKEN_CBCMAC1(newMessage, key)
20  print("Original Message and mac:", originalMessage, mac1.hex())
21  print("New message and mac :", newMessage, mac2.hex())
22  if mac1 == mac2:
23      print("\tTwo messages with the same MAC! Attack succeeded!!")
```

代码清单 5-3 生成的两个 MAC 是相同的。攻击将所选的另一条消息预先添加到原始消息中,并破坏了第一个块。对预写消息的唯一限制是,预写消息必须在相同的密钥下具有 CBC-MAC 值。我们为这个预写消息关掉了填充物,使攻击更容易一些,但这只是为了方便,并不是攻击成功的先决条件。

遗憾的是,攻击者需要修改原始消息的第一个块;否则,攻击可能更严重。然后,攻击者可创建消息"不要在拂晓攻击敌军!"。攻击者也不能清除第一个块之外的任何数据。在运行代码时,可能会注意到"拂晓攻击敌军!"在新消息中仍然可读。即便如此,这仍然非常糟糕:添加一个完全不同的信息,而没有改变 MAC 的值!

对于这个简单示例,假设有人正在读取输出,则消息表明:其余数据是填充的,这足以说服发送者不再读取。在真正的攻击中,传输的数据长度和其他类似的机制常可达到相同的效果。如果成功了,基本上可用原来的 MAC 发送任意消息。

到底是哪里出了错?在解释之前,看看是否能自己弄明白。可能需要重新了解

CBC 模式的工作方式。如果需要额外的暗示，记住 $A \oplus B \oplus B = A$。

下面让我们一起来解决它。假设有一条由从 m_1 到 m_n 的任意数据块组成的消息 M，在下式中，设 E 为 AES 加密操作，设 t 为对数据执行计算的 CBC-MAC 标签：

$$t = E(m_n \oplus E(m_{n-1} \oplus \ldots E(m_2 \oplus E(m_1, k), k) \ldots, k), k)$$

注意，消息的第一个块 m_1 是由 AES 在密钥 k 下加密的，在加密前，输出与 m_2 进行 XOR 操作。

假设预先编写了一个长度正好为一个块的消息 P。这将如何改变现状？CBC-MAC 显然会生成一些不同的东西，因为第一次计算改变了：

$$t_P = E(m_n \oplus E(m_{n-1} \oplus \ldots E(m_2 \oplus E(m_1 \oplus E(P, k), k), k) \ldots, k), k)$$

结果是正确的。更改消息(即添加新块)，就更改了标记。但是，如果已知预写的块 $E(P, k)$ 进行 AES 加密的输出，又会怎样呢？称它为 C。如果 $E(P, k) = C$，还将最初的第一块 m_1 变成 $m_1 \oplus C$，就可在不改变最终标签的情况下将 P 加入链中。

$$t = E(m_n \oplus \ldots E(m_2 \oplus E(m_1 \oplus C \oplus E(P, k), k), k) \ldots, k), k)$$

当 CBC 对这条被破坏的链进行操作时，试图将预写块(C)的加密输出与被破坏的第一个块($m_1 \oplus C$)的明文执行 XOR 转换，但被破坏的第一个块已经与 C 进行了 XOR 转换，C 值就会取消！这就变成了：

$$t = E(m_n \oplus E(m_{n-1} \oplus \ldots E(m_2 \oplus E(m_1 \oplus C \oplus C, k), k) \ldots, k), k)$$

这会有效地取消预置块在最后标签上的输入！回到原始的 MAC 信息！

$$t = E(m_n \oplus E(m_{n-1} \oplus \ldots E(m_2 \oplus E(m_1, k), k) \ldots, k), k)$$

本例仅针对单个块。但事实证明，无论预先编写的消息有多长，我们都只关心在加密之前与 m_1 执行 XOR 转换的部分。在任意长度的 CBC 链中，传递到下一个块的唯一部分是链的最后一个加密块。换言之，CBC-MAC 操作的 MAC 输出 t 是预先编写的消息中唯一会影响后续内容的部分！

那么，假设有两条消息 M_1 和 M_2，以及两条相应的标记 t_1 和 t_2，它们都是在相同的密钥下使用已破解的 CBC-MAC 算法生成的。要创建伪造的消息，首先对 t_1 与 M_2 的第一个块执行 XOR 操作，生成 M_2'。现在创建 $M_3 = M_1 + M_2'$(+表示连接)。M_3 的 CBC-MAC 也是 t_2，原因如下(用 $C(\cdot)$ 表示 MAC)：

$$t_2 = E(M_{2,n} \oplus E(M_{2,n-1} \oplus \ldots E(M_{2,1} \oplus t_1 \oplus C(M_1, k), k) \ldots, k), k)$$

由于 M_1 的 MAC 是 t_1，它和另一个 t_1 抵消了，剩下的 MAC 就是 M_2 的 MAC。图 5-2 可视化了这次攻击，以及刚刚完成的计算。

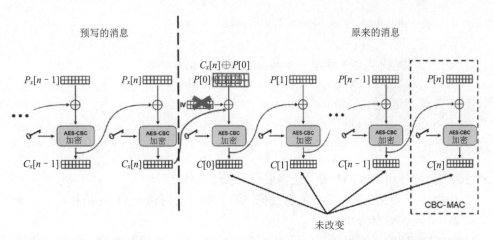

图 5-2 攻击者只需要破坏第一个块，就可在不改变简单 CBC-MAC 的情况下预先添加消息

重要的是，进行这种攻击不需要密钥。在代码示例中，我们拥有密钥并生成任意消息。这仍然是一种攻击，因为即使是共享密钥的拥有者，也不应该用相同的 MAC 发送两条消息。

但通过这种攻击，没有密钥的攻击者可从两个现有消息(例如，由受害者生成)和相应标记中生成新消息和伪造标记。

这个问题有多种解决方案，这里只提及一种，即强制每个消息都以消息的长度作为前缀，如代码清单 5-4 所示。

代码清单 5-4 预先考虑消息长度

```
1    # Reasonably secure concept. Still,NEVER use it for production
code.
2    # Use a crypto library instead!
3    from cryptography.hazmat.primitives.ciphers import Cipher,
      algorithms,modes
4    from cryptography.hazmat.backends import default_backend
5    from cryptography.hazmat.primitives import padding
6    import os
7
8    def CBCMAC(message, key):
9        aesCipher = Cipher(algorithms.AES(key),
10                        modes.CBC(bytes(16)), # 16 zero bytes
11                        backend=default_backend())
12       aesEncryptor = aesCipher.encryptor()
```

```
13        padder = padding.PKCS7(128).padder()
14
15     padded_message = padder.update(message)
16     padded_message_with_length = len(message).to_bytes(4,
          "big")+padded_message
17     ciphertext=aesEncryptor.update(padded_message_with_length)
18     return ciphertext[-16:]
```

为安全地使用 CBC-MAC，还需要注意以下几点：

(1) 如果还使用 AES-CBC 加密数据，则不能对加密和 MAC 使用相同的密钥。

(2) IV 应该固定为 0。

对这些问题的详细解释超出了本书的范围。仍然不建议使用 CBC-MAC 代码，因为创建自己的加密算法，甚至自己实现已知的加密算法总是很危险的。相反，应该始终使用可信密码库中的算法。

在示例代码中使用的加密库包括 CMAC。该算法是 RFC 4493 中定义的更新、改进的 CBC-MAC。CMAC 和 HMAC 都是 MAC 算法的好选择；如果没有专门的 AES 加密硬件，HMAC 在大多数系统上可能更快。

从库中使用 CMAC 非常简单。以下内容直接来自在线文档：

```
>>> from cryptography.hazmat.backends import default_backend
>>> from cryptography.hazmat.primitives import cmac
>>> from cryptography.hazmat.primitives.ciphers import algorithms
>>> c = cmac.CMAC(algorithms.AES(key), backend=default_backend())
>>> c.update(b"message to authenticate")
```

5.2.3　加密和 MAC

许多情况下，需要对消息进行加密并防止修改。在本章的第一个代码示例中，Alice 和 Bob 使用未通过密钥保护的哈希来保护加密消息。这显然行不通，因为没有密钥，任何人都可生成相应的哈希。既然勇敢的(或懦弱的)搭档知道如何使用 HMAC 和 CMAC，他们就可以更新自己的代码了。

练习 5-6　加密然后 MAC

用 HMAC 或 CMAC 替换 SHA-256 操作，更新本章开头的代码，以执行适当的 MAC。使用两个密钥。

在前面的练习中，请注意 MAC 的使用时间和使用对象。注意 MAC 应用的是密文，而不是明文。正如练习的名称所暗示的，这叫做"加密然后 MAC"。还有另外两种方法发送加密和经过身份验证的消息。

一个是"MAC 然后加密"。在这个版本中，MAC 应用于明文，然后明文和 MAC 一起加密。早期版本的 TLS(用于 HTTPS 连接)采用了这种方法。

另一种方法叫做"加密并 MAC"。为采用这种方法，再次对明文计算 MAC，但 MAC 本身没有加密。它与密文一起发送(未加密)。如果曾用过 Secure Shell (SSH 或 PuTTY)，那么使用的是"加密并 MAC"。

大多数密码学家强烈建议选择使用"加密然后 MAC"[1]，但也有少数人持反对意见，因为总有一些人持反对意见。事实上，针对特定的"加密然后 MAC"组合，已经发现了一些实际漏洞。前面已经演示过了！第 4 章针对 CBC 的填充式 Oracle 攻击只适用于"加密然后 MAC"场景。

还有一种更好的方法，称为 AEAD(带附加数据的身份验证加密)，详见第 7 章，它将加密和消息完整性合并到一个操作中。如果出于某种原因，需要将加密和 MAC 结合使用，请确保选择"加密然后 MAC"(即加密明文，然后在密文上计算 MAC)。

本章不会详细讨论为什么普遍认为"加密然后 MAC"更好，但有一点值得一提。在其他情况下讨论过，通常不希望坏人篡改密文。这可能不太直观，因为我们倾向于考虑最终目标：保护明文。但当坏人可以修改密文，而不被察觉时，坏事就会发生。当使用"加密然后 MAC"时，密文应能避免被修改。

练习 5-7　知道自己的弱点

"加密然后 MAC"是将加密和 MAC 结合使用的推荐方法。但是，最好理解上文中的三种方法。如果必须维护他人编写的代码，或者必须与旧系统兼容，将来可能遇到各种情况。强烈推荐修改"加密然后 MAC"系统，创建一个"MAC 然后加密"变体；最后创建一个"MAC 并加密"版本。

5.3　数字签名：身份验证和完整性

Alice 和 Bob 喜欢使用 HMAC(使用"加密然后 MAC")发送加密消息。在他们目前的西南极洲任务中，每人有四个密钥。一对允许他们互相发送加密的和 MAC 保护的消息(记住，一个密钥用于加密，一个密钥用于生成 MAC)，另一对密钥允许收发加密的、受 MAC 保护的消息，并从位于东南极洲的总部收发这些消息。

1　感到困惑吗？"加密并 MAC"表示对明文应用 MAC，而"加密然后 MAC"表示对加密后的密文应用 MAC。

遗憾的是，有一天，Alice 被抓获，因为她试图渗透到西南极洲雪球测试大厦。瞬间，一切都陷入混乱，因为 Eve 现在可使用 Alice 的所有密钥。

这是一个可怕的威胁。Eve 现在可发送消息了！就好像这些消息来自 Alice 或总部一样，尝试减少机密性和身份验证的损失是一场噩梦。Bob 的情况很糟糕。他需要两个新密钥与总部沟通，也许还需要两个新密钥与战地的新伙伴沟通。只有回到总部才能做到这一点，这意味着把他拉出战场，可能会浪费他用来渗透目标和收集数据的时间和资源。更糟的是，他甚至不能被可靠地告知正在发生的事情！如果他没有 Alice 被捕的第一手资料，那么总部发给他的任何通知或指示他回家的信息都可能被截获和篡改。

事情对 Bob 来说很糟糕，而总部的情况要糟糕得多。他们使用相同的共享密钥对所有消息进行加密和标记。战地的每个特工都有 Alice 丢失的密钥。Eve 可冒充总部私下联系他们中的任何一人。

而 Eve 可以像任何一个特工那样向总部发送消息，因为他们没有单独与总部通信的密钥。

丢失共享密钥至少会让 EATSA 倒退 12 个月。

Eve 可使用加密密钥读取总部及其特工之间的通信，更糟的是，Eve 可使用 MAC 密钥伪装成任何一个特工发送消息。重复前面的一个评论，当人们开始学习密码学时，通常认为"加密"是其主要目的或特征。如虚构示例所示，身份验证(知道谁发送了消息)至少与此同等重要，甚至可以说更重要。

即使 EATSA 设法进入所有特工的家，且不再使用旧密钥(因此旧密钥被"撤销")，他们也会遇到一个问题，即需要一个密钥管理系统来避免将来出现同样的问题。他们考虑的一种选择是让每个特工拥有自己的密钥。如果总部或某个特工想要发送消息，就使用各自的密钥来标记它。

问题是 MAC 需要共享密钥。消息的接收方必须具有与发送者相同的密钥。他们如何获得共享密钥？每个特工都有其他特工的密钥吗？如果是这样，一个特工被捕就如同只有一个密钥一样糟糕。更糟的是，无法阻止一个特工使用另一个特工的密钥(模仿它们)，要么是出于偶然，要么是由于他们失控。

最后，其中一名科学家想起第 4 章提到的非对称加密，特别是一种叫做数字签名的东西。与消息身份验证代码一样，数字签名的设计目的是提供真实性(可指出发送消息的人是谁)和消息完整性(不能对消息进行不可检测的更改)。此外，因为使用非对称加密，所以不存在共享密钥。在 EA 开始尝试非对称加密时，他们开始非常关注消息加密(保密性)，而数字签名被冷落到一旁。

现在是补救的时候了。

数字签名究竟是什么？首先，回顾一下第 4 章学习的 RSA 算法时非对称加密是如何工作的。在对称加密中，各方之间只有一个共享密钥，而 RSA 的非对称加密涉及一对密钥：公钥和私钥。这些密钥互为对立面；一个加密，另一个解密。而且，RSA 公钥可从私钥派生而来，但反过来不行。

顾名思义，一方应该保持 RSA 私钥为私有，并且永远不向任何人公开它。另一方面，RSA 公钥可以而且通常应该广泛传播。这个设置支持两个非常有趣的操作。

首先，由于 RSA 公钥由任何人(可能是每个人！)持有，因此世界上任何人都很容易向相应 RSA 私钥的所有者发送加密消息。任何人都可用公钥对消息进行加密，但只有拥有私钥的一方才能解密。

这是很重要的！发送加密信息的人只知道，拥有私钥的一方可解密消息。这是一种不同的逆向真实性。消息的接收方不知道是谁发送的，但是发送方可以确定只有目标方才能读取消息(如果密钥是安全的)。第 4 章对 RSA 非对称加密的介绍主要关注这个用例。

但是，加密的方向可以反过来，RSA 私钥也可用来加密消息。因此，拥有私钥的一方可用它加密消息，这种消息只能用公钥解密。那有什么用？任何人(每个人！)都可以拥有公钥。这种加密当然不会对数据保密！

这是真的！但用 RSA 私钥加密发送的消息只能由拥有该私钥的人加密。即使每个人都可解密消息，但消息可由特定公钥解密，这一事实证明了发送方持有私钥。换言之，如果你得到一条可用我的公钥解密的消息，你就知道消息来自于我；其他人都不能加密它。这听起来很有用！

假设 EA 想要向全世界发布一份关于西南极洲犯罪的宣言。首先，他们可以到处分发 RSA 公钥，然后用相关的私钥加密文档。现在，当他们分发文件时，世界上的任何人都可以解密它，这一事实证明了它来自 EA。

这个系统很好，但有几个重要缺陷。首先，人们如何知道 RSA 公钥确实属于 EA(而不是来自 WA 的伪密钥)？这是一个非常重要的问题，稍后会讲到。现在，假设接收方有一个合法的、可信任的 RSA 公钥。

另一个问题是效率。RSA 加密很慢。解密长文档以验证发送方不是一种远程高效的方式。更糟的是，一些非对称算法没有任何内置的消息完整性。RSA 不能加密像文档那么长的东西。

幸运的是，后两个关于效率和完整性的问题很容易解决。请记住，加密不是为了保密，而是为了证明其来源或真实性。与其加密消息本身，不如加密消息的哈希？

这就是任意数据上 RSA 数字签名的基本思想。它包括两个步骤。首先对数据进行哈希，其次用私钥加密哈希。加密的哈希是发送方应用于数据的签名。签名现在可与原始(可能未加密的)数据一起传输。当接收方收到数据和签名时，接收方生成哈希，用公钥解密签名，并验证这两个哈希(生成的和解密的)是否相同。

以下是密码学家可能的表示方法。首先，对于消息 M，使用哈希函数 $h = h(M)$ 生成哈希。

　　一旦有了哈希 *h*，就用 RSA 私钥加密它。为了描述这个操作，使用一些密码协议中经常使用的符号。具体而言，使用{·}表示 RSA 加密的数据。大括号中的所有内容都是明文，但大括号表示明文在某个加密信封中。大括号中还有一个下标，表示密钥。例如，密文 *C* 是用某个密钥 *K* 加密的明文 *P*，描述为 $C = \{P\}_K$。

　　本书从现在开始，双方之间的共享密钥用表示双方的下标来描述。例如，Alice 和 Bob 之间的密钥可表示为 $K_{A,B}$。这就是对称密钥的一个示例。

　　公钥(如 RSA 公钥)由只有一方的密钥表示。例如，Alice 的公钥可以表示为 K_A，Bob 的公钥也可以表示为 K_B。因为公钥是被分发的，所以这就是它的命名方式。私钥表示为公钥的倒数：$K^{-1}A$ 和 $K^{-1}B$)。

　　本章还将使用字母 *t* 来表示 RSA 签名，因为签名有时也称为标记，就像 MAC 一样。因此，表示 *R*：

$$t_M = \{H(M)_K{}^{-1}\}$$

　　当拥有 RSA 公钥 *K* 的另一方接收到 *M*，$\{H'(M)\}K^{-1}$ 时，由公钥解密签名以恢复 *H'*(*M*)。接收方生成自己的 *H*(*M*)，如果 *H'*(*M*) = *H*(*M*)，则认为签名为真实的。

　　再重复一次，请记住 RSA 公钥加密与私钥加密用于不同用途。使用 RSA 公钥进行加密可对消息保密：只有私钥所有者才能读取它。使用 RSA 私钥进行加密可以证明其真实性：只有所有者才能编写它。

　　在 EA 间谍机构，这似乎是奇迹！特工生成一个 RSA 密钥对，并让所有特工生成一个 RSA 密钥对。间谍机构保存所有特工的所有公钥副本，每个特工都持有间谍机构的公钥副本。

　　当机构向 Alice 发送加密消息时，用 Alice 的公钥加密，只有 Alice 能够解密。机构还使用自己的私钥对消息进行签名，Alice 可使用机构的公钥来验证消息的真实性和完整性。只要 Alice 和 Bob 拥有彼此的公钥副本，就可相互发送经过加密和验证的消息。

　　这是向前迈出的一大步，而且看起来相当不错。

　　确实如此，但就像 EA 的加密体验经常出现的情况一样，它也存在复杂性、注意事项和微妙之处。不过，在此之前，先来帮助 Alice 和 Bob 学习如何互相发送签名消息。为简单起见，不打算加密它们。

　　再一次，密码库以签名和验证功能来拯救我们；不需要(也不应该)尝试自己实现数字签名。相反，使用我们的库，生成一些 RSA 签名。

代码清单 5-5　给未加密的数据签名

```
1    from cryptography.hazmat.backends import default_backend
2    from cryptography.hazmat.primitives.asymmetric import rsa
3    from cryptography.hazmat.primitives import hashes
```

```
4   from cryptography.hazmat.primitives.asymmetric import padding
5
6   private_key = rsa.generate_private_key(
7       public_exponent=65537,
8       key_size=2048,
9       backend=default_backend()
10  )
11  public_key = private_key.public_key()
12
13  message = b"Alice, this is Bob. Meet me at Dawn"
14  signature = private_key. sign(
15  message,
16  padding.PSS(
17      mgf=padding.MGF1(hashes.SHA256()),
18      salt_length=padding.PSS.MAX_LENGTH
19  ),
20  hashes.SHA256()
21  )
22
23  public_key.verify(
24    signature,
25    message,
26    padding.PSS(
27      mgf=padding.MGF1(hashes.SHA256()),
28      salt_length=padding.PSS.MAX_LENGTH
29    ),
30    hashes.SHA256()
31  )
32  print("Verify passed! (On failure, throw exception)")
```

代码清单 5-5 中的内容可能比预期多一些，特别是填充配置。下面从头开始解读。

首先生成一个密钥对。对于 RSA，公钥可从私钥中派生，因此生成私钥将生成密钥对。该 API 包含一个从私钥获取公钥的调用。本例使用了两个密钥。在实际示例中，签名和验证代码将位于完全不同的程序中，验证程序只能访问公钥，而不能访问私钥。

第 4 章曾介绍过如何从磁盘中序列化和反序列化这些类型的 RSA 密钥。

在下一部分代码中，对消息进行签名。注意这里使用了填充，就像对 RSA 加密所做的一样，但它是一个不同的方案。RSA 的推荐填充是为加密使用 OAEP，为签名使用 PSS。考虑到 RSA 签名是通过加密一个哈希生成的，你可能感到惊讶。如果都是加密，为什么需要不同的填充方案呢？

答案是，因为签名是在哈希上操作的，所以关于数据的某些特征必须是正确的。任意数据加密与哈希加密的本质决定了这是两种不同的填充方案。

与第 4 章中使用的 OAEP 填充一样，PSS 填充函数也需要使用"掩码生成函数"。在撰写本书时，只有一个这样的函数，即 MGF1。

最后，签名算法需要一个哈希函数。本例使用 SHA-256。

验证算法的参数应该是不言自明的。注意，验证函数不会返回 true 或 false，而是在数据与签名不匹配时引发异常。

如果想要加密和签名，是应该先签名再加密，还是先加密再签名？上一节讨论了"加密然后 MAC"，你可能会想到"加密然后签名"。

但签名不是 MAC，通常不应该使用"加密然后签名"。有两个非常重要的原因。

首先，请记住签名的目标不仅是消息完整性，还包括发送方的身份验证。假设 Alice 向 Bob 发送一条加密消息，Alice 在签名之前对消息进行加密。任何人都可以截获消息，去掉签名，然后用自己的密钥发送重新签名的消息。

目前还不清楚这种攻击的可行程度，因为数据是用每个人已经拥有的接收方公钥加密的。无论如何，攻击者都可将自己的加密消息发送给 Bob(用 Bob 的公钥加密)。攻击者甚至不能解密 Alice 的消息。问题是，明文和签名之间没有联系，但确实需要有联系：Bob 想知道他能读到的消息来自 Alice，而不是其他人。如果对加密数据而不是明文进行签名，那么当 Bob 接收到密文和签名时，就不能可靠地确定是谁编写了原始消息。

简而言之，如果对加密消息进行签名，则很容易被拦截并由其他人进行签名，从而影响了真实性。签名应该应用于明文。

其次，也是更重要的一点，签名不能阻止坏人修改密文。记住，使用"加密然后 MAC"的首要原因是防止加密数据发生无法检测的变化。例如，使用"加密然后签名"，Eve 可截获一条从 Alice 到 Bob 的消息，去掉 Alice 的签名，修改密文，然后用 Eve 自己的密钥对修改后的数据签名。你可能会问，这有什么用？毕竟，Bob 看到的消息现在是由 Eve 而不是 Alice 签名的。Bob 为什么要相信它？

Bob 接受这个签名的原因有很多。例如，Eve 可能偷了另一个特工的密钥。使用 RSA 加密的全部原因是为了防止一个特工的密钥对另一个特工的通信造成损害。但如果 Eve 得到一个合法的签名密钥，就可去掉 Alice 的签名，修改密文，然后用

Bob 可接受的方式重新签名。

一旦这种情况发生，Eve 就可观察 Bob 的行为来了解 Alice 的信息。如前面的示例所使用的方式，即使 Bob 丢弃一条消息，Eve 也可利用这些信息(例如，Eve 知道发送给 Bob 的消息是不可读的)。

这听起来很牵强吗？嗯，正是马特·格林发现了苹果 iMessage 的这种弱点。可在他的博客[6]上看到。这里不会详细讨论他的攻击，只是说这种攻击其实是非常实际的。

所以，请不要"加密然后签名"。

为什么这个和 MAC 有这么大的不同呢？为什么"加密然后 MAC"是有效的？根本区别又是密钥。对于 MAC，有一个共享密钥，通常只有两方共享。没有人能替换由 Alice 和 Bob 共享的密钥创建的 MAC，因为其他人不应该拥有该密钥。然而，用于创建数字签名的私钥是不共享的，也不会将任何一方绑定在一起。

应该怎么做？首先，似乎没有很多这样的加密系统。如果使用的是对称加密，那么包含一个对称的 MAC 通常没有问题。如果苹果公司这样做了，前面提到的 iMessage 攻击就不可能发生。非对称加密通常不用于批量加密。当需要对大量数据进行加密时，通常的做法是使用非对称密码体制交换或创建一个对称密钥，然后切换到对称算法。第 6 章将讨论这个问题。

如果必须在不使用对称 MAC(例如，RSA 加密加上一些签名)的情况下进行签名和加密，则应该对明文消息进行签名，并对明文和签名进行加密(签名然后加密)。尽管这意味着攻击者可尝试篡改密文，但像 OAEP 这样好的 RSA 填充方案应该使之变得非常困难。

虽然目前还没有针对"签名然后加密"的攻击，但一些最偏执的人仍然会"先签名再加密，再签名继续重复"。内部签名在明文上进行，证明作者身份；外部签名在密文上进行，确保消息的完整性。另一种选择是"签密(Signcryption)"。因为 Python 密码库不支持签密，这里不会花时间讨论它，但是好奇的人可以阅读这篇关于它的文章：

```
www.cs.bham.ac.uk/~mdr/teaching/modules04/security/students/SS3/
IntroductiontoSigncryption.pdf.
```

现在，坚持使用稍微不那么偏执的"签名然后加密"策略。但请记住，RSA 加密只能加密非常有限的字节。当 SHA-256 和 OAEP 填充一起使用时，最多只能加密 190 个字节！如果开始对签名进行加密，那么留给其他内容的空间可能非常小。如果消息太长，将不得不对将其拆分为 190 字节的块，再对其进行加密。这就是第 6 章使用非对称和对称操作组合的主要理由。

练习 5-8　RSA 的回报!

为 Alice、Bob 和 EATSA 创建一个加密和身份验证系统。这个系统需要能够生成密钥对,并将它们保存到不同操作者名称下的磁盘中。要发送消息,需要加载操作者的私钥和接收方的公钥。然后,要发送的消息用操作者的私钥签名。接着对发送者的姓名、消息和签名进行加密。

为接收消息,系统加载操作者的私钥,提取发送者的姓名、消息和签名,来解密数据。发送方的公钥被加载以验证消息上的签名。

练习 5-9　MD5 的回报!

第 2 章讨论了破解 MD5 的一些方式。特别强调了 MD5 在寻找原像(即反向工作)时仍没有被破解。但是它在寻找碰撞方面被破解了。这对于签名非常重要,因为签名通常是通过数据哈希(而不是数据本身)计算的。

对于本练习,修改签名程序,以使用 MD5 而不是 SHA-256。查找两个具有相同 MD5 和的数据。可在网上或通过快速搜索找到一些示例。有了数据后,验证两个文件的哈希是否相同。现在,为这两个文件创建一个签名,并验证它们是否相同。

最后一件事应该提一下。某些情况下,可能无法一次对所有数据进行签名。sign 函数没有像哈希函数那样的 update 方法。不过,它有一个提交预哈希数据的 API。这允许对需要单独签名的数据执行哈希操作。下面是一个来自 cryptography 模块文档的示例:

```
>>> from cryptography.hazmat.primitives.asymmetric import utils
>>> chosen_hash = hashes.SHA256()
>>> hasher = hashes.Hash(chosen_hash, default_backend())
>>> hasher.update(b"data & ")
>>> hasher.update(b"more data")
>>> digest = hasher.finalize()
>>> sig = private_key.sign(
...     digest,
...     padding.PSS(
...         mgf=padding.MGF1(hashes.SHA256()),
...         salt_length=padding.PSS.MAX_LENGTH
...     ),
```

```
...     utils.Prehashed(chosen_hash)
... )
```

椭圆曲线：RSA 的替代品

该揭开非对称密码术的真相了。前面的所有内容都是特定于 RSA 的，RSA 所做的很多操作都是唯一的。

谈到非对称或公钥加密时，指的是涉及公钥和私钥对的任何加密操作。第 4 章几乎专门研究了 RSA 加密，还探讨了 RSA 签名。RSA 签名也是基于 RSA 加密的(加密要签名的数据的哈希)。但大多数其他非对称算法甚至根本不支持将加密作为一种操作模式，也不使用加密来生成签名。例如，其他非对称算法生成不涉及任何加密的签名或标记，并在没有任何可逆操作(如解密)的情况下验证签名。

这就是为什么在书中特别提到"RSA 公钥""RSA 加密"和"RSA 非对称操作"，以限定关于非对称密码术的讨论的原因之一。不应该假设其他非对称算法提供了相同的操作，或以相同的方式进行操作。

为什么 RSA 加密如此重要？这里这样做是因为 RSA 是几十年来最流行的非对称操作算法之一。它仍然无处不在，很难不碰到它。DSA(数字签名算法)是另一种非对称算法，但只能用于签名，不能用于加密。出于教育和实践的目的，RSA 是一个很好的起点。

话虽如此，RSA 正在慢慢被淘汰。人们发现它有很多弱点，其中一些已经探讨过了。基于"椭圆曲线"[1]的密码术已用来签名数据和交换密钥。本章将讨论 ECDSA 的签名功能。第 6 章将讨论一种称为 Elliptic-Curve Diffie-Hellman (ECDH)的东西，它用于创建和约定会话密钥。ECDH 的密钥协议为 RSA 加密支持的密钥传输功能提供了一种替代方案(可能是更好的替代方案)。

要用椭圆曲线来签名数据，可使用 ECDSA 算法。正如必须为 RSA 选择参数(如 e，公共指数)一样，也必须在基于 EC 的操作中选择参数。其中最明显的是潜在的曲线。

再次，实际的数学知识在本书中没有讨论，但是，这些算法可以使用不同的椭圆曲线。

对于 ECDSA，cryptography 库提供了许多 NIST 批准的曲线。值得注意的是，一些密码专家对这些曲线持谨慎态度，因为美国政府可能会推荐一些明知可被破解的曲线。尽管如此，这些是目前该库提供的唯一曲线。如果在生产中使用这些曲线，

---

1 椭圆曲线密码术的数学基础超出了本书的讨论范围。本节的目的只是介绍这些算法并展示如何使用它们。

就应该注意有关安全漏洞和潜在替代的附加信息。

对于这个测试，使用 NIST 的 P-384 曲线，在库中称为 SECP384r1。下面的示例摘自 cryptography 文档：

```
>>> from cryptography.hazmat.backends import default_backend
>>> from cryptography.hazmat.primitives import hashes
>>> from cryptography.hazmat.primitives.asymmetric import ec
>>> private_key = ec.generate_private_key(
...     ec.SECP384R1(), default_backend()
... )
>>> data = b"this is some data I'd like to sign"
>>> signature = private_key.sign(
...     data,
...     ec.ECDSA(hashes.SHA256())
... )
>>> public_key = private_key.public_key()
>>> public_key.verify(signature, data, ec.ECDSA(hashes.SHA256()))
```

与 RSA 签名一样，必须选择一个哈希函数。同样选择 SHA-256。注意，尽管选择曲线函数看起来很困难，一旦完成，剩下的操作就很简单了。

ECDSA 还具有与 RSA 相同的、用于处理大量数据的预哈希 API。

5.4 证书：证明公钥的所有权

在 Alice 和 Bob 以及公钥的示例中，假设每个相关方都拥有其他所有相关方的公钥。在该场景中，这是可能的。总部可以把所有间谍都集中起来，让每个人交换公钥。[1]

然而，随着时间的推移，这可能不可行。

如果一个新的间谍 Noel 在其他人之后进入这个领域呢？假设特工 Charlie 被捕，Noel 被派去顶替他的位置。Alice 和 Bob 已经有了 Charlie 的密钥，但他们还没有 Noel 的密钥。

---

1 类似的事情在现实世界中也会发生：PGP 签约方。可使用最喜欢的 Web 搜索引擎来查找更多相关信息。

当然，Noel 不能只是现身并分发一个公钥。否则，Eve 可能会派来假特工，以分发公钥，并声称是真正的 EA 特工。Eve 可以像总部一样轻松地创建证书。Alice 和 Bob 怎么能认出 Noel 是一个真正的 EATSA 特工，而不是为 Eve 工作？

一种可能是让总部向 Alice 和 Bob 发送一条消息，其中包含新特工的姓名和公钥。Alice 和 Bob 信任总部，并有总部的公钥。总部可以作为他们和 Noel 之间的可信第三方。在 PKI 的早期，这正是为了建立信任而提出的。这个模型称为"注册表"。注册表是身份到公钥的映射的中央存储库。注册表自己的公钥将到处传播：报纸、杂志、教科书、实体邮件等。只要每个人都有一个注册表密钥的真实副本，他们就可查找在其中注册的任何人的公钥。

当时的问题是规模，但现在已经不那么严重了。尽管当代的计算技术设想，谷歌、亚马逊和微软这样的世界级计算机公司随时处理来自世界各地的数十亿连接，但在 20 世纪 90 年代，情况并非如此。人们认为在线注册是不可扩展的。

以这里的间谍为例，他们必须假定，他们可能会与总部断开联系。他们可能不得不深入潜伏下来，或者他们可能从 Eve 处逃跑，或者 EA 可能想要在一段时间内否认他们的任何活动。由于这些原因，他们可能无法从总部得到及时信息。如果他们在逃亡，却知道在安全屋与他们会面的间谍是否站在他们这边，那就太好了。

这就引出了证书。公钥证书只是数据；它通常包括一个公钥、与密钥所有权相关的元数据，以及一个已知"发布方"对所有内容的签名。元数据包括所有者的身份、发布方的身份、过期日期、序列号等信息。其概念是将元数据(特别是标识)绑定到公钥。标识可以是姓名、电子邮件地址、URL 或其他任何商定的标识符。

不再是简单地将公钥分发给特工，总部现在可分发证书[1]。首先，特工生成自己的密钥对；任何人(甚至是总部)也不应该拥有特工的私钥。接下来，总部获取特工的公钥，开始创建一个证书，方法是包含关于特工的标识信息，比如他们的代码名[2]。为完成证书，总部用总部私钥签署，成为颁发者。

重复一遍，证书中的公钥属于特工。特工保持自己的私钥为私有[3]。如图 5-3 所示，证书上的签名是由颁发者的私钥(在本例中是总部的私钥)生成的。

1　请记住，这些包含公钥，但也有签名等。

2　但是，要记住证书是公开的！不要把你不想让别人看到的信息放在证书里。

3　显然，一些 Web 服务器要求安装"证书"，但同时需要证书和私钥。这是对具有明确含义的词语的不幸误用。证书是公共的，只包含公钥。私钥是私有的，不是证书的一部分。

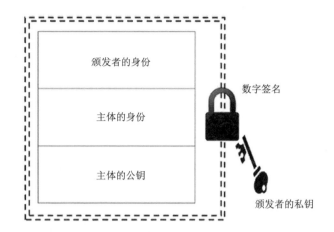

图 5-3　证书的主要用途是将身份和公钥绑定在一起。颁发者可以对证书数据进行签名，以防止修改和提供信任

回到前面的场景，Alice 在西南极洲逃跑，Eve 的特工正在追踪她。Alice 来到一个安全屋，看到一个她从未见过的特工：Charlie。为了证明自己是他所说的那个人，Charlie 出示了他的证书。Alice 检查身份数据是否与他的声明匹配(例如，证书中的身份是 Charlie)。接下来，Alice 检查证书的颁发者是不是总部，然后验证证书中包含的签名。请记住，证书上的签名是由颁发者(总部)签署的。使用总部在她执行任务之前发给她的公钥，Alice 的签名检查成功了。因此，Alice 知道证书一定是由总部签发的，因为其他人不可能生成有效的签名。证书是真实的，Alice 现在拥有并信任 Charlie 的公钥，以便将来通信。

当然，还有一个问题。Charlie 的证书是公开的！无法阻止 Eve 得到一份拷贝并把它送给 Alice。Alice 怎么知道门口那个自称是 Charlie、手里拿着证书的人，真的是 Charlie？

Charlie 现在必须为 Alice 签署一些数据，来证明他的身份。Alice 给了他一条测试消息，Charlie 用他的私钥签了名。Alice 使用证书中的公钥验证数据上的签名。签名检查通过了，所以 Alice 知道 Charlie 一定是证书的所有者。只有所有者拥有(或应该拥有)与签名数据所需的公钥相关联的私钥。当然，如果 Charlie 被抓，他的私钥被泄露，所有赌注都将泡汤！

总之，Charlie 使用他的私钥签名以证明这是他的证书，但是 Alice 检查证书中的签名以确保证书本身是由她信任的人颁发的。图 5-4 显示了 Alice 对这个过程的观点。

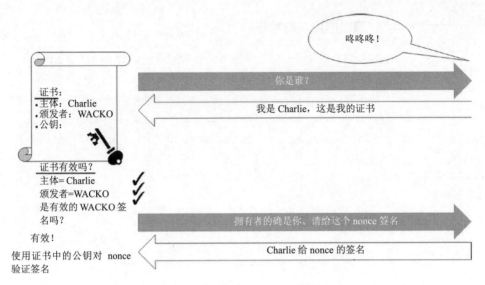

图 5-4   谁在敲门？Alice 在让他进来之前想知道他是谁！

下面列举一些示例来看看它是如何工作的。第一个练习不使用真正的证书，至少现在还不会。现在，使用一个简单字典作为证书数据结构，并使用 Python JSON 模块将其转换为字节。

▓ 警告：不用于生产用途

我们经常说"不用于生产"之类的话，不是吗？我们不得不这么做。密码学是独特的，同时是微妙、诱人的；概念的描述相对简单，但微小细节会造成安全与不安全的区别。这些细节有时很难发现，证明它们是正确的也很难。

不要在生产中使用本书中的任何非库实现，也不要认为使用库是合适的解决方案。不要认为一个示例就包含足够的密码知识，不要假设自己掌握了库的正确用法。甚至不要认为这里列出的出错清单是完整的！

记住，你不是密码学家！再说一遍。

要处理的示例有三个参与方：声明身份的参与方(Charlie)，也称为主体；验证声明的参与方(Alice)；以及发出证书的可信第三方(总部)。其中 Charlie 和总部需要 RSA 密钥对。可用第 4 章中的 rsa_simple.py 脚本生成 RSA 密钥对，并将它们保存到磁盘。对于本练习的其余部分，假设总部的密钥保存在 hq_public.key 和 hq_private.key 中。Charlie 的密钥保存在 charlie_public.key 和 charlie_private.key 中。

另外，为清晰起见，为每一方创建三个独立的脚本。颁发者(总部)使用第一个脚本从现有的公钥中生成证书。

代码清单 5-6　虚拟的证书颁发者

```python
1   from cryptography.hazmat.backends import default_backend
2   from cryptography.hazmat.primitives.asymmetric import rsa
3   from cryptography.hazmat.primitives.asymmetric import padding
4   from cryptography.hazmat.primitives import hashes
5   from cryptography.hazmat.primitives import serialization
6
7   import sys, json
8
9   ISSUER_NAME = "fake_cert_authority1"
10
11  SUBJECT_KEY = "subject"
12  ISSUER_KEY = "issuer"
13  PUBLICKEY_KEY = "public_key"
14
15  def create_fake_certificate(pem_public_key, subject,
    issuer_private_key):
16      certificate_data = {}
17      certificate_data[SUBJECT_KEY] = subject
18      certificate_data[ISSUER_KEY] = ISSUER_NAME
19      certificate_data[PUBLICKEY_KEY]=
         pem_public_key.decode('utf-8')
20      raw_bytes = json.dumps(certificate_data).encode('utf-8')
21      signature = issuer_private_key.sign(
22          raw_bytes,
23          padding.PSS(
24              mgf=padding.MGF1(hashes.SHA256()),
25              salt_length=padding.PSS.MAX_LENGTH
26          ),
27          hashes.SHA256()
28      )
29      return raw_bytes + signature
30
31  if __name__=="__main__":
```

```
32    issuer_private_key_file = sys.argv[1]
33    certificate_subject = sys.argv[2]
34    certificate_subject_public_key_file = sys.argv[3]
35    certificate_output_file = sys.argv[4]
36
37    with open(issuer_private_key_file, "rb") as
       private_key_file_object:
38      issuer_private_key = serialization.load_pem_private_key(
39                   private_key_file_object.read(),
40                   backend=default_backend(),
41                   password=None)
42
43    with open(certificate_subject_public_key_file, "rb")as
      public_key_file_object:
44      certificate_subject_public_key_bytes =
        public_key_file_object.read()
45
46    certificate_bytes = create_fake_certificate(certificate_
      subject_public_key_bytes,
47                                 certificate_subject,
48                                 issuer_private_key)
49
50    with open(certificate_output_file, "wb") as
      certificate_file_object:
51        certificate_file_object.write(certificate_bytes)
```

看看代码清单 5-6。只有一个函数：create_fake_certificate。用 fake 这个名字不是为了表示欺诈，而是说这并非一张真正的证书。再说一次，请不要在生产环境中使用这个证书[1]。

该函数创建一个字典并加载三个字段：主体名(标识)、颁发者名和公钥。请注意，该文件中使用了两个密钥对(部分)。有一个颁发者私钥和主体公钥。存储在证书中的是主体的私钥。这个公钥在很多方面代表了主体，因为它用来证明主体的身

---

1 前面已经告诉你了。

份。这就是为什么签署证书如此重要的原因[1]。否则，任何人都可创建一个证书来声明他们喜欢的任何身份。

加载字典后，使用 JSON 将字典序列化为字符串。JSON 是一种常见的标准格式，但在 Python 3.x 中，它不能直接编码字节并输出文本字符串。为与 Python 密码库兼容，以二进制字节而不是文本形式加载 PEM 编码的密钥。存储在这个 JSON 证书中的公钥必须首先转换成字符串，但因为它是 PEM 编码的(已经是明文格式)，可安全地将它转换为 UTF-8。类似地，使用安全的 UTF-8 转换将 json.dumps()操作的整个输出转换为字节。

然后使用颁发者的私钥对字节进行签名。只有颁发者才能访问这个私钥，这是颁发者向外界证明创建了这个证书的方式。最终证书把来自 JSON 的原始字节与来自签名的字节连接起来。

在这个假设的示例中，Charlie 想要声明身份 Charlie。Charlie 首先生成一个密钥对。将公钥(而不是私钥)发送到总部颁发证书的部门，并请求颁发证书。发证部门的人员应核实 Charlie 是否有权声明 Charlie 的身份。例如，主管人员可能要求查看 Charlie 的机构 ID、审阅上级官员的文书、检查指纹等，以确保真正的 Charlie 拿到证书。

颁发者的脚本接收四个参数：颁发者的私钥文件、将放入证书的声明身份、与身份关联的公钥和证书的输出文件名。使用为这个练习生成的键，运行如下所示的脚本：

```
python fake_certs_issuer.py \
   hq_private.key \
   charlie \
   charlie_public.key \
   charlie.cert
```

这将为 Charlie 生成一个证书，其中包含已声明的身份和相关的公钥，所有这些都由总部签名。

现在 Charlie 可向 Alice 证明他拥有 Charlie 的身份。他首先声明身份(Charlie)并提供证书。

这里的第二个脚本是让 Alice 验证 Charlie 声明的身份。

代码清单 5-7 验证虚拟证书中的身份

```
1   from cryptography.hazmat.backends import default_backend
```

---

1 由可信任的权威机构颁发。

```
2   from cryptography.hazmat.primitives.asymmetric import rsa
3   from cryptography.hazmat.primitives.asymmetric import padding
4   from cryptography.hazmat.primitives import hashes
5   from cryptography.hazmat.primitives import serialization
6
7   import sys, json, os
8
9   ISSUER_NAME = "fake_cert_authority1"
10
11  SUBJECT_KEY = "subject"
12  ISSUER_KEY = "issuer"
13  PUBLICKEY_KEY = "public_key"
14
15  def validate_certificate(certificate_bytes,
    issuer_public_key):
16    raw_cert_bytes, signature = certificate_bytes[:-256],
      certificate_bytes [-256:]
17
18    issuer_public_key.verify(
19      signature,
20      raw_cert_bytes,
21      padding.PSS(
22        mgf=padding.MGF1(hashes.SHA256()),
23        salt_length=padding.PSS.MAX_LENGTH
24      ),
25      hashes.SHA256())
26    cert_data = json.loads(raw_cert_bytes.decode('utf-8'))
27    cert_data[PUBLICKEY_KEY] =
      cert_data[PUBLICKEY_KEY].encode('utf-8')
28    return cert_data
29
30  def verify_identity(identity, certificate_data, challenge,
    response):
31    if certificate_data[ISSUER_KEY] != ISSUER_NAME:
32      raise Exception("Invalid (untrusted) Issuer!")
```

```
33
34      if certificate_data[SUBJECT_KEY] != identity:
35          raise Exception("Claimed identity does not match")
36
37      certificate_public_key = serialization.load_pem_public_key(
38          certificate_data[PUBLICKEY_KEY],
39          backend=default_backend())
40
41      certificate_public_key.verify(
42          response,
43          challenge,
44          padding.PSS(
45              mgf=padding.MGF1(hashes.SHA256()),
46              salt_length=padding.PSS.MAX_LENGTH
47          ),
48          hashes.SHA256())
49
50  if __name__ == "__main__":
51      claimed_identity = sys.argv[1]
52      cert_file = sys.argv[2]
53      issuer_public_key_file = sys.argv[3]
54
55      with open(issuer_public_key_file, "rb") as
        public_key_file_object:
56          issuer_public_key = serialization.load_pem_public_key(
57                          public_key_file_object.read(),
58                              backend=default_backend())
59
60      with open(cert_file, "rb") as cert_file_object:
61          certificate_bytes = cert_file_object.read()
62
63      cert_data = validate_certificate(certificate_bytes,
        issuer_public_key)
64
65      print("Certificate has a valid signature from
```

```
            {}".format(ISSUER_NAME))
66
67      challenge_file = input("Enter a name for a challenge file: ")
68      print("Generating challenge to file
            {}".format(challenge_file))
69
70      challenge_bytes = os.urandom(32)
71      with open(challenge_file, "wb+") as challenge_file_object:
72          challenge_file_object.write(challenge_bytes)
73
74      response_file=input("Enter the name of the response file: ")
75
76    with open (response_file, "rb") as response_object:
77        response_bytes = response_object.read()
78
79    verify_identity(
80        claimed_identity,
81        cert_data,
82        challenge_bytes,
83        response_bytes)
84      print("Identity validated")
```

代码清单 5-7 需要三个参数：请求方声明的身份、提供的证书和颁发者的公钥。

声明身份的验证必须分两部分运行。首先，它加载证书，查看它是否由总部的公钥签名。这是由 verify_certificate 函数执行的。请记住，如果签名检查失败，签名验证函数将引发异常。注意，为获得签名，该脚本只获取证书的最后 256 个字节。因为签名在末尾连接，而且总使用来自 2048 位密钥的 RSA 签名，所以签名总是 256 个字节。

如果签名得到验证，就使用 JSON 模块将其他字节加载到字典中(再次将 JSON 操作的字节转换为字符串，然后将公钥数据的字符串转换为字节)。

Alice 运行脚本：

```
python fake_certs_verify_identity.py \
  charlie \
  charlie.cert \
  hq_public.key
```

此时，已给 Alice 的脚本提供了一些信息，但它还在等待更多输入。在这个阶段，Alice 知道什么？她知道得到了一份由总部签发的真实证书。接下来会发生什么？Alice 还不知道提供证书的人是否真的是 Charlie。为此，Alice 需要测试他，看看他是否拥有私钥。

Alice 生成一条随机消息并将其保存到文件 charlie.challenge 中。她要求自称是 Charlie 的人用他的私钥签名。脚本正在等待这个随机消息，因此 Alice 提供了她刚创建的文件名，即 charlie.challenge。

虽然 Alice 还没有完成，但现在需要转到 Charlie 的操作上。让 Alice 的脚本运行完毕。Charlie 使用另一个脚本和他的私钥来回应 Alice 的质询。

代码清单 5-8 用假证书证明身份

```
1    from cryptography.hazmat.backends import default_backend
2    from cryptography.hazmat.primitives.asymmetric import rsa
3    from cryptography.hazmat.primitives.asymmetric import padding
4    from cryptography.hazmat.primitives import hashes
5    from cryptography.hazmat.primitives import serialization
6
7    import sys
8
9    def prove_identity(private_key, challenge):
10       signature = private_key.sign(
11           challenge,
12           padding.PSS(
13               mgf = padding.MGF1(hashes.SHA256()),
14               salt_length = padding.PSS.MAX_LENGTH
15           ),
16           hashes.SHA256()
17       )
18       return signature
19
20   if __name__ == "__main__":
21       private_key_file = sys.argv[1]
22       challenge_file = sys.argv[2]
23       response_file = sys.argv[3]
24
```

```
25      with open(private_key_file,"rb")as private_key_file_object:
26          private_key = serialization.load_pem_private_key(
27                          private_key_file_object.read(),
28                          backend=default_backend(),
29                          password=None)
30
31      with open(challenge_file, "rb") as challenge_file_object:
32          challenge_bytes = challenge_file_object.read()
33
34      signed_challenge_bytes = prove_identity(
35          private_key,
36          challenge_bytes)
37
38      with open(response_file, "wb") as response_object:
39          response_object.write(signed_challenge_bytes)
```

代码清单 5-8 中的 Charlie 脚本很简单。它接收三个参数：证书主体的私钥、质询文件名和用于存储响应的响应文件名。简单地接收质询字节并使用私钥对其签名，来生成响应。在一个独立于 Alice 的终端运行如下所示的脚本：

```
python fake_certs_prove_identity.py \
    charlie_private.key \
    charlie.challenge \
    charlie.response
```

因此，Charlie 回答了 Alice 的问题，并将响应放入文件 charlie.response 中。现在终于可以完成 Alice 的脚本了，它正在等待响应文件名。输入 Charlie 生成的文件名(charlie.response)，继续。

Alice 的脚本加载响应并验证它。为此，Alice 的脚本现在移到 verify_identity 函数。该函数首先检查证书中的名称是否与所声明的身份(如 Charlie)相匹配，并且颁发者是否为总部；接下来，从证书中加载公钥并验证质询字节上的签名是否有效。

这向 Alice 证明了 Charlie 出示的证书不仅是有效的，而且 Charlie 是主体(所有者)。声称是 Charlie 的人必须拥有相关的私钥，否则将无法回应 Alice 的质询。

练习 5-10　检测假 Charlie

使用前面的脚本进行实验，检查试图欺骗 Alice 时出现的各种错误。创建一个假颁发者并使用此私钥签署证书。让拿错私钥的人出示 Charlie 的证书。确保理解代码中执行的所有不同检查。

虽然证书是"虚拟的",但它们的设计目的是传授证书概念背后的基本原理。真正的证书通常使用一种称为 X.509 的格式。第 8 章将详细讨论 X.509。

5.5 证书和信任

你可能会问自己一个问题:为什么要公布颁发者的名字?毕竟,如果 Alice、Bob 和所有其他特工总是信任总部,为什么还要在证书中指定颁发者呢?

在假设的世界中,南极洲正处于内部冷战中,可能有许多证书的颁发者。例如,除间谍单位之外的其他机构可能希望颁发证书。如果 EA 军方开始颁发证书呢?如果 EA 教育部开始颁发证书呢?Alice 和 Bob 也应该相信这些吗?也许他们会信任军方的证书而不是教育部证书?

在证书术语中,颁发者也称为"证书颁发机构"(CA),证书验证者必须决定信任哪个证书颁发机构。实际上,CA 也有自己的证书,带有自己的身份名称和公钥。因此,证书的颁发者字段应该与 CA 证书中的主体相同。

如果 CA 有证书,由谁签字?有一个概念称为"中级"CA。中级 CA 的证书由"高级"CA 签署。在 EA 政府中,可能有一个顶级 CA 签署其他用于防御、教育、间谍等的 CA。这将创建一个证书层次结构链,其中最高的证书称为"根"证书。

谁签署了这个最终的根 CA?

答案是自己。这个 CA 的证书称为自签名证书。注意,任何人都可以生成自签名证书,因此在决定信任哪个自签名根证书时必须非常小心。基本上,它们与其签署的所有证书一起成为受信任的!

虽然这可能有点复杂,但它确实使证书更容易管理。整个 EA 政府可以有一个顶级 CA。所有雇员、特工甚至公民都只需要有最顶级的根 CA 证书。其他所有身份都可在链中验证。例如,Charlie 可能保有三个证书:他的个人证书、签署其证书的间谍 CA 的中间证书和根 EA 证书本身。Charlie 可将这三个证书提交给其他任何 EA 员工,让他验证到根的证书链。

当有多个根证书时,事情会变得稍微复杂一些(并引入潜在的安全风险)。例如,EA 政府可能没有单一的顶级根证书。毕竟,你真的希望间谍命令由一个可追溯到政府的 CA 签署吗?假设 EA 政府有两个根证书:一个是公开运作的部门和组织,另一个是秘密运作的团体和个人。

Charlie 和其他特工应该相信两个根证书吗?

练习 5-11　在生活中锻造的证书链

修改身份验证程序以支持信任链。首先，为 EA 政府创建一些自签名证书(如前所述，至少两个)。现有的颁发者脚本已可做到这一点。只需要使自签名证书的颁发者私钥成为组织自己的私钥。因此，组织正在签署自己的证书，用于签署证书的私钥与证书中的公钥相匹配。

接下来，为中级 CA 创建证书，如"教育部""国防部""间谍机构"等。这些证书应该由上一步中的自签名证书签名。

最后，由间谍组织为 Alice、Bob 和 Charlie 签署证书。也许为国防部和教育部的雇员创建一些证书。这些证书应该由适当的中间 CA 签署。

现在，修改验证程序以获取证书链，而不是单个证书。去掉颁发者公钥的命令行参数，而是硬编码哪个根证书文件名是可信的。要指定证书链，让程序将声明的身份作为第一个输入(它已经这样做了)，然后是任意数量的证书。每个证书的颁发者字段应该指示链中的下一个证书。例如，要验证 Charlie，可能有三个证书：charlie.cert、espionage.cert 和 covert_root.cert。charlie.cert 的颁发者应该与 espionage.cert 具有相同的主体名称，以此类推。验证程序应该仅在链中的最后一个证书已受信任时才接受身份。

证书对于现代密码学和计算机安全非常重要。第 8 章将介绍 real X.509 证书，分析真实的 CA 如何运行，并讨论其他问题和解决方案。

5.6　撤销和私钥保护

证书及其包含的公钥非常强大。与此同时，它们有一个非常危险的致命弱点。如果关联的私钥被破坏，如何禁用它们？

这里讨论一下"撤销"概念。撤销证书，就是撤销颁发者的背书。总部可能已经向 Charlie 颁发了一个证书，但如果 Charlie 被抓，他的私钥也丢了，总部就需要设法告诉所有其他特工，不再信任这个证书。

遗憾的是，这并不容易做到。注意，之所以出现 CA 而不是在线注册表的原因之一是希望进行离线验证。离线验证过程如何提供实时撤销数据？

简单回答是："不可能"。只有两种选择。要么验证过程必须具有实时组件，要么撤销不能实时更新。现在，这两个选项都可用于证书，它们是在线证书状态协议(OCSP)和证书撤销列表(CRL)，前者可动态地检查证书的状态，后者是随证书的撤销而不时发布的列表。第 8 章将详细讨论这两种方法。

由于撤销证书非常困难，所以必须非常小心地保护私钥。当不需要实时签名时，私钥应该保持脱机状态并处于安全环境中。如果证书必须实时使用，并且必须存储在服务器上，那么应该在严格的"知其所需"的基础上，以最少的必要权限和可读权限存储证书。对于最终用户密钥，如用于电子邮件和其他应用程序的密钥，存储在磁盘上的私钥应该通过具有强密码的对称加密进行充分保护。理想情况下，避免将私钥完全存储在桌面和服务器上(特别是在现代的连续备份时代)，而将私钥存储在硬件安全模块中。

证书的保留期限较短，根据需要对它们进行轮换不是一个坏主意。

5.7 重放攻击

在继续讨论消息完整性之前，还有最后一个安全问题需要解决。它同样适用于 MAC 和签名。该问题就是重放攻击。

当以前通信的合法消息不再有效后，攻击者却在使用它进行攻击，就会发生重放攻击。

考虑以下信息："拂晓攻击敌军！"

可以保护该消息不被修改，并使用 MAC 或签名对发送者进行身份验证。但是，怎样才能防止 Eve 截获这条信息，并在另一天发送出去呢？也许她会选择在 EA 不打算发动攻击的时候发送邮件？Eve 可能无法更改消息内容；甚至无法阅读这些邮件，但这并不妨碍她随时重新发送(重放)这些邮件。

因此，几乎所有加密保护的消息都需要某种独特的组件，将它们与所有其他消息区分开来。这段数据通常称为 nonce(一次性随机数字)。许多情况下，nonce 可以是一个随机数。快速回顾一下第 3 章，会发现传递给 AES 计数器模式的 IV 值被称为 nonce。其中的随机 nance 用于防止出现相同消息，以免引入安全漏洞。

但是，为了防止重放攻击，仅使用随机数是不行的。为了检测重放攻击，接收方必须跟踪已使用过的 nonce，并在第二次看到它们时拒绝它们。

这可能会带来严重问题。应该保留多大的 nonce 列表？一百个？一千个？会在一段时间后从列表中删除一个 nonce 吗？如果你这样做，攻击者知道了，攻击者现在可在重放攻击中使用它。例如，如果攻击者知道你只跟踪最近 5 分钟内接收到的 nonce，那么攻击者可在一定程度上成功地重放 6 分钟前的内容。

一些系统使用时间戳而不是随机的 nonce。使用时间戳，接收方可拒绝太旧的数据。这种方法的问题是所有计算机都必须有同步时钟才能可靠地工作。另外，带有"旧"时间戳的数据必须在某个时间窗口内接收。毕竟，信息不会马上到达。允许多大的时间窗口？不管它有多大，坏人总会设法利用它来对付你。

将这两种方法结合起来是可能的。可发送带有时间戳和随机数的数据。时间戳用于删除旧数据，而 nonce 用于防止在允许的时间窗口内进行重放。这意味着时钟只需要相对接近(甚至可能在 24 小时内)，并且要存储的 nonce 列表是有限的。

前面提到要考虑发送消息的两部分元数据：防止重放的 nonce 和/或时间戳，以及发送方/接收方的名字。通常，应该将所有相关上下文放入消息中，这样就不能在该上下文之外使用它。

练习 5-12　再放一遍，Sam！

使用 MAC 或签名将消息从 Alice 发送到 Bob，反之亦然。在消息中包含一个 nonce，以防止使用本节中描述的所有三种机制进行重放。从 Eve 那里发送一些重放，试着绕过 Alice 和 Bob 的防御机制。

5.8　小结

又一章，又一大堆信息！本章讨论了消息验证码，它是在一系列数据上计算的密钥代码。当双方共享一个 MAC 密钥时，他们可以确定(除非共享密钥已被破坏)，如果其中一方收到正确的 MAC 消息，则该消息来自另一方。

使用非对称操作，可使用私钥在一段数据(通常是数据的哈希)上创建签名。而 MAC 操作只能向共享密钥的人保证消息的正确性和真实性，理论上，任何人(信任它的人)都可使用广泛分布的公钥来验证数据上的签名。

还简要介绍了基本的证书操作。

现在，小结完成了，下面是使用两次引用的 XKCD 密码对本节上面的三段文字进行的 HMAC-SHA256(16 进制)：

c4d60c7336911cd0a23132f11ae1ca8ba392a05ae357c81bc995876693886b9e

现在可判断在我们提交小结后，编辑是否对小结做了修改！

第6章

▪▪▪▪

结合非对称和对称算法

本章将讲述非对称加密通常是如何使用的,这是通信隐私的一个关键部分。通常,非对称加密(也称为"公钥加密")用于在双方之间建立信任会话,而会话内的通信则使用更快速的对称方法进行保护。

下面用一个简短示例和一些代码开始吧!

6.1 用 RSA 交换 AES 密钥

有了最新的密码学技术,Alice 和 Bob 在秘密行动中变得更加肆无忌惮。Alice 成功潜入西南极洲的雪穴记录中心,试图窃取一份有关基因实验的文件,将海豹完全变白,从而创造出一名完美伪装的南极士兵。WA 士兵迅速向 Alice 的位置移动,Alice 决定冒险用短波无线电把文件传给 Bob,Bob 在大楼外监视。Eve 当然在听,Alice 不想让 Eve 知道哪份文件被盗了。

这个文件差不多有 10MB。整个文件的 RSA 加密太费时间。幸运的是,Alice 和 Bob 事先同意使用 RSA 加密发送 AES 会话密钥,然后使用 AES-CTR 和 HMAC 传输文档。下面创建代码,他们将使用这些代码传输文件。

首先,假设 Alice 和 Bob 拥有彼此的证书和公钥。Bob 不能因为传输文件而泄露他的位置,所以只能监视通道,而 Alice 只能希望消息被接收。商定的传输协议是传输所有数据连接在一起的单个字节流。传输流包括:

- AES 加密密钥、IV 和用 Bob 的公钥加密的 MAC 密钥
- Alice 对 AES 密钥、IV 和 MAC 密钥的哈希的签名
- 被盗的文档字节,用加密密钥加密过
- 用 MAC 密钥加密的整个传输过程的 HMAC

如前所述，创建一个类来管理这个传输过程。代码清单 6-1 中的代码片段显示了操作的关键部分。

代码清单 6-1　RSA 密钥交换

```
1   import os
2   from cryptography.hazmat.primitives.ciphers import Cipher,
     algorithms,modes
3   from cryptography.hazmat.primitives import hashes, hmac
4   from cryptography.hazmat.backends import default_backend
5   from cryptography.hazmat.primitives.asymmetric import padding, rsa
6
7   # WARNING: This code is NOT secure. DO NOT USE!
8   class TransmissionManager:
9     def __init__(self, send_private_key, recv_public_key):
10        self.send_private_key = send_private_key
11        self.recv_public_key = recv_public_key
12        self.ekey = os.urandom(32)
13        self.mkey = os.urandom(32)
14        self.iv = os.urandom(16)
15
16        self.encryptor = Cipher(
17            algorithms.AES(self.ekey),
18            modes.CTR(self.iv),
19            backend=default_backend()).encryptor()
20        self.mac = hmac.HMAC(
21            self.mkey,
22            hashes.SHA256(),
23            backend=default_backend())
24
25    def initialize(self):
26        data = self.ekey + self.iv + self.mkey
27        h=hashes.Hash(hashes.SHA256(), backend=default_backend())
28        h.update(data)
29        data_digest = h.finalize()
30        signature = self.send_private_key.sign(
```

```
31        data_digest,
32        padding.PSS(
33            mgf=padding.MGF1(hashes.SHA256()),
34            salt_length=padding.PSS.MAX_LENGTH),
35        hashes.SHA256())
36    ciphertext = self.recv_public_key.encrypt(
37        data,
38        padding.OAEP(
39            mgf=padding.MGF1(algorithm=hashes.SHA256()),
40            algorithm=hashes.SHA256(),
41            label=None)) # rarely used.Just leave it 'None'
42        ciphertext = data+signature
43        self.mac.update(ciphertext)
44        return ciphertext
45
46    def update(self, plaintext):
47        ciphertext = self.encryptor.update(plaintext)
48        self.mac.update(ciphertext)
49        return ciphertext
50
51    def finalize(self):
52        return self.mac.finalize()
```

　　希望这里的所有部分你都很熟悉，如果循着代码路径，应该很容易看出它们是如何合在一起的。注意概念来自于第 3~5 章！所有这些碎片聚集在一起，形成一个更有用的整体。

　　有几点值得注意。首先，选择使用 AES-CTR，所以不需要填充。本书前面使用术语 nonce 来描述算法的初始化值，因为 cryptography 库就是这么称呼的。但在其他文献中，它仍然被称为 IV，所以这里用这个词。无论怎么称呼，IV(或 nonce)都是计数器的初始值。

　　注意，没有使用第 5 章讨论的"签名然后加密"。与往常一样，这是一个示例程序，并不具备真正的安全性。请回顾一下有关'签名然后加密'的问题，看看 Eve 如何去掉签名、更改密钥和重新签名。

　　然而，这并不是要讨论的主要弱点。毕竟，在上面的场景中，Bob 可能只接收来自 Alice 的数据。当可接受多个签名时，更应注意交换签名的问题。

与目前看到的大多数 API 一样，使用 update 和 finalize，但添加了一个名为 initialize 的新方法。对于传输，Alice 首先调用 initialize，来获取经过签名并用会话密钥加密的消息头。接下来，根据需要多次调用 update，以提供整个文档。当一切完成后，Alice 会调用 finalize，让 HMAC 跟踪检查所有传输的内容。

练习 6-1　Bob 的接收器

创建一个 ReceiverManager，来实现此发送程序的反向管理程序。这个 API 可能略有不同，可能至少需要 update 和 finalize 方法。需要使用 Bob 的私钥解包密钥和 IV，并使用 Alice 的公钥验证签名。然后，解密所有数据，最后验证所有接收数据的 HMAC。

请记住，传输的最后字节是 HMAC 跟踪器，不是要由 AES 解密的数据。但当调用 update 时，你可能还不知道这些是不是最后的字节！仔细想想！

6.2　不对称和对称：像巧克力和花生酱

希望在本章开头的练习中，Alice 对 Bob 的传输让读者稍微了解了不对称和对称密码是如何协同工作的。代码中概述的协议是有效的，但缺乏一些重要细节，就像第一次尝试时经常遇到的情况一样。现在，前面的代码并不安全，稍后将演示它的至少一个问题。不过，它说明了将这两种系统结合在一起的想法。

下面看看能从中学到什么，从会话密钥开始。

第 4 章第一次介绍了术语"会话密钥"，但并没有过多讨论。会话密钥本质上是临时的；用于单个通信会话，然后被永久丢弃，永远不会被重用。在前面的代码中，请注意 AES 和 MAC 密钥是在会话开始时由通信管理器生成的。每次创建新的通信管理器时，都会创建一组新密钥。密钥不会存储或记录在任何地方。一旦加密了所有数据，密钥就被丢弃了。[1]

在接收端，会话密钥使用接收方的私钥解密。一旦解密了这些密钥，它们就用来解密其余数据，并处理 MAC 行。同样，在处理传输的数据后，这些密钥可以——而且应该——被销毁。

出于多种原因，对称密钥是很好的会话密钥。首先，创建对称密钥很容易；在示例中，只生成了随机字节。还可使用密钥派生函数从基密钥中派生出对称密钥。

1　它们应该被丢弃。在实际的应用程序中，这可能意味着用 0 安全地覆盖内存，并确保所有副本都被考虑在内。当他们想要抓住你时，你就不是偏执狂了。

这是一种常见方法，稍后将看到，对于典型的安全通信，几乎总是需要派生多个密钥。无论怎么创建，对称密钥(和 IV)都是普通字节，而大多数非对称密钥都需要一些额外结构(例如，公共指数、选择的椭圆曲线等)。

其次，对称密钥是很好的会话密钥，因为对称算法的速度快。前面提过一两次，但值得重复一遍。AES 通常比 RSA 快数百倍，因此 AES 加密的数据越多越好。这是对称密钥有时称为"批量数据传输"密钥的另一个原因。

最后，对称密钥是很好的会话密钥，因为它们并不总是很好的长期密钥！请记住，对称密钥不能是私钥，因为它们必须始终在至少两个参与方之间共享。共享密钥使用的时间越长，各方之间的信任崩溃的风险就越大，密钥不应该再被共享。在 Alice 闯入雪穴偷盗档案时，就冒着被捕和密钥被破解的风险。讨论证书撤销时提到，丢失不对称私钥是严重的损失，但如果 Alice 和 Bob 使用相同的对称密钥共享所有的通信，该密钥的丢失甚至更糟，因为他们之间的、任何使用该密钥加密的通信只要被截获，现在都可以解密。

另一方面，非对称密钥对于长期识别非常有用。使用证书，非对称密钥可建立一种身份证明；一旦完成此工作，短期密钥就完成了经过身份验证的各方之间实际传输数据的工作。也就是说，有时短暂的(快速丢弃的)非对称密钥非常有价值。后面会在具有"向前保密"属性的密钥交换和勒索软件攻击者如何锁定受害者的文件中看到这一点。

6.3　测量 RSA 的相对性能

前面反复强调 RSA 比 AES 慢得多，下面做一些有趣的实验。编写一个这样的测试器，生成用于加密和解密的随机测试向量。然后比较 RSA 和 AES 的性能。

在此练习中，从较小的位中创建更复杂文件。代码清单 6-2 显示了整个脚本的导入。可从这个框架开始，然后构建/复制其他部分。

代码清单 6-2　　用于加密速度测试的导入

```
1    # Partial Listing: Some Assembly Required
2
3    # Encrypt ion Speed Test Component
4    from cryptography.hazmat.backends import default_backend
5    from cryptography.hazmat.primitives.asymmetric import rsa
6    from cryptography.hazmat.primitives import serialization
7    from cryptography.hazmat.primitives import hashes
```

```
8    from cryptography.hazmat.primitives.asymmetric import padding
9    from cryptography.hazmat.primitives.ciphers import Cipher,
     algorithms,modes
10   import time, os
```

从创建一些要测试的算法开始。为每个算法定义一个类，该类的实例构建加密和解密对象。构建器是自包含的，提供所有密钥和必要的配置。每个都有一个 name 属性，带有人类可读的标签和 get_cipher_pair()方法来创建新的加密器和解密器。此方法每次调用时都必须生成新的加密和解密对象。

AES 非常简单，因为 cryptography 库提供了大部分机制，如代码清单 6-3 所示。

代码清单 6-3　AES 库的使用

```
1    # Partial Listing: Some Assembly Required
2
3    # Encryption Speed Test Component
4    class AESCTRAlgorithm:
5      def __init__(self):
6        self.name = "AES-CTR"
7
8      def get_cipher_pair(self):
9        key = os.urandom(32)
10       nonce = os.urandom(16)
11       aes_context = Cipher(
12         algorithms.AES(key),
13         modes.CTR(nonce),
14         backend=default_backend())
15       return aes_context.encryptor(), aes_context.decryptor()
```

get_cipher_pair()操作在每次调用时都会创建新密钥和 nonce。可将其放入构造函数中，因为是否为这些速度测试重用密钥并不重要，但为密钥和 nonce 重新生成几个字节可能并不是真正的速度限制因素。

RSA 加密稍微复杂一点。它并不是要加密任意数量的数据。AES 有计数器和 CBC 模式来将数据块连接在一起，RSA 必须同时对其数据进行加密，它可以操作的数据大小受到各种因素的限制。具有 2048 位模数的 RSA 密钥一次加密不能超过 256 字节。实际上，一旦添加了 OAEP(带有 SHA-256 哈希)填充，字节数就会显著减少：只有 190 个字节[1]。

如果真正关心加密的安全性，就不能对超过 190 字节的数据使用 RSA。然而，这里真正测试的是一个虚拟的 RSA 加密机，它在现实世界中并不存在。这里想要探索的是：如果 RSA 可加密任意数量的数据，需要多长时间？对于这个测试，一次加密 190 字节的每个块，并将结果连接在一起。注意，当使用 OAEP 填充加密时，190 字节的明文变成 256 字节的密文。则解密时，需要解密 256 字节的块。

虽然真正安全的 RSA 加密算法必须将不同加密操作的字节绑定在一起，但这个版本是最快的，所以它提供了速度上限，这是一个有趣的比较。

记住这一点，可构造 RSA 加密和解密算法，如代码清单 6-4 所示。

代码清单 6-4　RSA 实现

```
1    # Partial Listing: Some Assembly Required
2
3    # Encryption Speed Test Component
4    class RSAEncryptor:
5      def __init__(self, public_key, max_encrypt_size):
6        self._public_key = public_key
7        self._max_encrypt_size = max_encrypt_size
8
9      def update(self, plaintext):
10       ciphertext = b""
11       for offset in range(0,len(plaintext),
          self._max_encrypt_size):
12        ciphertext += self._public_key.encrypt(
13          plaintext[offset:offset+self._max_encrypt_size],
14          padding.OAEP(
15            mgf=padding.MGF1(algorithm=hashes.SHA256()),
16            algorithm=hashes.SHA256(),
17            label=None))
18       return ciphertext
19
20     def finalize(self):
```

1　这里不要混淆字节和位！即使 AES-256 密钥也是 256 位的，即 32 字节。因此 RSA 甚至可安全地保存一个"大"AES 密钥。

```
21        return b""
22
23   class RSADecryptor:
24      def __init__(self, private_key, max_decrypt_size):
25        self._private_key = private_key
26        self._max_decrypt_size = max_decrypt_size
27
28      def update(self, ciphertext):
29        plaintext = b""
30        for offset in range(0, len(ciphertext),
          self._max_decrypt_size):
31          plaintext += self._private_key.decrypt(
32              ciphertext[offset:offset+self._max_decrypt_size],
33              padding.OAEP(
34                  mgf=padding.MGF1(algorithm=hashes.SHA256()),
35                  algorithm=hashes.SHA256(),
36                  label=None))
37        return plaintext
38
39      def finalize(self):
40        return b""
41
42   class RSAAlgorithm:
43      def __init__(self):
44        self.name = "RSA Encryption"
45
46      def get_cipher_pair(self):
47        rsa_private_key = rsa.generate_private_key(
48        public_exponent=65537,
49        key_size=2048,
50        backend=default_backend())
51      max_plaintext_size = 190 # largest for 2048 key and OAEP
52      max_ciphertext_size = 256
53      rsa_public_key = rsa_private_key.public_key()
```

```
54          return (RSAEncryptor(rsa_public_key, max_plaintext_size),
55              RSADecryptor(rsa_private_key, max_ciphertext_size))
```

注意，创建的加密器和解密器具有与 AES 加密器和解密器相同的 API。也就是说，提供 update 和 finalize 方法。finalize 方法不做任何事情，因为 RSA 加密(使用填充)以完全相同的方式处理每个块。分块加密将输入的每个 190 字节片段加密为 256 字节的密文，然后返回所有这些片段的连接。解密器反转这些过程，获取每个 256 字节的数据块进行解密。RSAAlgorithm 类使用这些类来构造适当的加密器和解密器。

现在有两个算法要测试，需要创建一种机制来生成明文，并跟踪加密和解密时间。为此，在代码清单 6-5 中创建了一个类，它随机生成明文，并接收每个生成的密文块的通知。测试程序在随后的解密测试阶段调用密文时，会精确回放接收到的密文块。基于加密密文和解密明文的通知，它还可跟踪整个操作需要多长时间。

代码清单 6-5 随机文本的生成

```python
1    # Partial Listing: Some Assembly Required
2
3    # Encryption Speed Test Component
4    class random_data_generator:
5      def __init__(self, max_size, chunk_size):
6        self._max_size = max_size
7        self._chunk_size = chunk_size
8
9        # plaintexts will be generated,
10        # ciphertexts recorded
11        self._ciphertexts = []
12
13        self._encryption_times = [0, 0]
14        self._decryption_times = [0,0]
15
16      def plaintexts(self):
17        self._encryption_times[0] = time.time()
18        for i in range(0, self._max_size, self._chunk_size):
19            yield os.urandom(self._chunk_size)
20
```

```
21    def ciphertexts(self):
22        self._decryption_times[0] = time.time()
23        for ciphertext in self._ciphertexts:
24            yield ciphertext
25
26    def record_ciphertext(self, c):
27        self._ciphertexts.append(c)
28        self._encryption_times [1] = time.time()
29
30    def record_recovertext(self, r):
31        # don't store, just record time
32        self._decryption_times[1] = time.time()
33
34    def encryption_time(self):
35        return self._encryption_times[1]-self._encryption_times [0]
36
37    def decryption_time(self):
38        return self._decryption_times[1]-self._decryption_times [0]
```

注意，新的 random_data_generator 包含特定于每个测试运行的时间和数据。因此，需要为每个测试创建一个新对象。

现在，有了算法和数据生成器，就可像代码清单 6-6 那样编写一个相当通用的测试函数。

代码清单 6-6　加密测试器

```
1    # Partial Listing: Some Assembly Required
2
3    # Encryption Speed Test Component
4    def test_encryption(algorithm, test_data):
5        encryptor, decryptor = algorithm.get_cipher_pair()
6
7        # run encryption tests
8        # might be slower than decryption because generates data
9        for plaintext in test_data.plaintexts():
10           ciphertext = encryptor.update(plaintext)
```

```
11        test_data.record_ciphertext(ciphertext)
12     last_ciphertext = encryptor.finalize()
13     test_data.record_ciphertext(last_ciphertext)
14
15     # run decryption tests
16     # decrypt the data already encrypted
17     for ciphertext in test_data.ciphertexts():
18        recovertext = decryptor.update(ciphertext)
19        test_data.record_recovertext(recovertext)
20     last_recovertext = decryptor.finalize()
21     test_data.record_recovertext(last_recovertext)
```

使用这些构建块，可在不同大小的块上测试这些加密算法，从而根据它们所处理的数据量来查看速度是增加还是减少了。例如，代码清单 6-7 是 AES-CTR 和 RSA对 100MB 数据的测试，数据块大小从 1KB 到 1MB 不等。

代码清单 6-7　算法测试器

```
1     # Encryption Speed Test Component
2     test_algorithms = [RSAAlgorithm(), AESCTRAlgorithm()]
3
4     data_size = 100 * 1024 * 1024 # 100 MiB
5     chunk_sizes = [1 * 1024, 4 * 1024, 16 * 1024, 1024 * 1024]
6     stats = { algorithm.name : {} for algorithm in test_algorithms }
7     for chunk_size in chunk_sizes:
8        for algorithm in test_algorithms:
9          test_data=random_data_generator(data_size, chunk_size)
10         test_encryption(algorithm, test_data)
11         stats[algorithm.name][chunk_size] = (
12            test_data.encryption_time(),
13           test_data.decryption_time())
```

stats 字典用于保存各种测试中各种算法的加密和解密时间。这些可用来生成一些有趣图形。例如，图 6-1 和图 6-2 是运行的测试的加密和解密图。

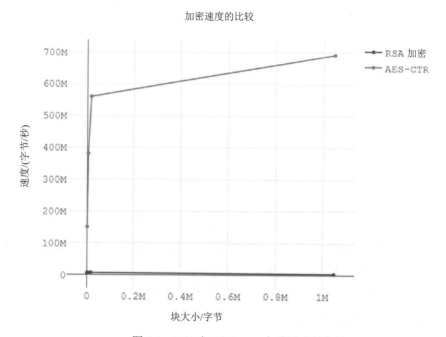

图 6-1　RSA 与 AES-CTR 加密速度的比较

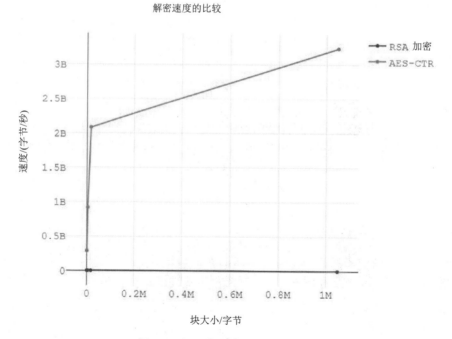

图 6–2　RSA 与 AES-CTR 解密速度的比较

可以看到，RSA 操作要慢得多，甚至不是同一个量级的比较。顺便说一下，如果像这里一样运行测试，超过 100MB 的 RSA 加密可能很慢(在一些计算机上大约 20 秒)，但解密更糟糕，甚至打破了纪录(测试时间大约是 400 秒！)。RSA 解密比 RSA 加密慢，所以这并不奇怪。运行这么长时间的测试时，请确保以原始的数字格式保存统计数据，然后从这些数据中生成图形。这样，就可快速轻松地重新生成图形，而不必再次运行整个测试。

练习 6-2　RSA 竞赛

使用前面的测试程序比较 RSA 与 1024 位模数、2048 位模数和 4096 位模数的性能。请注意，对于带有 OAEP(和 SHA-256 哈希)的 1024 位 RSA 密钥，需要将块大小改为 62 字节；对于带有 OAEP(和 SHA-256 哈希)的 4096 位 RSA 密钥，需要将块大小改为 446 字节。

练习 6-3　计数器与链！

使用测试程序来比较 AES-CTR 和 AES-CBC 的性能。

练习 6-4　MAC 和签名

修改算法，在 finalize 方法中对数据进行签名或应用 MAC。尝试禁用加密(只需要让 update 方法返回未修改的明文)，这样就可仅比较 MAC 和签名的速度。差异是否也很极端？为什么会这样？

练习 6-5　ECDSA 和 RSA 签名

除了测试 MAC 和 RSA 签名的速度，还要比较 RSA 签名和 ECDSA 签名的速度。很难进行公平的比较，因为使用 ECDSA，密钥的大小并不总是显而易见；但看看 cryptography 库文档支持的曲线列表，尝试哪条曲线更快，一般情况下它们如何使用不同的模数大小与 RSA 签名进行比较。

希望这些计时测试有助于你理解除了安全原因外，在批量数据传输中对称密码优于非对称密码的其他原因。

6.4　Diffie-Hellman 和密钥协议

本章的最后几节将介绍另一种称为 Diffie-Hellman(或 DH)的非对称密码术，以及一种称为 Elliptic-Curve Diffie-Hellman(或 ECDH)的新变体。

DH 和 RSA 有点不同。RSA 可用于加密和解密消息，而 DH 仅用于交换密钥。事实上，它在技术上称为 Diffie-Hellman 密钥交换。如本章前面所述，除了签名之外，RSA 加密主要用于传输密钥，也称为"密钥传输"。这意味着如果 Alice 有 Bob 的 RSA 公钥，Alice 可向 Bob 发送一个只有 Bob 能解密的加密密钥。

图 6-3 显示了 TLS 1.2 握手中的密钥传输。第 8 章将讨论 TLS 1.2 握手的更多细节，并再次显示这个图。

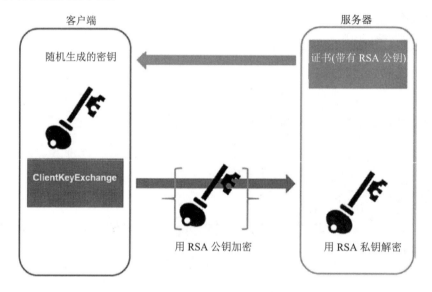

图 6-3　使用 TLS 进行密钥传输的一个示例

但请注意，图中的客户端可生成一个随机的会话密钥，用服务器的公钥加密它，然后把它传输回来。此过程还证明服务器拥有证书，因为只有服务器可解密会话密钥，并用它进行通信。服务器不需要签名[1]。

另一方面，DH 和 ECDH 实际上创造了一个看似无中生有的密钥。双方不互相传送任何机密信息，无论是加密的还是其他方式。相反，它们交换公共参数，使它们能同时在两边计算相同的密钥。这个过程称为密钥协议。

1　TLS 通常不会对客户端进行身份验证。但如果请求客户端身份验证，就必须独立地证明是证书的所有者，方法是立即从服务器签署一个质询。

首先，Diffie-Hellman 为每个参与者创建一对数字，一个是私有的，一个是公共的。DH 和 ECDH 密钥协议要求 Alice 和 Bob 都有密钥对。在过于简单的术语中，Alice 和 Bob 彼此共享公钥。外部公钥和本地私钥组合在一起时，会在两边创建一个共享密钥。

图 6-4 描述了 A. J. Han Vinck 的课程"公钥密码学入门"[14]中的非数学解释。

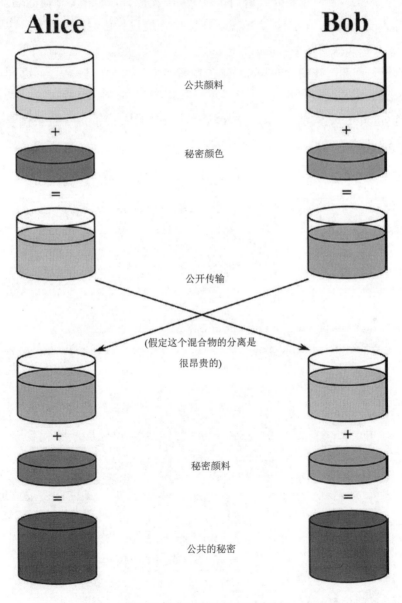

图 6-4 Diffie-Hellman 中的秘密

请注意，与 RSA 不同，DH 和 ECDH 不允许传输任意数据。Alice 可向 Bob 发送她选择的、用 Bob 的 RSA 公钥加密的任何消息。然而，使用 DH 或 ECDH，只能对一些随机数据达成一致；不能选择信息的内容。随机数据通常用作对称密钥或用于派生对称密钥。

除了不能交换任意内容外，密钥交换也有其局限性，它需要双向的信息交换。在本章开头的场景中，由于担心被发现，Bob 不能进行传输。如果真是这样，DH 和 ECDH 密钥交换就是不可能的，RSA 加密是唯一的选择。这在几乎所有的现实场景中都不是问题。在实际的 Internet 应用程序中，通常假设双方可以自由地相互通信。

用 Python 编写 DH 密钥交换很简单。代码清单 6-8 中的示例是直接从 cryptography 模块的在线文档中提取并简化而来的。

代码清单 6-8　Diffie-Hellman 密钥交换

```
1   from cryptography.hazmat.backends import default_backend
2   from cryptography.hazmat.primitives import hashes
3   from cryptography.hazmat.primitives.asymmetric import dh
4   from cryptography.hazmat.primitives.kdf.hkdf import HKDF
5   from cryptography.hazmat.backends import default_backend
6
7   # Generate some parameters. These can be reused.
8   parameters = dh.generate_parameters(generator=2, key_size=1024,
9                                       backend=default_backend())
10
11  # Generate a private key for use in the exchange.
12  private_key = parameters.generate_private_key()
13
14  # In a real handshake the peer_public_key will be received from the
15  # other party. For this example we'll generate another private
key and
16  # get a public key from that. Note that in a DH handshake both peers
17  # must agree on a common set of parameters.
18  peer_public_key = parameters.generate_private_key().
    public_key()
```

```
19    shared_key = private_key.exchange(peer_public_key)
20
21    # Perform key derivation.
22      derived_key = HKDF(
23      algorithm=hashes.SHA256(),
24      length=32,
25      salt=None,
26      info=b'handshake data',
27      backend=default_backend()
28    ).derive(shared_key)
```

与 RSA 不同，它的陷阱更少。

交换只有两个参数：生成器和密钥大小。生成器只有两个合法的值，2 和 5。奇怪的是，对于加密协议，出于安全原因，生成器的选择并不重要，但对于交换双方来说必须是相同的。

然而，密钥大小很重要，至少应该是 2048 位。长度为 512~1024 位之间的密钥容易受到已知攻击方法的攻击。

■ **警告：参数生成缓慢**

Diffie-Hellman被吹捧为随时快速生成密钥。但是，生成可以生成密钥的参数可能非常慢。不要使用长度小于 2048 的密钥，在本书的代码示例中使用了 1024 位。本书提供的代码不会永远运行，只是用于说明基本操作。

如果参数的生成速度很慢，为什么我们说DH很快？相同的参数可生成多个密钥，因此成本是平摊的。因此，请确保不要在每次生成密钥时都重新生成参数，否则DH将运行得非常慢。或者，使用ECDH更快。

另一个推荐的设置是从共享密钥中派生出另一个密钥，而不是直接使用共享密钥。密钥派生函数与第 3 章类似。

TLS 1.2 握手可使用 RSA 加密进行密钥传输，也可使用 DH/ECDH 密钥协议。同样，这将在第 8 章中详细讨论，图 6-5 显示了双方交换公共数据，派生一个密钥，并可使用商定的密钥进行通信。但与密钥传输不同的是，没有身份验证。双方都必须对公共数据签名，以证明拥有公钥。

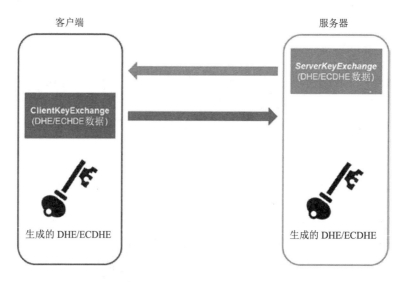

图 6-5　一个使用 TLS 的密钥协议示例

Elliptic-Curve Diffie-Hellman(或 ECDH)是 DH 的一个变体，在现代应用中越来越流行。ECDH 以同样的方式工作，但在一些内部数学计算中使用了椭圆曲线。在密码学模块中，使用 ECDH 的代码几乎与 DH 相同，如代码清单 6-9 所示。

代码清单 6-9　椭圆曲线 DH

```
1   from cryptography.hazmat.backends import default_backend
2   from cryptography.hazmat.primitives import hashes
3   from cryptography.hazmat.primitives.asymmetric import ec
4   from cryptography.hazmat.primitives.kdf.hkdf import HKDF
5
6   # Generate a private key for use in the exchange.
7   private_key = ec.generate_private_key(
8   ec.SECP384R1(), default_backend()
9   )
10  # In a real handshake the peer_public_key will be received from the
11  # other party. For this example we'll generate another private key
12  # and get a public key from that.
13  peer_public_key = ec.generate_private_key(
14  ec.SECP384R1(), default_backend()
15  ).public_key()
```

```
16   shared_key = private_key.exchange(ec.ECDH(), peer_public_key)
17
18   # Perform key derivation.
19   derived_key = HKDF(
20       algorithm=hashes.SHA256(),
21       length=32,
22       salt=None,
23       info=b'handshake data ',
24       backend=default_backend()
25   ).derive(shared_key)
```

大多数情况下，使用 DH 或 ECDH 密钥协议创建密钥优于 RSA 密钥交换。原因有很多，但最主要的原因可能是前向保密。

6.5 Diffie-Hellman 和前向保密

使用 RSA 加密，可生成一个对称密钥，用某人的公钥加密，然后发送给他。这允许双方安全地共享会话密钥，前提是交换协议遵循某些规则。甚至有办法让双方都贡献一个密钥。每一方都可以向另一方发送一些随机数据，把两者连接起来，提供给一个哈希函数，来生成会话密钥。

遗憾的是，RSA 密钥传输并没有提供一种叫做前向保密的神奇属性。前向保密意味着即使密钥最终泄露，也不会泄露关于之前通信的任何信息。

回到 Alice、Bob 和 Eve。Alice 和 Bob 假设 Eve 正在记录传输的所有内容。这就是他们一开始加密传输的原因。所以，在传输完成后，Eve 有一份无法解密的密文记录。但 Eve 并没有把记录扔到一边，而是把它存储起来。

但也要记住，在场景中，Alice 实际上认为她即将被捕。如果警察抓住了她，她的密钥被搜走，会有什么损失呢？幸运的是，没有什么损失。记住，Alice 用 Bob 的公钥加密了会话密钥。逮捕 Alice 不会使解密数据变得更容易(看到这比共享密钥优越了吗？)

但假设 Eve 找到了 Bob，也许是在很久以后。即使是几年后，如果 Eve 设法得到 Bob 的私钥，就可取出 Alice 先前的传输记录并解密！Bob 的私钥仍将解密会话密钥，而 Eve 就能解密整个传输信息。

前向保密比这强多了。如果协议具有前向保密，那么无论 Eve 设法获得什么长期密钥，都永远无法从终止的会话中恢复数据。当会话密钥直接通过 RSA 加密发送时(按照刚才描述的方式)，前向保密是不可能的，因为一旦 RSA 私钥被破解，来自以前会话的任何记录数据现在都是脆弱的。

使用 Diffie-Hellman(DH)和椭圆曲线 Diffie-Hellman(ECDH)，前向保密是使用临时密钥来实现的。RSA 生成一个短暂的对称会话密钥，但是 DH 和 ECDH 实际上也生成短暂的非对称密钥! 每个密钥协议操作都会(或应该)生成一个新的临时密钥对，然后丢弃。对称密钥也是短暂的，在每个会话之后都会被丢弃。由于 DH 和 ECDH 通常以这种方式使用，所以 E 常附加在缩写词的后面(DHE 或 ECDHE)[1]。

现在，每个交换都使用一个新密钥对，放弃单个非对称密钥只会暴露单个对称密钥，从而暴露单个通信会话。正确丢弃短暂的 DH 和 ECDH 私钥后，Eve 就没有密钥可破解，也无法解密这些会话。某种程度上，这有点像老间谍的把戏：吞下钥匙，这样间谍的对手就无法解锁电影中的麦高芬。

注意，理论上，Alice 和 Bob 也可进行短暂的 RSA 密钥交换。可为每个密钥传输生成新的 RSA 密钥对，在传输会话密钥之前互相发送新公钥，然后在传输之后销毁密钥对。

问题是生成 RSA 密钥很慢。你可能没想过，本书中的示例用了很长时间来生成 RSA 密钥，但对于需要进行快速通信的计算机(如建立从浏览器到 Web 站点的安全连接)，RSA 的速度慢得让人头晕目眩。DH 和 ECDH 要快得多。由于密钥生成速度的原因，DH 和 ECDH 是前向保密式通信的常见选择。

这种短暂的操作模式是 DH 和 ECDH 在几乎所有情况下的首选模式，这就是为什么 DH 和 ECDH 经常表示 DHE 和 ECDHE 的原因。

练习 6-6　去比赛!

编写一个 Python 程序，生成大约 1000 个 2048 位的 RSA 私钥，编写一个程序，生成大约 1000 个 DH 和 ECDH 私钥。如何比较性能?

Diffie-Hellman 方法还有一个限制：没有身份验证。因为密钥是完全短暂的，无法把它们与身份联系起来；你不知道在和谁说话。记住，除了秘密交流外，还需要知道你在秘密地与谁交流。就其本身而言，DH 和 ECDH 并不提供任何此类保证。

由于这个原因，许多 DH 和 ECDH 密钥交换也需要一个长期的公钥，比如 RSA 或 ECDSA，这个密钥通常在一个签名的证书中受到保护。然而，这些长期密钥从

1　TLS 协议非常严格，在本书的最后讨论它。当 TLS 说 DH 时，并不意味着 DHE，反之亦然。在其他情况下，这种区别并不总是那么明显。

未用于加密或密钥传输，也没有以任何方式用于密钥数据的实际交换。它们的唯一目的是建立另一方的身份，通常是签署正在交换的一些短暂的 DH/ECDH 数据，并通过某种质询或 nonce 确保新鲜度。

请记住，为确保前向保密性，必须为每个密钥交换重新生成 Diffie-Hellman 参数。如果浏览 cryptography 库文档，就会注意到它们包含的样例代码(如前所述)不提供前向保密。这个代码示例保存了一个以后应该使用的密钥。确保密钥在使用后被销毁(从未登录)。

了解非常高级的概念后，用经过身份验证的 ECDH 密钥交换代码来帮助 Alice 和 Bob。首先，为密钥交换创建一些代码(代码清单 6-10)，然后修改它以进行身份验证。

代码清单 6-10　未经身份验证的 ECDH

```
1   from cryptography.hazmat.backends import default_backend
2   from cryptography.hazmat.primitives import hashes,serialization
3   from cryptography.hazmat.primitives.asymmetric import ec
4   from cryptography.hazmat.primitives.kdf.hkdf import HKDF
5
6   class ECDHExchange:
7     def __init__(self, curve):
8       self._curve = curve
9
10    # Generate an ephemeral private key for use in the exchange.
11    self._private_key = ec.generate_private_key(
12      curve, default_backend())
13
14    self.enc_key = None
15    self.mac_key = None
16
17    def get_public_bytes(self):
18      public_key = self._private_key.public_key()
19      raw_bytes = public_key.public_bytes(
20        encoding=serialization.Encoding.PEM,
21        format=serialization.PublicFormat.SubjectPublicKeyInfo)
22      return raw_bytes
23
```

```
24    def generate_session_key(self, peer_bytes):
25      peer_public_key = serialization.load_pem_public_key(
26          peer_bytes,
27          backend=default_backend())
28      shared_key = self._private_key.exchange(
29          ec. ECDH(),
30          peer_public_key)
31
32      # derive 64 bytes of key material for 2 32-byte keys
33      key_material = HKDF(
34          algorithm=hashes.SHA256(),
35          length=64,
36          salt=None,
37          info=None,
38          backend=default_backend()).derive(shared_key)
39
40      # get the encryption key
41      self.enc_key = key_material[:32]
42
43      # derive an MAC key
44      self.mac_key = key_material[32:64]
```

要使用 ECDHExchange，双方实例化类并调用 get_public_bytes 方法来获得需要发送给另一方的数据。接收这些字节时，它们传递到 generate_session_key，在那里它们被反序列化为一个公钥，并用于创建一个共享密钥。

那么，HKDF 是怎么回事？这是一个密钥派生函数，对于实时网络通信很有用，但不应该用于数据存储。它接收共享密钥作为输入，从中派生一个密钥(或密钥内容)。注意，在示例中，同时派生了一个加密密钥和一个 MAC 密钥。这是通过使用 HKDF 派生 64 字节的密钥内容，然后将其拆分为两个 32 字节的密钥来实现的。实际上，需要获得更多数据，下一节将讨论这个问题。但是现在，可用它来演示 ECDH 交换的基础。

重复最后一次，请注意 ECDH 正在动态生成私钥。在每次密钥交换后，必须销毁此密钥以及创建的任何会话密钥。

练习 6-7　基本 ECDH 交换

使用 ECDHExchange 类创建在双方之间共享的密钥。需要运行程序的两个实例。每个程序都应该将公钥字节写到磁盘上,以便其他程序加载。完成时,打印出共享密钥的字节,以便验证它们都具有相同的密钥。

练习 6-8　网络 ECDH 交换

在接下来的章节中,开始使用网络在两个节点之间交换数据。如果知道如何进行客户机-服务器编程,请修改以前的 ECDH 交换程序,以便通过网络发送公共数据,而不是将其保存到磁盘。

ECDH 代码目前只做 ECDH 临时密钥交换。双方都有一个密钥,但是由于还没有进行任何身份验证,所以任何一方都不能确定他们正在与谁对话!请记住,ECDH 密钥的短暂性意味着它们不能用于建立身份。

为解决这个问题,需要修改 ECDHExchange 程序,使其也经过身份验证。除了临时的非对称密钥外,还使用长期的非对称密钥对数据进行签名。

修改 ECDHExchange 类并将其重命名为 AuthenticatedECDHExchange,如代码清单 6-11 所示。首先修改构造函数,将长期(持久)私钥作为参数。这将用于签名。

代码清单 6-11　经过身份验证的 ECHD

```
1    # Partial Listing: Some Assembly Required
2
3    from cryptography.hazmat.backends import default_backend
4    from cryptography.hazmat.primitives import hashes, serialization
5    from cryptography.hazmat.primitives.asymmetric import ec
6    from cryptography.hazmat.primitives.kdf.hkdf import HKDF
7    import struct # needed for get_signed_public_pytes
8
9    class AuthenticatedECDHExchange:
10     def __init__(self, curve, auth_private_key):
11       self._curve = curve
12       self._private_key = ec.generate_private_key(
13         self._curve,
14         default_backend())
```

```
15        self.enc_key = None
16        self.mac_key = None
17
18        self._auth_private_key = auth_private_key
```

请注意_private_key(它是生成的、临时的)和_auth_private_key 之间的区别。后者作为参数传入。此持久密钥将用于建立身份。可在这里使用 RSA 密钥,它会工作得很好,但为与椭圆曲线主题保持一致,假设这是一个 ECDSA 密钥。

用代码清单 6-12 来生成签名的公共字节,而不是生成要发送到另一端的公共字节。

代码清单 6-12　经过身份验证的 ECDH 签名的公共字节

```
1    # Partial Listing: Some Assembly Required
2
3    # Part of AuthenticatedECDHExchange class
4    def get_signed_public_bytes(self):
5      public_key = self._private_key.public_key()
6
7      # Here are the raw bytes.
8      raw_bytes = public_key.public_bytes(
9        encoding=serialization.Encoding.PEM,
10       format=serialization.PublicFormat.SubjectPublicKeyInfo)
11
12     # This is a signature to prove who we are.
13     signature = self._auth_private_key.sign(
14       raw_bytes,
15       ec.ECDSA(hashes.SHA256()))
16
17     # Signature size is not fixed.Include a length field first.
18     return struct.pack("I", len(signature))+raw_bytes + signature
```

当另一方接收到数据时,需要在执行其他操作之前解包前四个字节,以获得签名的长度。可使用另一方的长期公钥来验证签名(就像 RSA 所做的那样)。如果签名有效,就可相信收到的 ECDH 参数来自预期的一方。

练习 6-9 ECDH 留给读者

没有显示验证 AuthenticatedECDHExchange 类中接收的公共参数的代码，而是把它留给读者作为练习！将 generate_session_key 方法更新为 generate_authenticated_session_key。此方法应该实现前述算法，用于获取签名长度、使用公钥验证签名、然后派生会话密钥。

本节的原则很重要。可以反复阅读本节，直到熟悉了发送用 RSA 加密的密钥和使用 DH 或 ECDH 动态生成临时密钥。确保理解为什么 DH/ECDH 方法有前向保密的特性，而 RSA 版本没有。

练习 6-10 因为你喜欢折腾

要强调 RSA 在技术上可用作临时交换机制，请修改前面的 ECDH 程序来生成一组临时 RSA 密钥。交换关联的公钥，并使用每个公钥向另一方发送 32 字节的随机数据。对这两个 32 字节的传输执行 XOR 操作，创建一个"共享密钥"，并通过 HKDF 运行它，就像 ECDH 示例那样。一旦证明了这是有效的，回顾一下练习 6-2 得到的结果，就会明白为什么这太慢而不实用。

同样，使用 RSA 加密创建共享密钥，需要创建密钥的往返过程(传输证书和接收加密密钥)，而 DH 和 ECDH 只需要从一方到另一方进行一次传输。在后面学习 TLS 1.3 时，将看到它是如何极大地影响性能的。

6.6 质询–响应协议

第 5 章简要介绍了质询-响应协议。特别是，Alice 使用质询-响应来验证自称是 Charlie 的人是不是身份为 Charlie 的证书的所有者。质询-响应协议的核心是，一方向另一方证明，他们目前控制着共享密钥或私有密钥。下面看看这两个示例。

首先，假设 Alice 和 Bob 共享某个密钥 $K_{A,B}$。如果 Alice 通过网络与 Bob 通信，一个简单的身份验证协议是向 Bob 发送一个 nonce N(可能是未加密的)，请他加密。出于安全考虑，响应最好包含通信方的身份。因此，Bob 应该使用 $\{A, B, N\}K_{A,B}$ 来回复。如果只有 Alice 和 Bob 共享密钥 $K_{A,B}$，那么只有 Bob 可以正确回应 Alice 的质询。即使 Eve 偷听到质询，且知道 N，没有密钥也不能加密。

对于非对称的示例，或多或少是相同的，但使用通过私钥生成的签名。这一次，Bob 通过网络与 Alice 通信，并希望确保自己真正与 Alice 通信。于是 Bob 发送了一个 nonce N，并让 Alice 用她的公钥签名。和 Bob 的质询一样，Alice 也应该发送她和 Bob 的名字。因此，Alice 的传输应该是 $\{H(B, A, N)\}K^{-1}{}_A$(反正是 RSA 签名)。
Bob 使用 Alice 的公钥验证签名是否正确。只有私钥的拥有者才能给这项质询签名。

　　质询-响应算法相对简单，但它们可能在许多方面出错。首先，nonce 必须足够
大，足够随机，即使知道之前的传输信息，也无法猜测。例如，在汽车远程按键的
早期，发送器使用的是 16 位 nonce。盗贼只需要记录一次传输，然后反复询问系统，
直到它循环遍历所有可能的 nonce，并返回到他们记录的那个。这时，他们可以重
放 nonce，并进入汽车。

　　另一种可能出错的方式是通过"中间人"(MITM)攻击。假设 Eve 想让 Alice 相
信她是 Bob。就等到 Bob 想和 Alice 说话，截获他们所有的通信。然后，Eve 开始
假装是 Bob，与 Alice 沟通。Alice 用一个质询 N 来回应，证明和她说话的人是 Bob(其
实是 Eve)。Eve 立刻把这个质询发给 Bob，Bob 想和 Alice 说话，早就料到了。Bob
愉快地签名了质询，并将其发送回 Eve，而 Eve 将其直接转发给 Alice。作为一个引
人入胜但可能是虚构的示例，Ross Anderson 描述了这种"中间人"攻击场景[1]。

　　解决 MITM 问题的一种方法是传输只有真正的一方可以使用的信息。例如，即
使 Eve 转发了 Bob 对质询的响应，如果 Alice 的响应是向 Bob 发送一个用他的公钥
加密的会话密钥，这对 Eve 也没有帮助。Eve 无法解密。如果所有后续通信都使用
该会话密钥进行，那么 Eve 仍然无计可施。或者，Alice 和 Bob 可使用 ECDH 加上
签名生成会话密钥。即使 Eve 可截获他们之间的每一次传输，Alice 和 Bob 也可创
建一个只有他们可使用的会话密钥。Eve 唯一能做的就是阻止通信。

　　这里的重点是说明在验证与你对话的一方时，需要考虑各种不同的因素。

　　一旦确定了一方的身份，会话的所有后续通信都必须与该身份验证绑定。例如，
Alice 和 Bob 可能使用质询-响应对彼此进行身份验证，但是除非他们建立一个会话
MAC 密钥，并用它来进行所有后续通信，否则他们无法确定谁在发送消息。

　　有时，在建立加密通信之前，必须以明文方式发送初始化数据。所有这些数据
也必须在某个时候绑定在一起。在建立会话密钥后，一种选择是使用新建立的安全
通道，发送迄今为止发送的所有未经身份验证的数据的哈希。如果哈希值与预期值
不匹配，则通信方可假设，攻击者(如 Eve)修改了一些初始化数据。

　　总之，在结合非对称和对称加密时，不要只考虑机密性部分(加密)。记住，知
道你在和谁说话，和知道你们之间的交流对其他人来说是不可读的一样重要，甚至
更重要。你也许不希望全世界都读你的爱情诗，但你绝对不希望你的爱情表达被错
误的人接收！记住在确定另一方的身份后，必须确保会话其余部分的所有通信都具
有一个真实性链。如果初始身份是通过签名验证的，其余数据是通过 MAC 验证的，
那么确保在从一个身份切换到另一个身份时，链没有中断。

6.7　常见问题

了解非对称和对称密钥如何协同工作后，可能想要创建自己的协议。一定要抵制这种冲动。这些练习的目的是教会这些原则，但仅这一点还不足以让你准备开发密码协议。密码学的历史充满了后来被发现存在漏洞可被利用的协议，尽管它们是由比你我更有经验的密码学家编写的。

下面以 Alice 将加密文档发送给 Bob 为例。注意这违反了前几章的建议。数据中没有 nonce！这意味着 Bob 不知道来自 Alice 的消息是否"新鲜"。如果这些数据是一年前 Eve 记录的，现在只是重放呢？

下面是另一个示例。在加密密钥的派生过程中，只在双方之间生成一个加密密钥。这只对单向通信是安全的！如果想要全双工通信(双向发送数据的能力)，就需要两个方向的加密密钥！

为什么不能用同样的密钥把数据从 Alice 发送到 Bob，就像把数据从 Bob 发送到 Alice 一样？

还记得第 3 章学到的东西吗？不能重用同一个密钥和 IV 来加密两个不同的消息！在全双工通信中，这正是你要做的。假设 AEC-CTR 模式用于批量传输数据。如果 Alice 使用密钥加密发送给 Bob 的消息，而 Bob 使用相同的密钥加密发送给 Alice 的消息，那么这两个数据流可以执行 XOR 操作，以获得明文消息的 XOR！如前所述，这是灾难性的。事实上，如果 Eve 可欺骗 Alice 或 Bob，让他们替 Eve 加密数据(例如，通过植入"蜜罐"数据，这些数据一定会被接收和传输)，Eve 就可将这些数据进行 XOR 处理，而将其他数据保留为明文。

使用 RSA 加密的简单密钥交换可用相同的原理来破解。假设 Alice 向 Bob 发送了一个初始密钥 K，该密钥是用 Bob 的公钥加密的。Alice 和 Bob 正确地从 K 中派生出用于全双工通信的会话密钥和 IV。例如，Bob 有一个密钥 $K_{B,A}$，用于向 Alice 发送加密消息，而 Alice 有一个密钥 $K_{A,B}$ 用于向 Bob 发送加密消息。Bob 使用 $K_{A,B}$ 来解密 Alice 的消息，Alice 使用 $K_{B,A}$ 来加密 Bob 的消息。

但假设 Eve 记录了所有这些传输。然后，在很久以后，她给 Bob 回放了最初传输的 K。Bob 不知道这是重放，他用 K 来派生 $K_{B,A}$。现在他开始向 Eve 发送用这个密钥加密的数据。

虽然 Eve 确实没有 $K_{B,A}$，不能直接解密 Bob 的消息，但她从先前的传输中找到 Bob 在相同的密钥下发送给 Alice 的消息。再一次，假设 Alice 和 Bob 使用 AES-CTR，这两个传输流可执行 XOR 操作，以潜在地提取敏感信息。有很多方法可以解决这个问题(例如，通过重新引入质询-响应)，但仍然有很多地方会出错。

即使对专家来说，要正确地获得加密协议的所有部分也非常困难。通常，不要设计自己的协议。尽可能多地使用现有协议，并在可行时使用现有实现。最重要的是，再一次提醒，你不是密码专家！

练习 6-11 利用全双工密钥重用

在之前的练习中，对一些数据执行 XOR 操作，以查看是否仍然可以找到模式，但实际上并没有对这两个密码流执行 XOR 操作。想象一下，如果 Alice 和 Bob 使用 ECDH 交换，并为全双工通信派生出相同的密钥。使用相同的密钥对一些文档进行加密，以便 Alice 发送给 Bob，Bob 发送给 Alice。对密码流执行 XOR 操作，并确认结果是明文的 XOR。看能否从 XOR 操作后的数据中找出任何模式。

练习 6-12 推导出所有部分

修改 ECDH 交换程序，获得 6 条信息：写入加密密钥、写入 IV、写入 MAC 密钥、读取解密密钥、读取 IV 和读取 MAC 密钥。困难的部分是让两边得到相同的密钥。请记住，密钥以相同的顺序派生。那么 Alice 如何确定第一个获得的密钥是她的写入密钥，而不是 Bob 的写入密钥？一种方法是将每边的公钥字节的前 n 个字节作为一个整数，拥有最小数字的人"最先"得到密钥。

6.8 一个非对称和对称密钥的遗憾示例

本章的大多数密码学示例在某种程度上是有益的，或者至少本质上是无害的。遗憾的是，坏人可以像好人一样使用密码术。考虑到他们可从作恶过程中赚到很多钱，因此被激励着去创造性地、高效地使用这项技术。

坏人非常擅长使用密码的一个领域是勒索软件。如果你在过去十年里一直住在西南极洲的一个洞穴里，还没有听说过勒索软件，那么它基本上是一种软件，它会对你的文件进行加密，并拒绝解锁，直到你付钱给背后的勒索者。

早期勒索软件背后的密码系统过于简单。勒索软件用不同的 AES 密钥加密每个文件，但所有 AES 密钥都存储在系统的一个文件中。勒索软件的解密者可以很容易地找到密钥并解密文件，但安全研究人员也可以。如果你不想让别人打开某个文件，那么把密钥随便乱放(如放在门垫下面)是不明智的。

勒索软件的作者在逻辑上转向非对称加密作为解决方案。非对称密码术最明显的优点是，公钥可能在受害者的系统上，而私钥可能在其他地方。由于本章提及的所有原因，文件本身不能直接用 RSA 加密。RSA 甚至没有加密大于 190~256 字节数据的能力，如果它有，也太慢了。用户可能会注意到，他们的系统在加密完成之前很久就被锁定了。

　　相反，勒索软件可以单独加密所有 AES 密钥。毕竟，AES 密钥对于 AES-128 是 16 字节，对于 AES-256 是 32 字节。每个密钥都可以在存储到受害者的系统之前轻易地被 RSA 加密。RSA 使用公钥进行加密，所以只要受害者无法使用私钥，他们就无法解密 AES 密钥。

　　这种方法有两种幼稚的变体，都是有问题的。第一种方法是提前生成密钥对，并将公钥硬编码到恶意软件中。在恶意软件用公钥加密所有 AES 密钥后，受害者只有支付赎金，才能将私钥发送给他们进行解密。这种设计的明显缺陷是，相同的私钥将解锁所有受到勒索软件攻击的系统，因为恶意攻击文件的每个副本都包含相同的公钥。

　　第二种方法是让勒索软件在受害者的系统上生成 RSA 密钥对，并将私钥传输到命令和控制服务器。现在有一个唯一的加密 AES 密钥的公钥，当攻击者发布用于解密的私钥时，它只解锁特定受害者的文件。这里的问题是，系统必须在线才能摆脱私钥，许多网络监控系统会检测出传输到危险 IP 的传输，而命令和控制服务器常在这些 IP 中运行。在私钥开始加密系统上的文件前，传输私钥可能泄露勒索软件。在系统完全锁定之前，在本地执行所有操作都要更加隐秘。

　　现代勒索软件用一种非常聪明的方法解决了所有这些问题。首先，攻击者生成一个长期的非对称密钥对。出于本章的目的，假设它是一个 RSA 密钥对，将这些密钥称为"永久的"非对称密钥。

　　接下来，攻击者创建一些恶意软件，并将永久公钥硬编码到恶意软件中。当恶意软件在受害者的机器上激活时，首先会生成一个新的非对称密钥对。同样，为简单起见，假设它是一个 RSA 密钥对，称为"本地"密钥对。它会立即用攻击者在恶意软件中嵌入的永久公钥加密新生成的本地私钥。未加密的本地私钥被删除。

　　现在恶意软件开始使用 AES-CTR 或 AES-CBC 加密磁盘上的文件。每个文件用不同的密钥加密，然后每个密钥由本地公钥加密。密钥的未加密版本在文件加密完成后立即销毁。

　　当整个过程完成时，受害者的文件由 AES 密钥加密，AES 密钥本身由本地 RSA 公钥加密。这些 AES 密钥可由本地 RSA 私钥解密，但该密钥是用攻击者的永久公钥加密的，并且私钥不在计算机上。

　　现在，攻击者联系受害者，要求付赎金。如果受害者同意并支付赎金(通常以比特币的方式)，攻击者就会向恶意软件提供某种身份验证代码。恶意软件将加密的本地私钥传输给攻击者。攻击者使用他的永久私钥解密本地私钥，并将其发送回受害者。现在所有 AES 密钥都可以解密，文件随后也可以解密。

　　这种算法的聪明之处在于攻击者不会公开他的永久私钥。二级私钥由攻击者解密，供受害者用于解锁系统的其余部分。

■ **警告：危险的练习**

下面的练习有些冒险。不应该做这个练习，除非有一个虚拟机，它可以恢复到一个快照或文件可能永久丢失前的状态。

此外，这个练习要求创建一个简化版勒索软件。我们不宽恕也不鼓励任何形式的勒索软件的实际使用。不要犯傻，不要作恶。

练习 6-13   扮演恶棍

帮助 Alice 和 Bob 创建某个勒索软件来感染 WA 服务器。首先创建一个函数，该函数使用所选的算法(如 AES-CTR 或 AES-CBC)加密磁盘上的文件。加密后的数据应该保存到一个新文件中，文件名应该是随机的。在继续之前，测试加密和解密文件。

接下来，创建假的恶意软件。该恶意软件应该配置一个目标目录和永久公钥。如果愿意，可将公钥直接硬编码到代码中。一旦启动并运行，它需要生成一个新的 RSA 密钥对，使用永久公钥加密本地私钥，然后删除本地私钥的任何未加密副本。如果私钥太大(例如，超过 190 字节)，则以块的形式加密它。

生成本地密钥对后，开始加密目标目录中的文件。作为一个额外的预防措施，可在加密每个文件之前请求手动批准，以确保没有意外地加密错误的东西。对于每一个文件，用一个新的随机名称加密它，存储明文的元数据文件与原文件的名称、加密密钥和 IV。如果觉得安全，删除原始文件(我们不会负责你的任何错误！使用 VM，只在目标目录中对不重要文件的副本进行操作，并手动确认每次删除！)。

剩下的应该很简单。"恶意软件"工具需要将加密的私钥保存到磁盘。这应该由一个可以访问永久私钥的单独命令和控制实用程序来解密。一旦解密，它应该由恶意软件加载，并用于解密/释放文件。

虽然你可能不是恶意软件/勒索软件的作者，但本节应该有助于思考如何加密"静止数据"。本书中探讨的大部分内容是保护"动态数据"，即数据通过网络或以其他方式在两方之间传输。勒索软件的示例说明了如何保护大部分数据的安全，这些数据通常由同一方进行加密和解密。

对磁盘上的文件进行加密的实用程序必须处理糟糕的密钥管理问题，就像处理动态数据一样。一般来说，每个文件必须有一个密钥，就像每个网络通信会话必须有一个密钥一样；这阻止了密钥的重用。必须存储密钥和 IV，或者必须能够重新生成它们。如果存储它们，则必须使用某种主密钥进行加密，并与使用的算法的其他元数据一起存储，等等。这些信息可预先写入加密文件的开头，也可存储在清单中的某个地方。

如果稍后重新生成密钥，则通常通过从密码中派生密钥来实现，如第 2 章所述。由于每个文件需要不同的密钥，因此在派生过程中使用每个文件的随机 salt 来确保密钥的唯一性。必须将 salt 与文件一起存储，丢失 salt 将导致丢失它的文件无法解密。

这是保护静止数据的基本密码概念，但是生产系统通常要复杂得多。例如，NIST 要求兼容系统具有定义好的密钥生命周期。这包括前操作阶段、操作阶段、后操作阶段和删除阶段，还包括每个密钥的操作"加密"阶段。这一阶段进一步分解为"发起者使用期"(OUP)以及"接收者使用期"(RUP)，前者用于生成和加密敏感数据，后者用于解密和读取这些数据。密钥管理系统将处理密钥翻转(将加密数据从一个密钥迁移到另一个密钥)、密钥撤销和其他许多类似功能。

我们不会再提及"你不是密码专家"，但在这一点上，希望读者潜意识里有这个认识！

6.9　小结

本章的主要内容是，可在初始非对称会话建立协议中封装临时的对称通信会话。世界上很多非对称的基础设施都侧重于对各方的长期识别，而这种基础设施在某种程度上有助于建立身份，并建立在某种信任模型的基础上。但是，一旦建立了信任，创建一个临时的对称密钥(实际上是其中几个)来处理加密和以后的数据加密就更安全、更有效了。

例如，可使用 RSA 加密将密钥从一方传输到另一方。这是长期使用的主要方法。虽然它仍然存在于许多系统中，但由于许多原因，它正在被淘汰。现在更受欢迎的是使用临时密钥协议，如 DH 和 ECDH(确切地说，是 DHE 和 ECDHE)来创建具有完全前向保密的会话密钥。

无论是通过密钥传输还是密钥协议，双方都可获得通信所需的密钥套件。或者，一方可获得加密硬盘数据所需的密钥。这两种情况下，非对称操作主要用于建立身份和获取初始密钥，而对称操作用于实际的数据加密。

如果能理解这些原理，就能熟悉大多数密码系统。

第 7 章

■■■

更对称的加密：身份验证加密和 Kerberos

本章介绍一些高级的对称密码术，并深入讨论身份验证加密。

下面是一个使用 AES-GCM 的示例和一些代码。

7.1 AES-GCM

在过去一个月里，Alice 和 Bob 与 Eve 有过几次密切接触。在此期间，Alice 和 Bob 一直在交换带有加密文件的 USB 驱动器。到目前为止，这对他们来说是有效的，但他们似乎很难记住一些关键的事情：应该"加密-然后-MAC"，MAC 需要覆盖未加密的数据，需要有两个独立的密钥。

事实上，他们可以利用一些新的技术。新的对称操作模式称为"身份验证加密"(AE)和"附加数据的身份验证加密"(AEAD)。这些新的操作模式为数据提供了保密性和真实性。AEAD 还可提供未经加密的"额外数据"的真实性。这比听起来要重要得多，所以本章把 AE 放在后面，现在只关注 AEAD。

本练习使用一种 AES 模式，称为"Galois/Counter 模式"(GCM)。这种模式的 API 与之前看到的稍有不同。在代码清单 7-1 中，使用 AES-GCM 加密文档，并验证加密过程中使用的 IV 和 salt。

代码清单 7-1　AES-GCM

```
1    from cryptography.hazmat.backends import default_backend
2    from cryptography.hazmat.primitives.kdf.scrypt import Scrypt
3    from cryptography.hazmat.primitives.ciphers import Cipher,
```

```
        algorithms,modes
 4    import os, sys, struct

 5

 6    READ_SIZE = 4096

 7

 8    def encrypt_file(plainpath, cipherpath, password):
 9        # Derive key with a random 16-byte salt
10        salt = os.urandom(16)
11        kdf = Scrypt(salt=salt, length=32,
12                n=2**14, r=8, p=1,
13                backend=default_backend())
14        key = kdf.derive(password)

15

16        # Generate a random 96-bit IV.
17        iv = os.urandom(12)

18

19        # Construct an AES-GCM Cipher object with the given key and IV.
20        encryptor = Cipher(
21            algorithms.AES(key),
22            modes.GCM(iv),
23            backend=default_backend()).encryptor()

24

25        associated_data = iv + salt

26

27        # associated_data will be authenticated but not encrypted,
28        # it must also be passed in on decryption.
29        encryptor.authenticate_additional_data(associated_data)

30

31        with open(cipherpath, "wb+") as fcipher:
32          # Make space for the header (12 + 16 + 16), overwritten last
33          fcipher.write(b"\x00"*(12+16+16))

34

35          # Encrypt and write the main body
36          with open(plainpath, "rb") as fplain:
37            for plaintext in iter(lambda: fplain.read(READ_SIZE), b''):
```

```
38              ciphertext = encryptor.update(plaintext)
39                fcipher.write(ciphertext)
40          ciphertext = encryptor.finalize() # Always b''.
41              fcipher.write(ciphertext) # For clarity
42
43      header = associated_data + encryptor.tag
44      fcipher.seek(0,0)
45      fcipher.write(header)
```

该函数的大部分看起来都很熟悉。因为将这些数据存储在磁盘上，所以使用 Scrypt 而不是 HKDF，从密码中生成密钥。如第 6 章所述，由于用户可能在多个文件中使用相同的密码，因此每个文件都需要自己的 salt 来生成密钥。请记住，尽量不要在不同文件甚至相同文件上使用相同的密钥和 IV(例如，如果加密，则修改文件并再次加密)。要特别小心，我们甚至不会使用同一个密钥。

与之前所做的类似，上述代码还创建了一个 Cipher 对象。但使用 GCM 模式而不是 CTR 或 CBC 模式。该模式使用 IV，稍后将讨论为什么它是 12 字节，而不是以前看到的 16 字节。加密机上唯一的新方法是 authenticate_additional_data。可以看出，这个方法接收的数据不会被加密，但仍然需要进行身份验证。

这里验证的未加密数据是 salt 和 IV，这些数据必须是明文，因为没有它无法解密。通过身份验证，可以确信一旦解密完成，没有人修改过这些未加密的值。

这个 GCM 操作的另一个独特部分是 encryptor.tag。此值是在 finalize 方法之后计算的，或多或少是经过加密的附加数据上的 MAC。在实现中，选择将相关数据(salt 和 IV)和标签放在文件开头。因为这些数据(至少是标签数据)在加密过程结束之前是不可用的，所以预先分配了几个字节(最初为零)，在过程的末尾获得标签时将覆盖这些字节。在一些操作系统中，无法预先分配数据，所以预先分配的前缀字节确保在完成后有空间用于消息头。

代码清单 7-2 中的函数不会删除或覆盖原始文件，因此可放心地使用它，在系统上创建文件的加密副本。使用 hexdump 之类的实用工具检查字节，以确保数据实际上是加密的。

■ 警告：留意大小不寻常的文件

不要加密大于 64GB 的文件，因为稍后将讨论GCM的限制。

现在编写 decrypt_file 函数，如代码清单 7-2 所示。

代码清单 7-2 AES-GCM 解密

```
1   from cryptography.hazmat.backends import default_backend
2   from cryptography.hazmat.primitives.kdf.scrypt import Scrypt
3   from cryptography.hazmat.primitives.ciphers import Cipher,
    algorithms,modes
4   import os, sys, struct
5
6   READ_SIZE = 4096
7   def decrypt_file(cipherpath, plainpath, password):
8       with open(cipherpath, "rb") as fcipher:
9           # read the IV (12 bytes) and the salt (16 bytes)
10          associated_data = fcipher.read(12+16)
11
12          iv = associated_data[0:12]
13          salt = associated_data[12:28]
14
15          # derive the same key from the password + salt
16          kdf = Scrypt(salt=salt, length=32,
17              n=2**14, r=8, p=1,
18              backend=default_backend())
19          key = kdf.derive(password)
20
21          # get the tag. GCM tags are always 16 bytes
22          tag = fcipher.read(16)
23
24          # Construct an AES-GCM Cipher object with the given key and IV
25          # For decryption, the tag is passed in as a parameter
26          decryptor = Cipher(
27              algorithms.AES(key),
28              modes.GCM(iv, tag),
29              backend=default_backend()).decryptor()
30      decryptor.authenticate_additional_data(associated_data)
31
32      with open(plainpath, "wb+") as fplain:
```

```
33          for ciphertext in iter(lambda:fcipher.read(READ_SIZE),b''):
34              plaintext = decryptor.update(ciphertext)
35              fplain.write(plaintext)
```

这个解密操作首先读取未加密的 salt、IV 和标签。salt 与密码一起用于派生密钥。密钥、IV 和标签是 GCM 解密过程的参数。关联的数据(salt 和 IV)也使用 authenticate_additional_data 函数传递给解密器。

当调用解密器的 finalize 方法并更改了任何数据(无论是密文还是其他数据)时，该方法会抛出一个无效的标签异常。

此函数不尝试重新创建原始文件名。因此，可安全地将加密的文件还原为新的文件名，然后将新恢复的文件与原始文件进行比较。

练习 7-1 尝试人为"损坏"

人为地"损坏"加密文件的不同部分，包括实际的密文和 salt、IV 或标签。演示解密文件会引发异常。

7.2 AES-GCM 细节和细微差别

前面简单讲述了 AES 的 GCM 操作模式。GCM 是 AEAD 模式。关键细节包括：

- 模式用一个密钥加密和验证数据。
- 加密和身份验证是集成的，没必要担心什么时候做什么；例如"加密然后 MAC"或"MAC 然后加密")。
- AEAD 包括未加密数据的身份验证。

注意，这些特性解决了 Alice 和 Bob 的问题。极大地减少了误用和错误配置，使 Alice 和 Bob 更容易正确地进行配置。

其中值得特别强调的一个因素是对其他数据的身份验证。在密码学的历史上，有许多这样的问题：攻击者从一个上下文中获取数据，然后在另一个上下文中滥用它。例如，重放攻击就是这类问题的典型示例。许多情况下，如果强制执行敏感数据的上下文，这些攻击就会失败。

在文件加密示例中，验证了 IV 和 salt 值，但很容易在文件名和时间戳中出问题。加密文件的一个问题是识别正确加密的文件旧版本的重放。如果使用文件验证时间戳，或者包含版本号或其他微妙差别，则加密的文件更紧密地绑定到可识别的上下文。

加密数据时，请仔细考虑哪些数据需求是真实的，而不仅是私有的。越能识别和保护加密环境，系统就越安全。

在保护数据不受修改方面，需要注意 AEAD 算法在确认数据未修改之前解密数据。在前面的文件解密实验中，注意，即使加密的文件已经受损，解密器仍然会创建一个解密文件。GCM 抛出的异常在所有内容被解密并(在实现中)写入恢复的文件后抛出。

总之，请记住，在验证标签之前不能信任解密的数据!

AEAD 很好，但合并操作引入了一个有趣问题：要等多久才能拿到标签？假设 Alice 和 Bob 不使用文件解密，而使用 AES-GCM 通过网络发送数据。假设有很多数据，完全传输数据需要几个小时。如果像加密文件那样加密这些数据，那么在整个传输完成之前都不会发送标签。

真想等到最后一刻才收到标签吗？更糟的是，如何计算安全通道的"结束"？如果一个加密通道打开了几天，发送任意数量的数据，什么时候决定停止、计算并发送标签？

在诸如 TLS(详见第 8 章)的网络协议中，每个单独的 TLS 记录都用它自己的标签进行 GCM 加密。这样，恶意或意外的修改几乎是实时检测到的，而不是在传输结束时检测到。对于流，通常建议使用一种更小的 GCM 加密方法。

对于这种小型 AES-GCM 加密操作，cryptography 库有一个更简单的用户界面。它有一个额外好处：除非标签正确，否则解密操作不会返回解密的数据，从而防止意外地使用错误数据。下面是一些来自 cryptography 库文档的示例代码，用于演示它的用法：

```
>>> import os
>>> from cryptography.hazmat.primitives.ciphers.aead import AESGCM
>>> data = b"a secret message"
>>> aad = b"authenticated but unencrypted data"
>>> key = AESGCM.generate_key(bit_length=128)
>>> aesgcm = AESGCM(key)
>>> nonce = os.urandom(12)
>>> ct = aesgcm.encrypt(nonce, data, aad)
>>> aesgcm.decrypt(nonce, ct, aad)
b'a secret message'
```

这个 API 很容易使用，而且概念也不是很复杂，但它有一个重要的安全考虑：nonce。回顾一下，GCM 中的 C 代表"计数器"。GCM 或多或少有点像集成了标签操作的 CTR。这很重要，因为前述关于计数器模式的许多问题仍然存在。特别是，虽然不应该在任何 AES 加密模式中重用密钥和 IV 对，但对于计数器模式(和 GCM)尤其糟糕。这样做可轻松地暴露两个明文的 XOR。用于 GCM 的 IV/nonce 绝对不能重复使用。

为说明这个问题，下面简要回顾一下计数器模式是如何工作的。请记住，与 CBC 模式不同，AES 计数器模式实际上并不使用 AES 块加密方式加密明文。相反，单调递增的计数器是用 AES 加密的，这个流与明文执行 XOR 操作。值得重复的是，AES 块密码首先应用于计数器，然后应用于计数器+1，接着应用于计数器+2，以此类推，从而生成完整的流。重用 nonce 会导致重用流。

这很重要。然而，如果不更加小心，就可能遇到类似的灾难性问题。例如，假设决定从一个值为 0(16 字节的 0)的 nonce 开始，而不是为计数器模式选择一个随机的 IV。使用这个 nonce(0)和密钥来加密一组数据(可能是一个文件)，然后将 nonce 增加 1 来初始化一个新的 AES 计数器上下文，从而用同一密钥加密一组新数据(如另一个文件)。因此，nonce 只不过是一个不断增加的计数器。

这里的问题是，即使没有重用 nonce(每次都是不同的)，计数器模式也会针对每个块给 nonce 加 1。第一个操作加密 0，然后是 1，再后是 2，以此类推；第二个操作加密了 1、2、3，以此类推。换言之，用第二个 nonce 加密的第二个文件在第一个 128 位块之后重复相同的密钥流。后续流之间有大量的重叠。

对于在示例中使用的相对少量的数据，使用完全随机的 16 字节 IV 对于标准的计数器模式可能就足够了。在生产代码中，必须进行安全分析，以确定在创建重叠的密码流之前平均有多长时间。此计算取决于计划用同一密钥加密多少数据。如果想显式地控制 IV，以确保不可能重叠密钥/计数器对，可以遵循一些有帮助的规则。

例如，GCM 要求使用 12 字节的 IV 来显式地解决这个问题(它允许使用更长的 IV，但这引入了新的问题，超出了本书的范围)。然后用 4 个 0 字节填充所选的 12 字节 nonce，以生成一个 16 字节的计数器。即使选择了仅比前一个 nonce 多一的 nonce，只要不溢出 4 字节块计数器，计数器就不会重叠。

128 位块上的 4 字节计数器意味着，在溢出计数器之前，不能对超过 2^{36} 字节(或 64GB)的数据进行加密，这就是为什么 64GB 的数据被指定为 GCM 加密的上限。

使用 12 字节的 IV 和每个密钥/IV 对不超过 64GB 的明文意味着，永远不会有任何重叠。出于超出本书讨论范畴的原因，对 GCM IV 的唯一其他要求是，它们不是零。

下面回到使用 AES-GCM 加密流中一组较小消息的问题。如何避免重复使用密钥/IV 对？可尝试用一种确定的方式来旋转传输两端的密钥，但这太复杂了，且容易出错。相反，可为每个加密使用不同的 IV/nonce 值。在最糟的情况下，nonce 可与每个包一起发送。与密钥不同，nonce 不必是秘密的，但需要是真实的。

此外，可使用某些 nonce 构造算法来帮助防止重用。限制密钥的随机性是行不通的，因为密钥必须是秘密的，任何选定的位都可减少发现秘密的穷举难度。减少 IV 中某些位的随机性是可接受的，只要 IV 永远不与同一个密钥一起重用即可。

例如，IV 的某些字节可能是特定于设备的。这确保了两个不同设备永远不会生成相同的 nonce。另外，可推断 IV 的某些字节，从而减少必须存储或传输的 IV 数据量。文件加密的 IV 部分可能取决于文件在磁盘上的存储位置。

现在，将继续生成随机的 IV 并根据需要传输它们，但是最好理解生成和使用 IV 的一些不同方式。

练习 7-2　厚实的 GCM

修改本章前面的文档加密代码，加密不大于 4096 字节的块。每次加密都使用相同的密钥，但使用不同的 nonce。这一变化意味着，对于每个加密的块，都需要存储一个 IV 和一个标记，而不是在文件顶部存储 IV 和标记。

7.3　其他 AEAD 算法

除了 AES-GCM 模式外，cryptography 库还支持另外两种流行的 AEAD 算法。第一个是 AES-CCM，第二个称为 ChaCha。

AES-CCM 与 AES-GCM 非常相似。与 GCM 一样，它使用计数器模式进行加密；生成标签的方法与 CBC-MAC 类似，但优于 CBC-MAC。

AES-CCM 和 AES-GCM 之间的一个关键区别是，IV/nonce 的长度是可变的：在 7 到 13 字节之间。IV/nonce 越小，用密钥/IV 对加密的数据越大。与 GCM 一样，nonce 只是整个 16 字节计数器值的一部分。因此，nonce 使用的 16 字节越少，计数器在溢出之前可使用的字节就越多。

为便于讨论，在本书中，nonce 被限制为 $15-L$ 字节长，其中 L 是 length 字段的大小；如果数据需要 2 字节来存储长度，nonce 最多可达 13 字节。另一方面，如果数据的大小需要 8 个字节来存储长度，则 nonce 被限制为 7 个字节。这两个值表示 CCM 模式支持的最小值和最大值。

假设希望对大量数据使用 CCM，只需要选择一个 7 字节的 nonce，然后继续。只要不重用 nonce 和密钥，算法的安全性就不会因为 nonce 的大小而改变。

除了这个痛苦的 nonce 问题，CCM 与 GCM 之间没有其他 API 差异。然而，在性能方面，GCM 更容易并行化。这可能不会对 Python 编程产生太大影响，但是如果想使用图形卡作为密码加速器，那么它确实会产生很大影响。

在使用 cryptography 库时，不支持将 CCM 作为 AES 密码上下文的操作模式。只有自包含的 AESCCM 对象可用。

```
>>> import os
>>> from cryptography.hazmat.primitives.ciphers.aead import AESCCM
```

```
>>> data = b"a secret message"
>>> aad = b"authenticated but unencrypted data"
>>> key = AESCCM.generate_key(bit_length=128)
>>> aesccm = AESCCM(key)
>>> nonce = os.urandom(7)
>>> ct = aesccm.encrypt(nonce, data, aad)
>>> aesccm.decrypt(nonce, ct, aad)
b'a secret message'
```

要介绍的最后一种 AEAD 模式称为 ChaCha20-Poly1305。这种密码在本书讨论的 AEAD 方法中很独特，是唯一不基于 AES 的 AEAD 算法。它由 Daniel J. Bernstein 设计，结合了名为 ChaCha20 的流密码和名为 Poly1305 的 MAC 算法。Bernstein 是一位密码学家，目前正在从事与椭圆曲线、哈希、加密和不对称算法相关的许多项目，这些算法能抵抗量子攻击。他也是一名程序员，编写了许多与安全相关的程序。

安全社区中的一些人担心，AES 的流行意味着，如果在 AES 中发现了一个严重漏洞，那么 Internet 的密码轮可能停止工作。将 ChaCha 作为一种有效的替代办法意味着，一旦发现这种弱点，就会有一种久经考验、行之有效的替代办法。ChaCha20-Poly1305 可用作身份验证加密，这甚至更好。

ChaCha20 还有其他一些优势。对于纯软件驱动的实现，ChaCha 通常比其他密码更快。此外，它设计为一个流密码。AES 是一种可用作流密码的块密码，而 ChaCha 只是一种流密码。在互联网的早期，RC4 是一个流密码，在很多安全环境中使用，包括 TLS 和 Wi-Fi。遗憾的是，RC4 被发现存在许多漏洞和弱点，几乎完全抑制了它的使用。ChaCha 被一些人视为它的精神继承者。

与 AES-GCM 一样，ChaCha20-Poly1305 需要一个 12 字节的 nonce。在 cryptography 库中，它的 API 几乎是一样的：

```
>>> import os
>>> from cryptography.hazmat.primitives.ciphers.aead import
    ChaCha20Poly1305
>>> data = b"a secret message"
>>> aad = b"authenticated but unencrypted data"
>>> key = ChaCha20Poly1305.generate_key()
>>> chacha = ChaCha20Poly1305(key)
>>> nonce = os.urandom(12)
>>> ct = chacha.encrypt(nonce, data, aad)
>>> chacha.decrypt(nonce, ct, aad)
```

```
b'a secret message'
```

任何这些 AEAD 算法都可使用或多或少相同的安全保证。这三种算法都远好于通过单独密码和相应的 MAC 来创建身份验证加密。只要 AEAD 算法可用，就应该充分利用它们。

注意这三种不同模式的 generate_key 方法。这是一个方便的函数，不是必需的。仍可使用密钥派生函数等创建密钥，就像以前那样。但可看到，对于 ChaCha，甚至不需要指定位大小。它会提供一个适当大小的密钥，就可消除常见错误。

练习 7-3 快速 ChaCha

为 AES-GCM、AES-CCM 和 ChaCha20-poly1305 创建一些速度比较测试。运行一组测试，其中将大量数据精确地一次输入每个加密函数。还要测试解密算法的速度。注意，这也测试标签检查。

运行第二组测试，其中将大数据分解为更小的块(可能每个块也有 4 个 KB)，每个块都单独加密。

7.4 工作网络

东南极洲的间谍们终于摆脱了石器时代，开始把电脑连接到互联网上。是时候让 Alice 和 Bob 学习编写一些代码，在网络中来回发送消息。

因为他们使用的是 Python 3，所以 Alice 和 Bob 打算使用 asyncio 模块进行一些异步网络编程。如果以前用过套接字编程，会觉得这个有点不同。

顺便解释一下，套接字通常是网络通信的一种阻塞或同步方法。可将套接字配置为非阻塞，在这种模式下，可将其与 select 函数一起使用，以防在等待数据时程序被卡住。或者，套接字可放在线程中，以保持数据流入主程序循环。

asyncio 模块采用异步方法，尝试根据网络通信的概念模型对数据结构建模。特别是，网络数据由 Protocol 对象处理，该对象具有处理 connection_made、data_received 和 connection_lost 事件的方法。Protocol 对象插入异步事件循环中，当触发事件时调用 Protocol 的事件处理程序。

Protocol 类通常类似于代码清单 7-3。

代码清单 7-3 网络协议简介

```
1    import asyncio
2
3    class ConcreteProtocol(asyncio.Protocol):
```

```
4       def connection_made(self, transport):
5           self.transport = transport
6
7       def data_received(self, data):
8           pass
9           # process data
10          # send data using transport.write as needed
11
12      def connection_lost(self, exc):
13          pass
14          # do cleanup
```

Protocol 对象的约定是，在构建后，当底层网络准备就绪时，调用 connection_made。当底层网络连接断开时，这个事件在对 data_received 执行零次或多次调用之后触发，然后执行单个 connection_lost 调用。

协议可通过调用 self.transport.write 向对等方发送数据。通过调用 self.transport.close 来强制关闭连接。

应该注意，每个连接只创建一个协议对象。当客户端进行出站连接时，只有一个连接，并且只有一个协议。但当服务器侦听端口上的连接时，可能同时存在多个连接。服务器为每个传入客户端生成连接，asyncio 为每个新连接生成协议对象。

以上是对 asyncio 网络 API 的快速概述。更详细的解释超出了本书的范围，但如果需要更多信息，asyncio 文档是非常全面的。另外，随着对示例的学习，读者可能会越来越清楚其中的大部分内容。说到这里，下面利用所学知识创建一个"安全"的 echo 服务器。

echo 协议是网络通信的"Hello World"。基本上，服务器侦听端口上的客户端连接。当客户端连接时，它向服务器发送一个数据字符串(通常是人类可读的)。服务器通过将完全相同的消息(因此称为 echo)镜像回来并关闭连接来响应。可以在 Web 上找到很多这样的示例，包括 asyncio 文档中的一个示例。

下面增加一点变化。建立一个变种，在传输时加密，在接收时解密。

从创建服务器开始，如代码清单 7-4 所示。

代码清单 7-4 安全的 echo 服务器

```
1   from cryptography.hazmat.primitives.ciphers.aead import
    ChaCha20Poly1305
2   from cryptography.hazmat.primitives import hashes
```

```
3    from cryptography.hazmat.primitives.kdf.hkdf import HKDF
4    from cryptography.hazmat.backends import default_backend
5    import asyncio, os
6
7    PW = b"password"
8
9    class EchoServerProtocol(asyncio.Protocol):
10     def __init__(self, password):
11       # 64 bytes gives us 2 32-byte keys.
12       key_material = HKDF(
13         algorithm=hashes.SHA256(),
14         length=64, salt=None, info=None,
15         backend=default_backend()
16       ).derive(password)
17       self._server_read_key = key_material[0:32]
18       self._server_write_key = key_material[32:64]
19
20     def connection_made(self, transport):
21       peername = transport.get_extra_info('peername')
22       print('Connection from {}'.format(peername))
23       self.transport = transport
24
25     def data_received(self, data):
26       # Split out the nonce and the ciphertext.
27       nonce, ciphertext = data[:12], data[12:]
28       plaintext=ChaCha20Poly1305(self._server_read_key).decrypt(
29         nonce, ciphertext, b"")
30     message = plaintext.decode()
31     print('Decrypted message from client: {!r}'.format(message))
32
33     print('Echo back message: {!r}'.format(message))
34     reply_nonce = os.urandom(12)
35     ciphertext=ChaCha20Poly1305(self._server_write_key).encrypt(
36       reply_nonce, plaintext, b"")
37     self.transport.write(reply_nonce + ciphertext)
```

```
38
39    print('Close the client socket')
40    self.transport.close()
41
42  loop = asyncio.get_event_loop()
43  # Each client connection will create a new protocol instance
44  coro = loop.create_server(lambda: EchoServerProtocol(PW),
      '127.0.0.1', 8888)
45  server = loop.run_until_complete(coro)
46
47  # Serve requests until Ctrl+C is pressed
48  print('Serving on {}'.format(server.sockets[0].getsockname()))
49  try:
50      loop.run_forever()
51  except KeyboardInterrupt:
52      pass
53
54  # Close the server
55  server.close()
56  loop.run_until_complete(server.wait_closed())
57  loop.close()
```

这个文件中只有一个协议类：EchoServerProtocol。为便于说明，connection_made 方法报告了连接客户端的详细信息。这通常是客户端的 IP 地址和出站 TCP 端口。这只是为了增加趣味性，对服务器的操作不是必需的。

真正的重点在 data_received 方法中。此方法接收数据、解密、重新加密并将其发送回客户端。

实际上，这有点超前了。对于这种加密，密钥从何而来？password 是 EchoServer-Protocol 构造函数的一个参数，但如果查看代码后面的 create_server 行，显然传递的是一个硬编码的值。考虑到 password 仍然是常用密码，选择该字符串作为 secret[1]。

EchoServerProtocol 使用密码派生两个密钥："读"密钥和"写"密钥。因为要使用随机的 nonce，所以可对客户端和服务器使用相同的密钥，但是很容易做到有两个独立密钥，这是好事。使用 HKDF 生成 64 字节的密钥内容，并将其分为两个

1　如果阅读本书的读者仍使用 password 作为实际使用的密码，请停止阅读，去更改它。

密钥：服务器的读密钥和服务器的写密钥。

回到 data_received 方法，请记住，从客户端接收到某些内容时，调用此方法。因此，数据变量是客户端发送的。假设在没有任何错误检查的情况下，客户端发送了一个 12 字节的 nonce 和任意数量的密文。使用 nonce 和服务器的 read 密钥，可解密密文。注意，第三个参数只是一个空字节字符串，因为目前还没有对其他任何数据进行身份验证。

一旦数据解密,恢复的明文将在服务器的写密钥和新生成的 nonce 下重新加密。本可重用 nonce，因为有不同的密钥，但使用单独的 nonce 是很好的做法，它使传输双方使用相同的消息格式。然后将新的 nonce 和重新加密的消息发送回客户端。

剩下的部分用来设置服务器。除了 create_server 方法外，可忽略其中的大部分。此方法在本地端口 8888 上设置侦听器，并将其与匿名工厂函数关联。该 lambda 在每次有新的传入连接时调用。换言之，对于每个传入的客户端连接，都会生成一个新的 EchoServerProtocol 对象。

完成服务器代码后，创建代码清单 7-5 中的客户端代码，它发送初始消息并对响应进行解密。

代码清单 7-5　安全地响应客户端

```
1   from cryptography.hazmat.primitives.ciphers.aead import
        ChaCha20Poly1305
2   from cryptography.hazmat.primitives import hashes
3   from cryptography.hazmat.primitives.kdf.hkdf import HKDF
4   from cryptography.hazmat.backends import default_backend
5   import asyncio, os, sys
6
7   PW = b"password"
8
9   class EchoClientProtocol(asyncio.Protocol):
10    def __init__(self, message, password):
11      self.message = message
12
13      # 64 bytes gives us 2 32-byte keys
14      key_material = HKDF(
15        algorithm=hashes.SHA256(),
16        length=64, salt=None, info=None,
17        backend=default_backend()
```

```
18              ).derive(password)
19          self._client_write_key = key_material[0:32]
20          self._client_read_key = key_material[32:64]
21
22      def connection_made(self, transport):
23          plaintext = self.message.encode()
24          nonce = os.urandom(12)
25          ciphertext = ChaCha20Poly1305(self._client_write_key).
             encrypt(
26             nonce, plaintext, b"")
27          transport.write(nonce + ciphertext)
28          print('Encrypted data sent: {!r}'.format(self.message))
29
30      def data_received(self, data):
31          nonce, ciphertext = data[:12], data[12:]
32          plaintext=ChaCha20Poly1305(self._client_read_key).decrypt(
33              nonce, ciphertext, b"")
34          print('Decrypted response from server:
               {!r}'.format(plaintext.decode()))
35
36      def connection_lost(self, exc):
37          print('The server closed the connection')
38          asyncio.get_event_loop().stop()
39
40      loop = asyncio.get_event_loop()
41      message = sys.argv[1]
42      coro=loop.create_connection(lambda:EchoClientProtocol(message,PW),
43                                  '127.0.0.1', 8888)
44      loop.run_until_complete(coro)
45      loop.run_forever()
46      loop.close()
```

这段代码与服务器有一些很明显的相似之处。首先，有相同的硬编码密码(非常糟糕)。显然，需要相同的密码，否则双方将无法相互通信。在构造函数中也有相同的密钥派生例程。

尽管如此，还是有一些重要区别。如果查看密钥内容是如何划分的，这一次前 32 个字节是客户端的写密钥，后 32 个字节是客户端的读密钥。在服务器代码中，这当然是相反的。

这不是意外。因为处理的是对称密钥；客户端写什么，服务器就读什么，反之亦然。换言之，客户端的写密钥是服务器的读密钥。在派生密钥时，必须确保在两边正确地管理密钥内容的拆分顺序。之前有一些练习是在没有太多解释的情况下处理这个问题的。如果这些练习在当时没有多大意义，现在就可以很好地重新审视它们了。

解决此问题的另一种方法是始终将两边的派生密钥命名为相同的东西。因此，例如，与其派生一个"读"密钥和一个"写"密钥，不如选择为客户端和服务器使用名称"客户端写"密钥和"服务器写"密钥。这样，前 32 个字节总是客户端的写密钥，后 32 个字节是服务器的写密钥。

一旦创建了这两个密钥，其他名称就只是别名了。即"客户端读"密钥只是"服务器写"密钥的别名，而"服务器读"密钥只是"客户端写"密钥的别名。

> **练习 7-4　名称有什么关系？**
>
> 许多情况下，"读"和"写"是正确名称，因为尽管将一台计算机称为客户端，一台计算机称为服务器，但它们的行为是对等的。
>
> 但是，如果在处理的上下文中，客户端只发出请求，而服务器只响应请求，就可以适当地重命名密钥。前面创建的 echo 客户端/服务器就是这种模式的一个示例。
>
> 从代码清单 7-4 和 7-5 中的代码开始，将所有引用改为"读"和"写"数据，密钥改为"请求"和"响应"。给它们起一个合适的名字！客户端写入请求并读取响应，而服务器读取请求并写入响应。客户端和服务器代码之间的关系会发生什么变化？

与服务器代码的另一个区别是，在客户端的 connection_made 方法中传输数据。这是因为服务器在响应之前，等待客户端发送一些内容，而客户端只是尽快进行传输。

数据本身的传输应该看起来很熟悉。生成一个 nonce，然后使用 transport.write 来编写 nonce 和密文。

服务器的响应在 data_received 中处理。这看起来也很熟悉。nonce 被分离出来，然后使用读密钥和接收到的 nonce 对密文进行解密。

在 create_connection 方法中，注意仍然使用一个匿名 lambda 函数来构建 client 协议类的实例。这可能会让你大吃一惊。在服务器中，使用工厂函数是有意义的，因为可能有多个连接需要多个协议实例。但在出站连接中，只有一个协议实例和一个连接。实际上，工厂是不必要的。它的使用使得 create_server 和 create_connection 的 API 尽可能相似。

这段代码是研究使用加密的网络协议的良好开端。然而，对于真正的网络通信，常需要额外的机器。在生产代码中可能出现的一个问题是跨多个 data_received 调用的消息，或者多个消息被压缩为一个 data_received 调用。data_received 方法将传入数据视为一个流，这意味着无法保证在单个调用中接收多少数据。asyncio 库不知道发送的数据是否要被分割。要解决这个问题，需要能够识别一条消息的结束位置和另一条消息的开始位置。这通常需要一些缓冲，以防不是一次接收所有数据，还需要一个协议来指示在何处拆分各个消息。

7.5 Kerberos 简介

尽管 PKI 目前广泛用于建立和验证身份，但也有一些算法仅使用对称加密来建立双方的身份和信任。与 PKI 一样，这些算法需要一个可信的第三方。

Kerberos 是用于在双方之间进行身份验证通信的最著名协议之一。Kerberos 是一种单点登录(SSO)服务，在 20 世纪 90 年代早期发展为当前形式(版本 5)。尽管从那时起就有了更新，但协议基本保持不变。它允许用户首先登录 Kerberos 系统，然后在不再次登录的情况下访问其他网络资源。真正亮眼之处在于，虽然已经添加了一些扩展为某些组件使用 PKI，但核心算法都使用对称加密。

Alice 和 Bob 听说 Kerberos 现在部署在某些 WA 网络中的系统上。为了探索渗透这些系统的各种机会并寻找其中的弱点，Alice 和 Bob 花了一些时间回到总部，学习 Kerberos 是如何工作的。

下面帮助 Alice 和 Bob 创建一些与 Kerberos 类似的代码。与本书中的大多数示例一样，这不是真正的 Kerberos，完整介绍 Kerberos 系统超出了本书的范围。但仍然可以探索其基本组件，并了解 Kerberos 如何使用相对简单的网络协议来执行其功能。我们还尝试识别所遗漏的更高级和更复杂的部分，但是如果想深入了解生产 Kerberos，就需要研究其他来源。

本章还介绍一些用于描述以密码协议发送的消息的新符号。利用密钥($\{明文\}K$)表示密文的基础上，现在添加一些表示一方(主体)给另一方发送消息的符号。假设 Alice 想向 Bob 发送一条消息，其中包括 Alice 的名字(明文)和一些用共享密钥加密的密文。该交换的符号如下：

$$A \rightarrow B : A, \{\text{plaintext}\}K_{A,B}$$

箭头并不表示接收消息。Bob 可能因为数据丢失或 Eve 截获而永远得不到它。

箭头表示意图，因此 $A{\rightarrow}B$ 表示 A (Alice)打算向 B (Bob)发送一条消息。然而，出于实际目的，有时将其看作发送和接收会更简单一些，因此这里进行这种简化的假设。

A 表示 Alice 的名字或身份字符串。身份字符串可以是很多东西，可以是 Alice 的合法名字、用户名、URI，或者只是一个不透明的令牌。因为消息中的 A 不在大括号中，所以是明文。$K_{A,B}$ 下的密文和之前用来表示 A 和 B 共享的密钥的符号是一样的。

然而，当 A 以"属于" B 的密钥向 B 发送加密的数据时(例如，该密钥派生自与 B 关联的密码)，将此密钥标记为 K_B。尽管 A 知道这个密钥，而且从技术上讲，它是一个共享密钥，但其思想是对消息进行加密，只供 B 使用。

Kerberos 有多个主体，消息交换可能有点复杂。这个符号用来帮助表示谁向谁发送数据。

准备好之后，Alice 和 Bob 坐下来讨论 Kerberos 的工作方式。第一课是 Kerberos 如何使用身份和密码的中央存储库。与不必保留所有已签名证书的在线注册表(当然也不存储任何私有密钥)的证书颁发机构不同，Kerberos 身份验证服务器(AS)跟踪每个可用的身份，并将其映射到一个密码。这些数据必须随时可用。

Kerberos AS 显然是系统中非常敏感的一部分。一旦 AS 泄露，攻击者就可以获得每个用户的密码信息。因此，应该谨慎地保护这一系统。而且，如果 AS 失败，Kerberos 的其余部分也会崩溃。因此，AS 必须抵御拒绝服务(DoS)攻击。

下面暂停一下，构建一个玩具 AS 的快速框架。在本例中，从代码清单 7-6 开始，将系统称为 SimpleKerberos，以表明这不是完整协议。首先为 AS 创建一个协议类，并对一个基于字典的密码数据库进行硬编码。还不知道 AS 做了什么，所以所有的网络方法是空的。

代码清单 7-6　Kerberos 身份验证服务器

```
1   # Partial Listing: Some Assembly Required
2
3   # Skeleton for Kerberos AS Code, User Database, initial class decl
4   import asyncio, json, os, time
5   from cryptography.hazmat.backends import default_backend
6   from cryptography.hazmat.primitives import hashes
7   from cryptography.hazmat.primitives.ciphers import Cipher,
     algorithms,modes
8   from cryptography.hazmat.primitives import padding
9   from cryptography.hazmat.primitives.kdf.hkdf import HKDF
10
```

```
11   # we used the most common passwords
12   # from 2018 according to wikipedia
13   # https://en.wikipedia.org/wiki/List_of_the_most_common_
     passwords
14   USER_DATABASE = {
15       "johndoe": "123456",
16       "janedoe": "password",
17       "h_world": "123456789",
18   }
19
20   class SimpleKerberosAS(asyncio.Protocol):
21       def connection_made(self, transport):
22           self.transport = transport
23
24       def data_received(self, data):
25           pass
```

到目前为止，代码清单 7-6 中没有什么复杂的东西：只有一个用户名-密码字典和一个空的协议类。要填写这些方法，需要知道 AS 是如何工作的。

此时，一些非常酷的密码术出现了！用户应该如何登录？绝对不应在线上以明文方式发送密码。用户显然必须向 AS 注册才能将密码存储在那里，所以是否应该利用这个机会创建一个共享加密密钥？

原来这些东西都不是必需的！用户只需要发送他们的名字就可以登录。使用前面的协议符号 Alice 可登录到 AS：

$$A \to \text{AS}:A$$

真的吗？这是怎么做到的呢？是什么阻止了 Eve 发送 Alice 的名字？

神奇之处在于回应。AS 打算发送加密的数据，只有真正的 Alice 可以解密。这里假设 Alice 知道她的密码，而其他人不知道。

首先，AS 从 Alice 的密码中获得密钥 K_A。然后，AS 发送回一个在 Alice 的 K_A 密钥下加密的新生成的会话密钥：

$$\text{AS} \to A:\{K_{\text{session}}\}K_A$$

如果 Alice 知道密码，就能获得 K_A 并解密会话密钥，稍后将解释其用途。现在，只需要知道它是 SSO 操作的一部分。

Kerberos 同时使用时间戳和 nonce 来抵御重放攻击。虽然可以配置，但 Kerberos 通常不接受超过 5 分钟的消息。时间戳也用作 nonce，这意味着相同的时间戳不能使用两次。时间戳包括微秒字段；很难想象客户端在同一微秒内发送两个请求。真正的 Kerberos 检查，会确认是否在同一时间(以微秒计)发送多个包。如果发生这种情况，应该人为地将时间戳中微秒字段的值增加 1。

为简单起见，下面使用时间戳，而不是把它们当作 nonce(例如，检查重复)。更新协议，将 t_1 作为 Alice 的时间戳：

$$AS \rightarrow A : \{K_{session}\} K_A$$

下面更新 AS 来接收 Alice 的消息，并发回一个加密的会话密钥。对于在前面的示例和练习中发送的消息，只是将数据与足够多的固定长度片段连接在一起，这样就可分解所有单独的元素。

这一次，所发送消息的长度比较难以预测。当 Alice 传输她的用户名和时间戳时，AS 如何将消息分成两部分？可使用分隔符，如逗号，并禁止它成为用户名的一部分，但是后面将发送多个加密的值。怎么知道一个值在哪里结束，另一个值在哪里开始？分隔符不能直接用于原始的加密数据，因为该数据使用了所有可能的字节值。

在实际的网络通信中，可通过多种方式来解决这个问题。例如，HTTP 使用定界符(如 key: value<newline>)发送元数据，如果数据是任意的(可能包含定界符)，则使用一些预定义的算法(如 Base-64 编码)将其转义或转换为 ASCII。创建其他网络包时，序列化了所有值，并将长度字段作为二进制包的一部分。

为保持本练习的简单性，使用 Python 的 JSON 库来序列化和反序列化字典。第 6 章就使用这种方法将数据存储到磁盘。现在，使用 JSON 对通过网络传输的数据进行编码。然而，JSON 并不总是能很好地处理字节字符串。代码清单 7-7 定义了两个快捷方法，用于快速将字典转储为 JSON 并重新加载。请确保在本例中创建的所有三个 Kerberos 脚本中都有这段代码(或从公共文件导入它们)。

代码清单 7-7 JSON 处理的工具函数

```
1   # These helper functions deal with json's lack of bytes support
2   def dump_packet(p):
3     for k, v in p.items():
4       if isinstance(v, bytes):
5         p[k] = list(v)
6     return json.dumps(p).encode('utf-8')
7
8   def load_packet(json_data):
9     p = json.loads(json_data)
10    for k, v in p.items():
```

```
11      if isinstance(v, list):
12          p[k] = bytes(v)
13   return p
```

真正的 Kerberos 以"AS_REQ 包"的形式调用从 Alice 发送到 AS 的包。这里也会用到这个符号。在简单的 Kerberos AS 中，Alice 的包是一个字典，包含以下字段。

- type：AS_REQ
- principal：Alice 的用户名
- timestamp：当前时间戳

AS 接收到数据时，它需要检查时间戳是不是新的，用户是否在数据库中。下面在代码清单 7-8 中更新 data_received 方法来处理这个问题。

代码清单 7-8　Kerberos AS 接收器

```
1    # Partial Listing: Some Assembly Required
2
3    class SimpleKerberosAS(asyncio.Protocol):
4    ...
5      def data_received(self, data):
6          packet = load_packet(data)
7          response = {}
8          if packet["type"] == "AS_REQ":
9              clienttime = packet["timestamp"]
10             if abs(time.time()-clienttime) > 300:
11                 response["type"] = "ERROR"
12                 response["message"] = "Timestamp is too old"
13             elif packet["principal"] not in USER_DATABASE:
14                 response["type"] = "ERROR"
15                 response["message"] = "Unknown principal"
```

一旦恢复"包"，它就只是一个字典。首先检查类型，确保它是期望的包的类型。接下来，检查时间戳。如果增量大于 300 秒(5 分钟)，就发回一个错误。同样，如果用户名不在密码数据库中，也会发回一个错误。

这个错误的包类型完全是虚构的。Kerberos 使用另一个包结构来报告错误，但这会满足需要。

现在进入有趣的部分。假设时间戳是最新的，并且用户名在数据库中，那么需要从用户的密码中获取用户的密钥，创建一个会话密钥，然后将这个通过用户密钥加密的会话密钥发送回来。

应该使用什么算法和参数？

在这个方面，真正的 Kerberos 比下面要做的算法复杂得多。与许多加密协议一样，真正的 Kerberos 实际上定义了一套用于各种操作的算法。当 Kerberos v5 首次部署时，广泛使用了 DES 对称加密算法。当然，现在大部分 DES 都已经废弃了，加入了 AES。

现在知道，AES 不是一个完整的答案。使用什么模式的 AES？从哪里得到 IV 呢？

有趣的是，Kerberos 使用一种称为 CTS(密文窃取)的操作模式。这里不打算在这种操作模式(通常构建在 CBC 模式之上)上花费大量时间，只是对于许多 Kerberos 密码套件，它们没有使用 IV 来区分消息。而使用 "混淆器"。混淆器是随机的、块大小的明文消息，预先写入了真实数据。在使用 CBC 模式时，随机的第一个块在许多方面与 IV 具有相同的作用。

这里不处理这些复杂的问题，而是重点介绍加密过程以及如何在协议中使用对称加密。因此，对于简单的 Kerberos，使用 AES-CBC 和一个固定的 IV(全是 0)。暂时还将省略 MAC 操作。很明显，这是不安全的，不应该在生产环境中使用。

下面编写帮助函数，用于从密码中派生密钥、加密和解密。如代码清单 7-9 所示。

代码清单 7-9 Kerberos 和加密

```
1   # Partial Listing: Some Assembly Required
2
3   # Encryption Functions for Kerberos AS
4   def derive_key(password):
5       return HKDF(
6           algorithm=hashes.SHA256(),
7           length=32,
8           salt=None,
9           info=None,
10          backend=default_backend()
11      ).derive(password.encode())
12
13  def encrypt(data, key):
14      encryptor = Cipher(
```

```
15        algorithms.AES(key),
16        modes.CBC(b"\x00" * 16),
17        backend=default_backend()
18    ).encryptor()
19    padder = padding.PKCS7(128).padder()
20    padded_message = padder.update(data) + padder.finalize()
21    return encryptor.update(padded_message)+encryptor.finalize()
22
23  def decrypt(encrypted_data, key):
24    decryptor = Cipher(
25        algorithms.AES(key),
26        modes.CBC(b"\x00" * 16),
27        backend=default_backend()
28    ).decryptor()
29    unpadder = padding.PKCS7(128).unpadder()
30    padded_message = decryptor.update(encrypted_data) +
          decryptor.finalize()
31    return unpadder.update(padded_message) + unpadder.finalize()
```

注意，为满足 CBC 的要求，使用了填充。附带说明一下，Kerberos 使用 CTS
模式的一个原因是它不需要填充。之所以称为"窃取"，是因为它从倒数第二个块
中窃取一些加密数据，以填补最后一个块丢失的字节。

前面的三个函数将在多个脚本中使用，因此可将它们保存在单独文件中然后
导入。

现在准备从 AS 发送响应，如代码清单 7-10 所示。Kerberos 将这个包称为 AS_REP，
这里也将这样做。响应是一个在发送之前序列化的字典。由于稍后将解释的原因，
没有加密整个数据包；只加密了一部分 user_data。

代码清单 7-10 Kerberos AS 响应器

```
1    # Partial Listing: Some Assembly Required
2
3    class SimpleKerberosAS(asyncio.Protocol):
4    ...
5      def data_received(self, data):
6          packet = load_packet(data)
```

```
7             response = {}
8             if packet["type"] == "AS_REQ":
9                 if ... # check errors
10                else:
11                    response["type"] = "AS_REP"
12
13                    session_key = os.urandom(32)
14                    user_data = {
15                        "session_key":session_key,
16                        }
17                    user_key = derive_key(USER_DATABASE[packet
                       ["principal"]])
18                    user_data_encrypted = encrypt(dump_packet
                       (user_data),user_key)
19                    response["user_data"] = user_data_encrypted
20        self.transport.write(dump_packet(response))
21    self.transport.close()
```

这似乎很合理。现在需要编写这个协议的客户端，但在此之前，需要解释 Kerberos 协议的下一部分是如何工作的。

Alice 通过 AS 登录后，接下来需要与另一个名为票据授予服务(Ticket-Granting Service，TGS)的实体对话。Alice 告诉 TGS，她希望连接到哪个服务或应用程序。TGS 验证她是否登录，然后为她提供用于该服务的凭据。

为使 Alice 说服 TGS 她已经登录，AS 还向她发送了所谓的票据授予票据(Ticket-Granting Ticket，TGT)。TGT 是在 TGS 密钥下加密的信息，向 TGS 证明，AS 验证了 Alice 的身份。这修改了协议，因此：

$$AS \rightarrow A: \{K_{\text{sessoin}}\}K_A, \text{TGT}$$

TGT 对 Alice 是不透明的。Alice 不能解密或以任何方式读取它；她只能把它传给 TGS。TGT 包含发送给 Alice 的相同会话密钥、Alice 的名称(身份)和时间戳。真正的 Kerberos 包含额外数据，如 IP 地址和票据生存期，但前三个元素对于密码来说是最关键的。Kerberos 协议的第一阶段如图 7-1 所示。

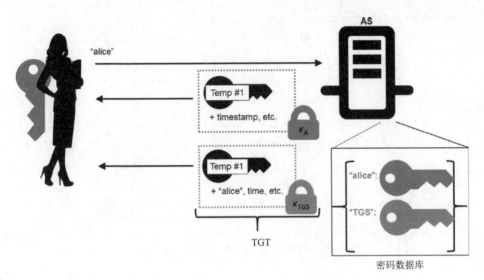

图 7-1　Alice 使用一条明确的身份文本消息启动 Kerberos 登录过程。AS 在数据库中查找她的密钥，并为 TGS 加密会话密钥。它还将 TGS 密钥下加密的 TGT 发送给 Alice

如上所述，会话密钥被发送到 Alice(用她的密钥加密)和 TGT 中的 TGS(用 TGS密钥加密)。这个密钥是 Alice 和 TGS 之间的一个会话密钥，允许 Alice 与 TGS 进行通信。应该将 $K_{session}$ 重命名为 $K_{A,TGS}$。如果在协议符号中扩展 TGT，得到：

$$AS \rightarrow A: \{K_{A,TGS}\}K_A, \{K_{A,TGS}, A, t_2\}K_{TGS}$$

需要更新代码，以包含 TGT。还需要更新用户数据库，以获得 TGS 条目。在真实的 Kerberos 中，TGS 密钥不一定来自存储在密码数据库中的密码，但是如果共享密钥都来自可在命令行输入的密码，那么运行 AS、TGS 和其他服务就会更容易。如代码清单 7-11 所示。

代码清单 7-11　Kerberos TGT

```
1   # Partial Listing: Some Assembly Required
2
3   # we used the most common passwords
4   # from 2018 according to wikipedia
5   # https://en.wikipedia.org/wiki/List_of_the_most_common_passwords
6   USER_DATABASE = {
7       "johndoe": "123456",
8       "janedoe": "password",
9       "h_world": "123456789",
```

```
10          "tgs": "sunshine"
11      }
12
13      class SimpleKerberosAS(asyncio.Protocol):
14      ...
15        def data_received(self, data):
16            packet = load_packet(data)
17            response = {}
18            if packet["type"] == "AS_REQ":
19                if ... # check errors
20                else:
21                    response["type"] = "AS_REP"
22
23                    session_key = os.urandom(32)
24                    user_data = {
25                        "session_key":session_key,
26                        }
27                    tgt = {
28                        "session_key":session_key,
29                        "client_principal":packet["principal"],
30                        "timestamp":time.time()
31                        }
32        user_key = derive_key(USER_DATABASE[packet["principal"]])
33        user_data_encrypted = encrypt(dump_packet(user_data),
           user_key)
34            response["user_data"] = user_data_encrypted
35
36            tgs_key = derive_key(USER_DATABASE["tgs"])
37            tgt_encrypted = encrypt(dump_packet(tgt), tgs_key)
38            response["tgt"] = tgt_encrypted
39        self.transport.write(dump_packet(response))
40    self.transport.close()
```

现在开始在客户端上工作，并为通信的这一端创建一个协议类。首先，类(代码清单 7-12)需要将用户名传输到 AS，且需要密码来派生自己的密钥。将这些作为参数传递给类构造函数。

还要传入一个回调函数 on_login，用于接收会话密钥和 TGT。

代码清单 7-12　Kerberos 登录

```
1    # Partial Listing: Some Assembly Required
2
3    # Skeleton for Kerberos Client Code. Imports, initial class decl
4    # Dependencies: derive_key(), encrypt(), decrypt(),
5    # load_packet(), dump_packet()
6    import asyncio, json, sys, time
7    from cryptography.hazmat.backends import default_backend
8    from cryptography.hazmat.primitives import hashes
9    from cryptography.hazmat.primitives.ciphers import Cipher,
      algorithms,modes
10   from cryptography.hazmat.primitives import padding
11   from cryptography.hazmat.primitives.kdf.hkdf import HKDF
12
13   class SimpleKerberosLogin(asyncio.Protocol):
14     def __init__(self, username, password, on_login):
15       self.username = username
16       self.password = password
17       self.on_login = on_login
18
19       self.session_key = None
20       self.tgt = None
```

一旦建立了连接，SimpleKerberosLogin 类就应该传输用户的身份，所以下面将该功能放入代码清单 7-13 的 connection_made 方法中。

代码清单 7-13　Kerberos 登录连接

```
1    # Partial Listing: Some Assembly Required
2
3    # Dependencies: derive_key(), encrypt(), decrypt()
4    class SimpleKerberosLogin(asyncio.Protocol):
5    ...
6      def connection_made(self, transport):
```

```
7        self.transport = transport
8        request = {
9          "type": "AS_REQ",
10         "principal": self.username,
11         "timestamp": time.time()
12       }
13       self.transport.write(dump_packet(request))
```

不应该有什么令人惊讶的地方。创建 AS_REQ 包并发送它。当服务器写回时，它要么是一个错误，要么是一个 AS_REP 包。如果是后者，则需要解密 user_data 以获得会话密钥。TGT 是不透明的，不以其他任何方式进行处理。

代码清单 7-14　Kerberos 登录接收器

```
1    # Partial Listing: Some Assembly Required
2
3    # Dependencies: derive_key(), encrypt(), decrypt()
4    class SimpleKerberosLogin(asyncio.Protocol):
5    ...
6      def data_received(self, data):
7        packet = load_packet(data)
8        if packet["type"] == "AS_REP":
9        user_data_encrypted = packet["user_data"]
10       user_key = derive_key(self.password)
11       user_data_bytes = decrypt(user_data_encrypted, user_key)
12       user_data = load_packet(user_data_bytes)
13       self.session_key = user_data["session_key"]
14       self.tgt = packet["tgt"]
15     elif packet["type"] == "ERROR":
16       print("ERROR: {}".format(packet["message"]))
17
18     self.transport.close()
19
20 def connection_lost(self, exc):
21   self.on_login(self.session_key, self.tgt)
```

连接将以某种方式关闭，如代码清单 7-14 所示。此时，使用会话密钥和 TGT 触发回调。如果有错误，这些值将为 None。

前面编写的代码提供了一个可连接到 AS、发送身份并接收加密的会话密钥和 TGT 的客户端。现在，该创建 TGS 了！

在许多 Kerberos 系统中，AS 和 TGS 位于同一主机上。它们具有类似的用途和安全需求。许多情况下，它们可能需要共享数据库信息。但对于练习，为将 TGS 可视化为一个单独实体，将它作为一个单独脚本运行。

当 Alice 登录并希望与服务 S 对话时，Alice 使用 TGT 向 TGS 发送一条消息，TGT 是服务的名称，也是一个"身份验证器"。验证器包含 Alice 的身份和一个时间戳，时间戳用 $K_{A,TGS}$(由 AS 生成的会话密钥)加密。相同的会话密钥在 TGT 中。当 TGS 解密 TGT 并获得 $K_{A,TGS}$ 时，TGS 将能解密身份验证器，并验证 Alice 也拥有密钥 $K_{A,TGS}$。如果 Alice 没有该密钥，就无法创建验证器。事实是她有密钥，且该密钥还在 TGT 中，意味着 AS 授权她进行这次通信。

通过协议表示法，下面是 Alice 发送给 TGS 的消息。

$$A \rightarrow TGS: S, \{A, t_3\} K_{A,TGS}, \{K_{A,TGS}, A, t_2\} K_{TGS}$$

如果 TGS 验证数据并批准请求，会返回一个票据和一个新的会话密钥，以便 Alice 与服务 S 进行通信。与 TGT 一样，票据对 Alice 是不透明的。用 S 的密钥加密，并包含与 Alice 相关的授权数据。具体而言，包含 Alice 的身份、服务的身份和时间戳。同样，真正的 Kerberos 票据包含这里没有包含的其他数据。这个传输的协议符号是：

$$TGS \rightarrow A: \{S, K_{A,S}\} K_{A,TGS}, \{K_{A,S}, A, t_3\} K_S$$

图 7-2 描述了这个过程。

Alice 使用她的会话密钥和 TGS 来解密新的会话密钥，以便与服务 S 一起使用。但在处理那部分之前，先把 TGS 写出来。

TGS 的大部分操作与身份验证服务的操作相同，不会再次写出所有代码。但注意，TGS 需要一个数据库，其中包含它授权的各种服务的密钥。再次使用了带有密码的数据库来简化工作。代码清单 7-15 中的示例代码只有一个服务：echo。

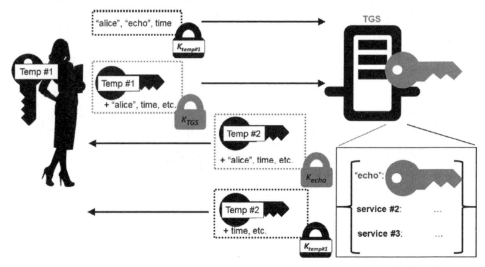

图 7-2　Alice 使用 TGT 来证明她的身份，并要求 TGS 提供一个会话密钥来与 echo 服务通信。与 TGT 类似，Alice 收到一条针对 echo 服务的加密消息，她无法打开该消息，但可以转发

代码清单 7-15　Kerberos TGS

```
1    # Partial Listing: Some Assembly Required

2

3    # Skeleton for Kerberos TGS.Imports,initial class decl,Service DB
4    # Dependencies: derive_key(), encrypt(), decrypt(),
5    # load_packet(), dump_packet()
6    import asyncio, json, os, time, sys
7    from cryptography.hazmat.backends import default_backend
8    from cryptography.hazmat.primitives import hashes
9    from cryptography.hazmat.primitives.ciphers import Cipher,
     algorithms,modes
10   from cryptography.hazmat.primitives import padding
11   from cryptography.hazmat.primitives.kdf.hkdf import HKDF
12
13   # we used the most common passwords
14   # from 2018 according to wikipedia
15   # https://en.wikipedia.org/wiki/List_of_the_most_common_
     passwords
```

```
16    SERVICE_DATABASE = {
17       "echo":"qwerty",
18    }
19
20    class SimpleKerberosTGS(asyncio.Protocol):
21      def __init__(self, password):
22          self.password = password
```

注意，还向构造函数传递了一个密码。SimpleKerberosTGS 需要能够派生出它的密钥；否则，它无法解密由 AS 发送给它的 TGT。

TGS 代码的主要部分在代码清单 7-16 的 data_received 中。在这个方法中，TGS 服务器接收到一个 TGS_REQ 包(按照 Kerberos 命名)。

代码清单 7-16   Kerberos TGS 接收器

```
1    # Partial Listing: Some Assembly Required
2
3    class SimpleKerberosTGS(asyncio.Protocol):
4    ...
5      def data_received(self, data):
6        packet = load_packet(data)
7        response = {}
8        if packet["type"] == "TGS_REQ":
9          tgsKey = derive_key(self.password)
10         tgt_bytes = decrypt(packet["tgt"], tgsKey)
11         tgt = load_packet(tgt_bytes)
12
13         authenticator_bytes = decrypt(packet["authenticator"],
             tgt["session_key"])
14         authenticator = load_packet(authenticator_bytes)
15
16         clienttime = authenticator["timestamp"]
17         if abs(time.time()-clienttime) > 300:
18           response["type"] = "ERROR"
19           response["message"] = "Timestamp is too old"
20         elif authenticator["principal"] !=
             tgt["client_principal"]:
```

```
21                 response["type"] = "ERROR"
22                 response["message"] = "Principal mismatch"
23         elif packet["service"] not in SERVICE_DATABASE:
24             response["type"] = "ERROR"
25             response["message"] = "Unknown service"
26         else:
27               response["type"] = "TGS_REP"
28
29             service_session_key = os.urandom(32)
30             user_data = {
31                 "service": packet["service"],
32                 "service_session_key": service_session_key,
33                 }
34             ticket = {
35                 "service_session_key": service_session_key,
36                 "client_principal": authenticator["principal"],
37                 "timestamp": time.time()
38                 }
39             user_data_encrypted=encrypt(dump_packet(user_data),
                 tgt["session_key"])
40             response["user_data"] = user_data_encrypted
41
42             service_key = derive_key(SERVICE_
                 DATABASE[packet["service"]])
43             ticket_encrypted = encrypt(dump_packet(ticket),
                 service_key)
44             response["ticket"] = ticket_encrypted
45         self.transport.write(dump_packet(response))
46     self.transport.close()
```

正如所建议的那样，其中很多内容与 AS 代码非常相似。但有几个关键的区别。

首先，TGS 必须对验证器进行解密，才能获得时间戳。这次它不是明文发送的，但它确保加密的数据(身份验证器)至少是比较新鲜的(在最近 5 分钟内)。在真正的 Kerberos 中，将存储时间戳，重复的时间戳将被标识和丢弃。

还要注意，TGS 检查验证器中的主体是否与 TGT 中的相同。它必须执行此检查，以确保被 AS 授权的身份与请求票证的身份相同。

最后，使用会话密钥等的用户数据没有在源自其密码的密钥下加密(TGS 无论如何都没有)。相反，它是在会话密钥 $K_{A, TGS}$ 下加密的。TGS 使用这个密钥加密，因为只有 Alice 能够解密它。

需要更新客户端代码来处理 TGS 通信。这包括处理从 AS 接收到的登录信息，并触发与 TGS 的新通信。首先在代码清单 7-17 中创建 SimpleKerberosGetTicket 类，以便与刚才创建的 TGS 服务器进行通信。

代码清单 7-17　获得 Kerberos 票据

```
1   # Partial Listing: Some Assembly Required
2
3   # SimpleKerberosGetTicket is also part of the Client
4   # This class connects to the TGS to get a ticket
5   class SimpleKerberosGetTicket(asyncio.Protocol):
6     def __init__(self,username,service,session_key,tgt,on_ticket):
7       self.username = username
8       self.service = service
9       self.session_key = session_key
10      self.tgt = tgt
11      self.on_ticket = on_ticket
12
13      self.server_session_key = None
14      self.ticket = None
15
16    def connection_made(self, transport):
17      print("TGS connection made")
18      self.transport = transport
19      authenticator = {
20          "principal": self.username,
21          "timestamp": time.time()
22      }
23      authenticator_encrypted=encrypt(dump_packet
          (authenticator),self.session_key)
```

```
24        request = {
25            "type": "TGS_REQ",
26            "service": self.service,
27            "authenticator": authenticator_encrypted,
28            "tgt": self.tgt
29        }
30        self.transport.write(dump_packet(request))
31
32    def data_received(self, data):
33        packet = load_packet(data)
34        if packet["type"] == "TGS_REP":
35            user_data_encrypted = packet["user_data"]
36            user_data_bytes = decrypt(user_data_encrypted, self.
              session_key)
37            user_data = load_packet(user_data_bytes)
38            self.server_session_key=user_data["service_session_key"]
39            self.ticket = packet["ticket"]
40        elif packet["type"] == "ERROR":
41            print("ERROR: {}".format(packet["message"]))
42
43        self.transport.close()
44
45    def connection_lost(self, exc):
46        self.on_ticket(self.server_session_key, self.tgt)
```

该协议在连接时发送 TGS_REQ 包以及加密的身份验证器、服务名称和 TGT。请记住，TGT 是由 AS 传输的，与会话密钥一样。这些数据传递给这个协议的构造函数。一旦接收到 TGS_REP，就可提取服务的会话密钥以及要发送到服务的票据。使用另一个回调 on_ticket 来处理此信息。

图 7-3 显示了协议的其余部分。

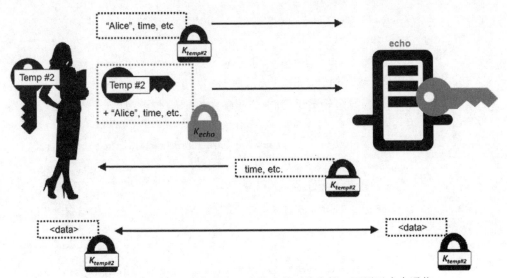

图 7-3 Alice 和 echo 服务都有一个共享的对称密钥，可用于安全通信

为将所有这些绑定在一起，使用代码清单 7-18 中的 ResponseHandler 类来接收回调 on_login 和 on_ticket。on_login 还将触发对 TGS 的调用。

代码清单 7-18 Kerberos 客户端

```
1    # Partial Listing: Some Assembly Required
2
3    # ResponseHandler is also part of the client. It connects to the
     service.
4    class ResponseHandler:
5      def __init__(self, username):
6        self.username = username
7
8      def on_login(self, session_key, tgt):
9        if session_key is None:
10           print("Login failed")
11           asyncio.get_event_loop().stop()
12           return
13
14       service = input("Logged into Simpler Kerberos. Enter Service
     Name: ")
15       getTicketFactory = lambda: SimpleKerberosGetTicket(
```

```
16              self.username, service, session_key, tgt, self.on_ticket)
17
18      coro = asyncio.get_event_loop().create_connection(
19        getTicketFactory, '127.0.0.1', 8889)
20      asyncio.get_event_loop().create_task(coro)
21
22    def on_ticket(self, service_session_key, ticket):
23      if service_session_key is None:
24        print("Login failed")
25        asyncio.get_event_loop().stop()
26        return
27
28      print("Got a server session key:",service_session_key.hex())
29      asyncio.get_event_loop().stop()
```

此代码中唯一值得指出的另一个部分是使用输入获取要连接的服务名称。这通常不是使用 asyncio 程序的最佳方式，因为它是一个阻塞调用，阻止其他任何代码工作。但是，对于这个过于简单的客户端来说，这是合理的。它应该在网络通信之间。

注意，在示例中，TGS 只有 echo 服务，所以这应该是输入的服务名称，除非想测试错误处理代码。还将 TGS 的 IP 地址和端口硬编码为本地端口 8889。读者应该做相应的调整。

当所有操作都完成后，如果所有操作都正确，on_ticket 回调应该有一个服务会话密钥和一个票据。

在真实的 Kerberos 中，这是有些棘手的地方。要使用 Kerberos 进行身份验证的每个服务都必须使用 Kerberos。这意味着服务只有经过修改，才能接收 Kerberos 票据，而不是用户名和密码(或其他通常使用的身份验证方法)。无论如何配置，Alice 都发送票据、身份和用服务会话密钥加密的另一个时间戳。服务也可使用相同服务会话密钥加密的时间戳进行响应。可将这个协议交换写成：

$$A \rightarrow S : \{A, t_4\} K_{A,S}, \{A, K_{A,S}, t_3\} K_S$$
$$S \rightarrow A : \{t_4\} K_{A,S}$$

完成此操作后，Alice 和服务 S 知道它们正在与正确的一方通信(基于对 AS/TGT 的信任)，它们拥有一个能进行通信的会话密钥。

注意，显示的会话密钥是双向工作的。这主要用于主体(Alice 和服务 S)彼此之间的实际身份验证。一旦建立起来，就可在必要时进一步协商会话密钥。

Kerberos 文档中有关于可根据需要发送或派生的"子密钥"的说明。

对于实际的 Kerberos 身份验证交换，如果使用混杂器，即使在相同的密钥下，消息也是唯一的。

再重复一遍，Kerberos 本身要比这里演示的复杂得多。有各种各样的扩展，例如，PKI 对 AS 的身份验证、AEAD 算法支持、广泛的选项和核心规范中的其他细节。

尽管如此，这个练习应该有助于 Alice 和 Bob(以及读者!)更好地了解 Kerberos 具体如何工作，以及如何使用对称密钥在各方之间建立身份。

练习 7-5 使 echo 协议变为 Kerberos

本章没有展示任何与 Kerberos 有关的 echo 协议的代码。请读者解决这个问题。不过，本章准备好了一些必要的内容。在真正的 Kerberos 中，Kerberos 化的服务必须在 TGS 中注册。这已经完成了。TGS 代码在服务数据库中有 echo，密码为 sunshine。

需要修改 echo 客户端和 echo 服务器，以使用来自 TGS 的会话密钥，而不是从密码中派生会话密钥。可将来自 TGS 的会话密钥作为密钥内容，仍然使用 HKDF 派生写密钥和读密钥(两个子会话密钥，Kerberos 这样叫它们)。

许多 Kerberos 化的实现接收票据和请求，这里也可以这样做。换言之，发送 Kerberos 消息和要回显的加密数据。因为发送的是人类可读的消息，所以可以使用 null 终止符来指示 echo 消息的结尾和 Kerberos 消息的开头(如果这是最简单的)。或者，可执行一些更复杂的操作，比如首先传输 Kerberos 消息(以其长度为前缀)，然后使用人类可读的 echo 消息作为跟踪器。

还需要对服务器进行修改，以接收从 TGS 派生其密钥的密码。服务器已经有一个作为参数给出的密码。可简单地改变它，派生其 Kerberos 密钥，而不是读写密钥。另外，确保使用适当的派生函数。收到并解密票据后，需要在 data_received 方法中派生读和写密钥。可以将可选的 Kerberos 响应留给 echo 客户端。

最后，必须找到一种将 Kerberos 票据数据发送到 echo 客户端的方法。可以直接在 Kerberos 客户端中构建 echo 客户端协议，也可以找到其他方法来传输它。

练习 7-6 混淆器

检查加密包的任何部分是否有重复。如果进入加密例程(具有固定的 IV 和密钥)的数据在开始时是相同的，则会发生这种情况。由于字典不一定对其数据进行排序，用户名可能位于时间戳之后，在这种情况下，每次的数据包可能是不同的。如果包根本没有重复任何字节，可能会修复时间戳，或强制加密函数对相同的数据加密两次。

　　一旦有了重复的字节，就可以通过在串行字节前面加上 16 个字节的随机明文，来将混淆器引入代码中。确保在解密时删除它。这样可以去掉重复的字节吗？混淆器是否适用于 AES-CTR 模式？

练习 7-7　防止服务器重放

　　从 AS 和 TGS 发送到客户端的传输不包括时间戳。没有时间戳，也没有 nonce，它们可以完全重放。将时间戳添加到由两个服务器传输的用户数据结构中，并修改客户端代码来检查它们。

7.6　小结

　　本章在概念上更简单一些，在工程上更复杂一些。

　　本章首先介绍 AES 加密的一些新操作模式和新的 ChaCha 加密算法。AEAD 算法在很大程度上优于单独进行加密和 MAC(例如，使用 AES-CTR 和 HMAC)。只要这些操作模式可用，就应该使用它们。

　　本章还介绍了 Kerberos SSO 服务，它非常有趣，因为它是由对称密钥算法构建的。在一个 PKI 无处不在的世界里，很高兴看到一个已有 25 年历史的、基于对称的系统继续广泛使用。

　　动手试试，实际编写一些客户端/服务器代码是有趣的。希望如此。因为最后一章主要介绍网络通信，即 TLS！

■■■■

第 8 章

TLS 通信

本章讨论安全互联网通信的基石之一：TLS。与密码学中的许多东西一样，这是一个庞大的主题，充满了繁杂的参数、微妙的陷阱和惊人的逻辑。

8.1　拦截流量

Eve 为自己感到非常自豪。她设法穿越东南极洲进入电脑室，安装了"嗅探"软件。基本上，她已成功拦截了 HTTP (Web)流量，并将其提取出，来供其机构(西南极洲中心骑士办公室，或 WACKO)的情报官员稍后分析。

HTTP 协议本身支持代理。HTTP 客户机可通过中介 HTTP 服务器(代理)连接到服务器。当客户机第一次连接到代理时，会发送一个称为 CONNECT 的特殊 HTTP 命令，告诉代理真正的目的地在哪里。一旦代理连接到真正的服务器，它就充当一个简单的传递机制，将数据从一方转发到另一方。

Eve 设法在敌人的电脑上安装了一个 HTTP 代理，如代码清单 8-1 所示。

代码清单 8-1　HTTP 代理

```
1   import asyncio
2
3   class ProxySocket(asyncio.Protocol):
4     CONNECTED_RESPONSE = (
5       b"HTTP/1.0 200 Connection established\n"
6       b"Proxy-agent: East Antarctica Spying Agency\n\n")
7
8     def __init__(self, proxy):
```

```
9          self.proxy = proxy
10
11   def connection_made(self, transport):
12          self.transport = transport
13          self.proxy.proxy_socket = self
14          self.proxy.transport.write(self.CONNECTED_RESPONSE)
15
16    def data_received(self, data):
17          print("PROXY RECV:", data)
18          self.proxy.transport.write(data)
19
20    def connection_lost(self, exc):
21          self.proxy.transport.close()
22
23
24   class HTTPProxy(asyncio.Protocol):
25    def connection_made(self, transport):
26         peername = transport.get_extra_info('peername')
27         print('Connection from {}'.format(peername))
28         self.transport = transport
29         self.proxy_socket = None
30
31    def data_received(self, data):
32         if self.proxy_socket:
33            print("PROXY SEND:", data)
34            self.proxy_socket.transport.write(data)
35            return
36
37         # No socket, we need to see CONNECT.
38         if not data.startswith(b"CONNECT"):
39            print("Unknown method")
40            self.transport.close()
41            return
42
43         print("Got CONNECT command:", data)
```

```
44          serverport = data.split(b" ")[1]
45          server, port = serverport.split(b":")
46          coro = loop.create_connection(lambda: ProxySocket(self),
             server, port)
47          asyncio.get_event_loop().create_task(coro)
48
49   def connection_lost(self, exc):
50       if not self.proxy_socket: return
51       self.proxy_socket.transport.close()
52       self.proxy_socket = None
53
54   loop = asyncio.get_event_loop()
55   coro = loop.create_server(HTTPProxy, '127.0.0.1', 8888)
56   server = loop.run_until_complete(coro)
57
58   # Serve requests until Ctrl+C is pressed
59   print('Proxying on {}'.format(server.sockets[0].getsockname()))
60   try:
61       loop.run_forever()
62   except KeyboardInterrupt:
63       pass
64
65   # Close the server
66   server.close()
67   loop.run_until_complete(server.wait_closed())
68   loop.close()
```

这个 HTTP 代理打印出它从任意端点接收到的所有内容。Eve 真正的代理不会这样做，而通过网络将截获的数据发送到命令和控制服务器。或者，Eve 可以让代理将数据保存到磁盘，以便以后提取。

下面看看连接到不受保护的 HTTP 服务器的网络流量是什么样子。首先，复制 HTTP 代理的代码(只有大约 70 行)并启动[1]。代码应该服务于本地主机：8888。这在

1　如果习惯使用 Wireshark、Fiddler 或 tcpdump，就可以使用这些工具中的任何一种。为那些以前没有做过流量嗅探的人提供了这个代理脚本。这个脚本的量级轻，易于使用，含义不言自明。

Python shell 中如下所示。

```
>>> import http.client
>>> conn = http.client.HTTPConnection("127.0.0.1", 8888)
>>> conn.set_tunnel("www.example.com")
>>> conn.request("GET", "/")
>>> r1 = conn.getresponse()
>>> r1.read()
#SHELL# output_ommitted
```

Python 的 HTTP.client 模块有一些与 HTTP 服务器交互的内置方法。它还具有 HTTP 代理功能。在示例代码中，HTTPConnection 对象配置了代理的 IP 地址和端口。set_tunnel 方法重新配置了对象，假定它正在连接到代理，但通过 CONNECT 方法请求"www.example.com"。

在获取响应后，read 方法获取输出。结果应该看到类似于 HTML 文档的内容。这表示 WA 用户的浏览器在导航到 www.example.com 时接收的数据。

■ **注意：查找 HTTP 站点**

要使本练习有效，需要浏览到仍然支持HTTP的Web站点。越来越多的Web站点完全禁用HTTP，只能通过HTTPS连接到它们。撰写本书时，www.example.com同时支持两者。

与此同时，Eve 正在观望。在有 HTTP 代理运行的终端，应该看到如下内容：

```
Got CONNECT command: b'CONNECT www.example.com:80 HTTP/1.0\r\n\r\n'
PROXY SEND: b'GET/HTTP/1.1\r\nHost:
www.example.com\r\nAccept-Encoding:
identity\r\n\r\n'
PROXY RECV: b'HTTP/1.1 200 OK\r\nCache-Control:
max-age=604800\r\nContent-
Type: text/html...
```

注意，可以看到客户机(例如，浏览器)和 Web 服务器之间的整个通信流。Eve 偶然发现了一个奇妙的智慧源。

■ **警告：多个代理方法**

代理使用CONNECT方法。配置Web代理有多种方法，基本源代码只支持这一种方法。因此，它不能与试图使用其他方法的浏览器或工具一起工作。

一天，Eve 正高兴地收集敌人的信息，突然，一切都停止了工作。需要说明的是，代理仍然在处理数据。实际上，CONNECT 方法仍然出现，但是几乎所有流经代理的数据都是不可读的！

仔细查看日志，Eve 注意到一个有趣的变化。

```
Got CONNECT command: b'CONNECT www.example.com:443 HTTP/1.0\r\n\r\n'
```

看到区别了吗？几乎所有代码都是一样的，除了一个：端口。Eve 曾经看到浏览器在端口 80 上连接到 www.example.com。现在它在端口 443 上。发生了什么事？

原来，EA 的对手已经转而使用 HTTPS（"HTTP 安全"）。HTTP 默认使用端口 80，而 HTTPS 使用端口 443。需要说明的是，使事情变得安全的不是端口，而是新协议。端口的不同仅是 Eve 发现某些东西被故意篡改的第一个线索。

要自己测试一下，请再次尝试相同的练习，但有一点小区别，如下所示。

```
>>> import http.client
>>> conn = http.client.HTTPSConnection("127.0.0.1", 8888)
>>> conn.set_tunnel("www.example.com")
>>> conn.request("GET", "/")
>>> r1 = conn.getresponse()
>>> r1.read()
#SHELL# output_ommitted
```

这段代码只差一个字符。看到了吗？HTTPConnection 改为 HTTPSConnection。看看 HTTP 代理嗅探器，有大量的输出，其中一部分如下所示：

```
Got CONNECT command: b'CONNECT www.example.com:443 HTTP/1.0\r\n\r\n'
PROXY SEND:
b"\x16\x03\x01\x02\x00\x01\x00\x01\xfc\x03\x03\x81<\x06f...

...

PROXY RECV:
b'\x16\x03\x03\x00E\x02\x00\x00A\x03\x03\xb1\xf0T\xd0\xc...
```

Eve 因无法读取她拦截的网络流量而感到不安，她返回 WA，对 HTTPS 作了一些研究。发现 HTTPS 将 HTTP 通信封装在另一个名为 TLS 的协议中。该协议允许客户端验证服务器的身份,并允许双方之间建立一个密钥。即使偷听者(如 Eve)正在监听整个通信流,这个密钥仍然是秘密的。在理论上,TLS 将完全阻止 Eve 窥探 Alice、Bob 和 EA!

Eve 对这一发现感到沮丧。但是,作为一个有决心的人,她决定开始寻找漏洞。如果说她从本书中学到了什么,那就是密码学经常出错,因此是可以利用的。

练习 8-1 什么是网络流量?

假设自己是 Eve,检查自己的一些加密通信。也就是说,配置浏览器来使用代理,导航到一些 HTTP Web 站点并监视自己的数据。那么,安全通信的某些部分仍然是明文吗?

如果不知道如何配置浏览器进行代理,请在所选择的搜索引擎上进行一些搜索!请注意,可能无法配置浏览器,来正确使用未加密(HTTP)通信流的代理。通过测试 Chrome,发现它使用的连接方法是 HTTPS,而不是 HTTP。

8.2 数字身份:X.509 证书

为了开始寻找漏洞,Eve 首先转向 TLS 协议的身份验证部分。

Eve 了解到 TLS 使用公钥基础设施(PKI)来建立身份和安全通信。如果各方希望拥有与 TLS 一起使用的身份,则通常需要一个 X.509 证书。

第 5 章介绍了证书的概念。当时,为简单起见,使用了伪造的证书,它只不过是用 Python JSON 库序列化的字典。现在该深入研究真正的 X.509 证书了,它是当今 Internet 上最常用的证书类型。

8.2.1 X.509 字段

与基于字典的证书有点类似,X.509 是键/值对的集合。这些键/值对也可以用字典表示,尽管 X.509 的字段允许分层子字段。

具体而言,版本 3 的 X.509 有以下层次键:

(1) 证书

  a. 版本号

  b. 序列号

  c. 签名算法 ID

  d. 颁发者名

e. 有效期

　①不早于

　②不晚于

f. 主体名

g. 主体公钥信息

　①公钥算法

　②主体的公钥

h. 颁发者唯一标识符(可选)

i. 主体唯一标识符(可选)

j. 扩展(可选)

(2) 证书签名算法

(3) 证书签名

X.509 的版本 1 和 2 是子集。版本 3 最重要的新增功能是扩展。这些扩展通过限制证书的用途等方式，使支持证书的 PKI 更安全。尽管如此，版本 1 证书仍然存在并且是可用的，稍后开始生成一些示例时，会看到这一点。

证书的主要目的是将主体的身份绑定到由发行者签名的公钥上。标识主题、公钥和颁发者的字段是最关键的，但是其他字段提供了理解和解释数据所需的上下文信息。

例如，有效期用于确定什么时候应该认为证书是有效的。虽然"不早于"字段很重要，必须检查，但在实践中"不晚于"通常最受关注。具有较高风险的证书可在较短有效期内颁发，以减少损害所造成的损失。

与 X.509 证书相关的另一个重要上下文是用于标识所使用的证书创建算法的字段和其中嵌入的公钥类型。与本书中的大多数简化示例不同，真正的加密系统使用了大量算法，证书必须足够灵活才能支持它们。

在前面的 X.509 字段中，"签名算法 ID"字段标识证书是如何签名的[1]。因为它指定了在证书中嵌入的实际签名的所有细节，包括签名算法(如 RSA)和消息摘要(如 SHA-256)。

另一方面，"主体公钥信息：公钥算法"字段指定了证书所有者使用的公钥类型。

最后一个要提到的上下文字段是序列号。这是标识证书的唯一编号(每个颁发者)。这个编号对于本章后面讨论的撤销十分有用。

现在探讨最初使用证书的真正原因：标识主体、主体的公钥以及"证明"这一点的可信第三方。

---

1 稍后出现的"证书签名算法"是一个副本，原因与当前的讨论无关。

显然，字段"颁发者名"和"主体名"描述了发行者和主体所要求的身份。在前几章的假证书中，这些只是简单的字符串。在真正的证书中，这些不仅仅是原始文本字段，还有结构和子组件。这两个身份字段称为"专有名称"，通常具有以下子字段[1]。

(1) CN：通用名

(2) OU：组织单元

(3) O：组织

(4) L：位置

(5) S：州或省名

(6) C：国家名

因此，例如，"主体名"或"颁发者名"可能是这样的：

```
CN= Charlie, OU= Espionage, O=EA, L= Room 110, S=HQ, C=EA
```

并不是所有这些子字段都必须填写，但是 CN(通用名)通常是关键的子字段。稍后，在验证证书时，将使用主体的公共名称作为主要标识符。此外，大多数现代证书都包含一个名为"主体备用名"的字段(这是版本 3，用于存储可选的主体名)。虽然在许多示例中，一直使用代理名(如 Charlie)作为主体名，但是与受 TLS 保护的 Web 服务器相关联的证书必须标识主机名(如 google.com)作为主体的身份。

还要注意，证书包含"颁发者唯一标识符"和"主体唯一标识符"字段，但这些字段通常可省略，这里不讨论。

标识了主体和发行者后，剩下的字段是公钥和在证书内容上计算的签名。签名是通过称为 DER(专有编码规则)的证书二进制编码计算的。签名既可证明证书是由真正的颁发者签署的，也可证明证书没有被修改。

8.2.2　证书签名请求

为在现实生活中创建证书，一方创建一个证书签名请求(CSR)，并将其传输给证书颁发机构(CA)。CSR 几乎具有与 X.509 证书相同的所有字段，但是缺少颁发者(因为颁发证书是试图通过请求获得的)。一旦 CA 拥有 CSR，它就使用自己的证书和相关的私钥生成最终的证书，根据需要填充字段。其中最重要的字段之一是"颁发者名"字段。一个证书的颁发者应该与签名者证书的"主体名"字段相同。填充完所有字段后，CA 就使用自己的私钥对证书进行签名。

1　使用其他类型的标识符，但这些字段是"经典的"标识定义。

▉ 注意：私钥仍然是私有的

请求证书的一方没有向CA发送它的私钥。它只发送了一个带有其公钥的CSR！任何人，甚至CA，都不应该拥有私钥！

前面提过，证书在签名之前是以 DER 格式进行编码的。DER 格式是一种二进制格式。证书在磁盘上的大多数表示(以及 CSR 和私钥)实际上是一种称为 PEM(隐私增强邮件)的 ASCII 格式。因为所有二进制数据都编码为 ASCII，所以很容易通过基于文本的传输系统(例如电子邮件)发送这些证书。

有了这些关于证书的知识，Eve 决定创建一个证书。因为 Eve 没有证书颁发机构(CA)来签署她的证书，所以她试验两种可选的方法：自签名和由她自己创建的"假" CA 签署[1]。

生成 X.509 证书的一种常见方法是在命令行上使用 openssl。由于本书的练习使用了 cryptography 模块(它在底层使用了 OpenSSL 库)，因此应该安装 OpenSSL。Eve 也安装了它，所以可以使用它。

首先，Eve 需要创建一个私钥和一个关联的 CSR(证书签名请求)。她首先用一个 2048 位模数的 RSA 公钥和一个 SHA-256 消息摘要创建一个 CSR。下面的许多命令可组合在一起，形成一个更简单的命令行，但是这里将它们分开，以强调 Eve 所采取的不同步骤：

(1) 生成一个 RSA 密钥。

(2) 从密钥中创建 CSR。

(3) 发送到证书颁发机构，进行签名(或自签名)。

1. 生成密钥

首先，Eve 生成一个 RSA 密钥。以前在 Python 中生成过，但是为了获得一些关于 OpenSSL 的实践，下面看看命令行方法：

```
openssl genpkey -algorithm RSA -out domain_key.pem -pkeyopt
rsa_keygen_bits:2048
```

在各种散落在 Internet 上、用于生成 RSA 密钥的指令中，有许多使用另一个 OpenSSL 命令 genrsa 的不同指南和练习。请注意，genpkey 更通用，已经取代了 genrsa。Eve 的示例命令表示，使用 RSA 算法生成一个 2048 位的私有密钥。输出保存在 domain_key 中(PEM 格式)。

Eve 在文本编辑器中检查密钥文件，内容如下：

---

1 CA 证书是自签名的。

```
-----BEGIN PRIVATE KEY-----
MIIEvQIBADANBgkqhkiG9w0BAQEFAASCBKcwggSjAgEAAoIBAQCpQ0VUe4P0r8+l
6rX4qQGyNHD613X16sqeIW2x+PtkeE9pjAm6sNhFKAspHKa7nWgFoW/O9iiT8oiy
1ah7KbtJsAXceUEbj9Yt6fHPytGe+qIidI1/Rg7ah4k7cn6pbPrqaxGc8n8368pM
NzJZMnLZL0ePVn/y2mTsGX5wR+Cm+imEFBWxL7jgnhYAyLRdOYsdGaZi5DJQaHl7
HqXaL7+6G6RAjhW+Hn34ImBufOvY9eV3dCRvOFCSWr4e5uHv5ofUyRWB2Emwm8u6
SM3zzI3O0Fb6zHWoBsccU8xJadhWgPXLq27rcSl3A5NK6y1p7KKHimqcp6WDUgMK
3NzCIXK9AgMBAAECggEAB2zfDry4ZjSMPHAWeYkYfPPV/PsUvqwFJXi78jHE/XxV
```

```
p4CwMJNveWEvVCdgnRxjotOZLxAXaZ4bJxU+ZeDHyYzCRRDArW/a6nq30/DGz12Z
XT+VsX6mSinl+Eimi9IvE7eMt0DgGdjrL/q/56/R3/s1/XDC/ilcggsAQ/azQT/n
3cOxWoo0HYQQdbMkoi7YDRKOC7F2sfV3X02WMDq4PuWG6mFtLg4j8tpAaJRCOlEz
bNnJnbBS6Dj3RnU53nj5TKBObCIZWkgpYcGK9e2iIg5+kMgkmwY5uxv3hTB5QHZY
tKDOPM9wgvDIR6NrccOGQOJ0cvJmMHDNS8apT2rewQKBgQDhjsS3M3qWT6lzhFx3
+w6NJv7i/uOA2eNd+Kor0q5XYOTicT8XCShSO2gFT6Fg4HRrSvwcjaTpjacUIyjZ
IhfrIIcSEe8Bk1VoBbrcS2NEZ3hMpPrPQ/hZtzUchhA1ftMJOfnysYGtqjA4drpq
HS8rPGmcP8NN1zYnv29ptfkmzQKBgQDAG3W8gA/mqjpboOB/OeC1fMX7u6pJVWGj
f+Bahjj5FAwfOYHJ80N10m/NpUD7BnKKds0dYyOwV287+hhLnQZ2c3glxM/zONUn
9uYIgAWNm0wjsCKOVY6r9nc6kWW07I0kIm628K50BPxiXC/GqsXVpKSPjSrDhKnQ
vG1xFN4bsQKBgA1kP5Os78NK2YGtQxwwgK2quglaHsHArfofUGMnsAgqDYzQMnG4
rncrZcKi9q7cxKy2F//N/ROMwHW2nK8/kfH4zWwqOml6iOCTLoPzyeH+zqqmROnX
XEBfWzzlTMMQU5FBqvBYz50y9If1rJ2uO+WyQYbwVjUh6Oo1OHUrQ66lAoGAXKti
aiHkicLID/dVFEpZKXMdFkf65xE23mYLVd+1kAGpr05QW5jri+SNZkg3RmBf1Idm
fqyaRLCIygfkvGTs/yrIZH/CSHO772FcqfEHvL2TRwvqP3rqLe3gqfIFe/c4RpwN
iFY18XWOQexyZ4VtlZesgkr4vAQ83qJmsMv+MKECgYEAjRVzqXEAV8DB5nzN+1cf
20vCrZxd1Ktgb/DUqRfZwpAWU5K9YFCHbLWTS96KiMFh45kuAUg/hSKJIktuY1eI
Pl+r3g9FwlnntIHaUiRstDGXuyZku//+gWZMAZU4t5DwvhIXXAG3AqSe0EsB/bi4
kdlstdXcN/HgthWvTQkVycY=
-----END PRIVATE KEY-----
```

2. 从密钥中创建 CSR

现在 Eve 有了自己的密钥，她为这个密钥创建了一个 CSR。CSR 生成过程是从 Eve 创建的私钥中提取公钥，并将其放入请求中。Eve 对这个操作使用 openssl req 命令，参数如下：

```
openssl req -new -key domain_key.pem -out domain_request.csr
```

这指示 OpenSSL 从私钥中构建 CSR，并将结果放在 domain_request.csr 中。运行此命令将产生一些交互式问题，用于填充主体名称的元素。只有"通用名称"是 TLS 工作绝对必需的，但是许多证书颁发机构在签署之前都要求填写这些字段。

```
You are about to be asked to enter information that will be incorporated
into your certificate request.
What you are about to enter is what is called a Distinguished Name
or a DN.
There are quite a few fields but you can leave some blank
For some fields there will be a default value,
If you enter '.', the field will be left blank.
-----
Country Name (2 letter code) [AU]: WA
State or Province Name (full name) [Some-State]:West Antarctic Shelf
Locality Name (eg, city) []:West Antarctic City
Organization Name (eg, company) [Internet Widgits Pty Ltd]:WACKO
Organizational Unit Name (eg, section) []:Espionage
Common Name (e.g. server FQDN or YOUR name) []:wacko.westantarctica.
southpole.gov
Email Address []:eve@wacko.westantarctica.southpole.gov
```

一旦 Eve 输入所有这些字段，OpenSSL 就会生成 CSR 文件，并将其保存到磁盘(也是 PEM 格式)。Eve 使用相同的实用程序(openssl req)从磁盘加载 CSR，并以人类可读的格式查看字段。

执行命令：

```
openssl req -in domain_request.csr -text
```

结果输出如下：

```
Certificate Request:

    Data:
        Version: 1 (0 x0)
        Subject: C=WA,ST=West Antarctic Shelf, L = West Antarctic City,
          \
```

```
O=WACKO,OU=Espionage,CN=wacko.westantarctica.southpole.gov,
    \
emailAddress = eve@wacko.westantarctica.southpole.gov
Subject Public Key Info:
    Public Key Algorithm: rsaEncryption
        Public-Key: (2048 bit)
...

    Signature Algorithm: sha256WithRSAEncryption
        6d:ef:8c:91:cd:a0:5d:9f:56:42:44:7f:1a:06:94:3f:8e:e1:
...
```

注意，Eve 的 CSR 版本是版本 1，而不是版本 3。OpenSSL 总是分配版本 1，除非使用版本 3 扩展。但请记住，这只是请求，而非实际证书。当 CA 生成实际的证书时，出于安全原因，它们可插入版本 3 扩展，从而得到一个使用 X.509 版本 3 的证书。

此外，一些证书字段不存在，比如"序列号"。当 CA 签署 CSR 时，也会添加这些字段。

在偷看 Eve 的证书时，可能还会惊讶地发现，CSR 已经有了一个签名(Signature Algorithm 下面一行的数据)。这是怎么来的？颁发者签署证书时没有创建签名吗？

CSR 通常由自己的密钥签名，以表明私有密钥实际上由请求者持有。任何人都可将他人的公钥放入 CSR。通过自签名，向 CA 证明请求者控制着私钥，有时称为"拥有证据"。CA 生成证书的真正签名是一个独立过程，这是下一步。

3. 签署 CSR 以生成证书

回顾一下，请记住，证书总是必须由 CA/颁发者签署。例如，如果 Eve 创建了一个 Web 站点并希望获得 TLS 证书，那么她将生成 CSR，并将其发送到 CA 进行签名(如前所述)。这个签名是他们认可的印章，证明 Eve 的证书是有效的，Eve 可以去认领请求的身份。CA 负责一定程度的验证。例如，如果 Eve 在东南极洲政府内部要求获得身份，作为其验证过程的一部分，CA 应确定她不能要求获得该身份，然后拒绝她的要求。另一方面，Eve 可以在自己的家乡西南极洲申请身份，可能需要向政府提供实体文件，并与 CA 的代表进行面对面的会议来证明这一点。

除了将 CSR 发送给 CA 之外，Eve 还有一个选择，她可以使用相同的私钥自己签署证书。这称为生成自签名证书。所有根证书(例如，由 CA 持有的根证书)都是自签名的。毕竟，链条总得停在某个地方。

有点超前了。什么是证书链？

第 5 章简要提到这个概念。当使用简化的(不是很真实的)证书时，颁发者链需要有一个可存在任意长时间的颁发者。也就是说，一方的证书(如 Eve 的证书)可由颁发者签名，然后由"更高"的颁发者签名，以此类推，直到某个根证书成为整个链的最高级别颁发者。根证书是由它自己签署的！实际上，根证书的主体部分和颁发者部分是相同的。

这就是为什么验证证书需要非常小心的原因之一。必须确保证书链以值得信任的根结束。整个系统的安全性取决于这个要求。任何人，包括南西极洲的 Eve、读者或美国的黑帮老大，都可为任何身份创建自签名证书(西南极洲政府、谷歌、亚马逊、银行等)。浏览器不相信 Eve 的自签名证书的唯一原因是，它不是由浏览器信任的颁发者签名的。

浏览器如何知道信任哪个根证书？大多数浏览器都附带一些内置的可信根证书。在假设的南极洲示例中，东南极洲和西南极洲只能生产安装了政府授权的 CA 的浏览器。这实际上会阻止两国之间的通信(至少通过 HTTPS 或 TLS)。

回到 Eve。她无法获得由 EA 根签署的证书。相反，自签名证书可能很有用，并且生成证书具有指导意义。这也是 Eve 目前的最佳选择，所以她选择自签名证书。Eve 使用 openssl x509 命令签署 CSR:

```
openssl x509 -req \
    -days 30 \
    -in domain_request.csr \
    -signkey domain_key.pem \
    -out domain_cert.crt
```

此命令创建一个有效期为 30 天的证书。它由 domain_key pem 签名，与 CSR 关联的密钥相同。自签名证书保存在 domain_cert.crt 文件中。

使用与 openssl req 类似的语法，Eve 将字段转储为人类可读的格式以供查看。命令

```
openssl x509 -in domain_cert.crt -text
```

生成的输出如下:

```
Certificate:
    Data:
        Version: 1 (0x0)
        Serial Number:
            a5:f5:15:a8:55:58:12:5e
```

```
Signature Algorithm: sha256WithRSAEncryption
    Issuer: C = WA, ST = West Antarctic Shelf,L=West Antarctic City,
        \
    O=WACKO,OU=Espionage, CN = wacko.westantarctica.southpole.gov,
        \
    emailAddress = eve@wacko.westantarctica.southpole.gov
    Validity
        Not Before: Jan 6 01:13:18 2019 GMT
        Not After : Feb 5 01:13:18 2019 GMT
    Subject: C=WA,ST = West Antarctic Shelf, L = West Antarctic City,
        \
    O=WACKO,OU=Espionage, CN = wacko.westantarctica.southpole.gov,
        \
    emailAddress = eve@wacko.westantarctica.southpole.gov
    Subject Public Key Info:
        Public Key Algorithm: rsaEncryption
            Public-Key: (2048 bit)
            Modulus:
                00:a9:43:45:54:7b:83:f4:af:cf:a5:ea:b5:f8:a9:
...
    Signature Algorithm: sha256WithRSAEncryption
        20:da:25:88:db:4e:ee:21:19:78:58:ed:b8:7b:3f:28:dd:83:
...
```

现在所有字段都填写了。例如，Eve 没有指定序列号，因此自动生成一个序列号。颁发者字段也填写了，与自签名证书一样，它具有与主体相同的身份。

Eve 决定创建第二个证书，并使用这个证书签名。她着手创建新证书，并决定将其标识为 127.0.0.1(localhost)。Eve 决定尝试创建不同于 RSA 密钥的密钥，开始创建 EC(椭圆曲线)密钥对。

```
openssl genpkey \
    -algorithm EC \
    -out localhost_key.pem \
    -pkeyopt ec_paramgen_curve:P-256
```

该 EC 密钥基于 P-256 曲线,是一种广泛使用的曲线,是一种合理的选择[1]。
Eve 使用与之前相同的命令行从 EC 密钥中生成一个新的 CSR:

```
openssl req -new -key localhost_key.pem -out localhost_request.csr
```

现在 Eve 有一个创建证书(而不是签名证书)的请求。要创建证书,Eve 需要使用 domain_key 进行签名。因为她将密钥和证书视为 CA 密钥/证书。

她还添加了一些 X.509 V3 选项。这些选项用于限制证书的使用方式。例如,Eve 希望使用她的第一个证书和私钥(domain_cert 和 domain_key.pem)签署她的第二个证书。她希望自己的第一个证书能够用作 CA,但是不希望第二个证书(用于本地主机)能够签署其他证书。通过使用 V3 扩展,Eve 可将这些限制直接编码到证书中。

要了解为什么这很重要,可想象一下 Eve 得到了 wacko.westantarctica.southpole.gov 的一个真正的 CA 颁发的证书。如果这个证书在使用上没有限制,就无法阻止 Eve 使用它来签署新的证书,授予她 eatsa. eastticac.southpole.gov 的身份。这将赋予 Eve 一连串 CA 的权力,获得了她不应该拥有的身份。因此,为使证书链有意义,Eve 的证书必须剥夺她创建其他证书的权利。

在 Eve 的实验中,她最关心的两个字段是:

● 密钥用途
● 基本约束

Eve 使用这些字段来表示这个新证书不应该用作 CA。事实上,在“基本约束”字段中明确地这样说。“密钥用途”字段包括诸如“数字签名”的普通密钥用途,但省略了诸如用作签名“证书撤销列表”(CRL)的内容。

为将这些 V3 特性添加到证书中,Eve 创建了一个名为 v3.ext 的扩展文件。该文件包括以下两行:

```
keyUsage=digitalSignature
basicConstraints=CA:FALSE
```

现在 Eve 准备签署 CSR。

```
openssl x509 -req \
```

---

1 SafeCurves 组织列出一些与曲线有关的问题,包括 P-256。目前还不存在针对这条曲线的已知漏洞,但人们对它的参数以及它是否设计有“后门”存在疑问。其他曲线,如曲线 25519 可能是更好的选择,但还没有得到数字签名 cryptography 库的支持。

```
-days 365 \
-in localhost_request.csr \
-CAkey domain_key.pem \
-CA domain_cert.crt \
-out localhost_cert.crt \
-set_serial 123456789 \
-extfile v3.ext
```

当使用 CA 密钥和证书进行签名时，会删除 signkey 参数，并添加 CA 选项和 CAkey 参数。CA 选项指定 CA/颁发者的证书，CAkey 指定用于签名的关联私钥。Eve 插入了她第一次实验的私钥和自签名证书。

虽然在创建自签名证书时不需要序列号，但 Eve 现在必须在使用 CA 密钥和证书签名时显式地指定序列号。真正的 CA 不能重用序列号，并且必须保留颁发的序列号记录，以防需要撤销证书。

使用命令行，Eve 检查了这个新证书，并指出几个不同之处：

```
Certificate:
    Data:
        Version: 3 (0x2)
        Serial Number: 123456789 (0x75bcd15)
    Signature Algorithm: sha256WithRSAEncryption
    Issuer: C = WA, ST = West Antarctic Shelf, L = West Antarctic City,
        \
    O = WACKO, OU = Espionage, CN = wacko.westantarctica.southpole.gov,
        \
    emailAddress = eve@wacko.westantarctica.southpole.gov
    Validity
        Not Before: Jan 6 05:41:35 2019 GMT
        Not After : Jan 6 05:41:35 2020 GMT
    Subject: C = WA, ST = WhoCares, L = MyCity, O = Localhost,
        OU = Office, CN = 127.0.0.1
    Subject Public Key Info:
        Public Key Algorithm: id-ecPublicKey
            Public-Key: (256 bit)
            pub:
```

```
        04:46:64:ca:95:0c:fc:dd:85:fb:cc:54:5a:9b:e9:
...
        NIST CURVE: P-256
X509v3 extensions:
    X509v3 Key Usage:
        Digital Signature
    X509v3 Basic Constraints:
        CA:FALSE
Signature Algorithm: sha256WithRSAEncryption
    07:78:b5:1d:4a:2f:e4:33:a6:f6:a8:fb:e2:51:16:eb:c5:3b:
...
```

不出所料，这次的颁发者与主体不同。实际上，此证书的颁发者字段与签名证书的主体字段匹配。这是正确的证书链验证所需的。

另外，公钥算法是椭圆曲线而不是 RSA，但签名算法仍然是 sha256With-RSAEncryption。这是因为这个证书是由 Eve 之前创建的 domain_cert.crt 签名的，仍然是 RSA。

可以看出，现在有了 X.509 V3 扩展，证书的版本现在为 3。

Eve 故意将主体身份设置为 127.0.0.1。她决定测试一下新创建的证书，看看 Web 浏览器如何对待它们。使用 openssl s_server，Eve 快速设置了对她生成的证书的测试。

```
openssl s_server -accept 8888 -www \
    -cert localhost_cert.pem -key localhost_key.pem \
    -cert_chain domain_cert.crt -build_chain
```

此命令启动服务器监听端口 8888(对于自己的测试，请确保关闭 HTTP 代理或选择其他端口)。它使用 localhost_cert 作为身份证书，但使用 domain_cert 文件作为证书列表，用于构建链。build_chain 选项指示服务器尝试构建一个完整证书链，以便传输到客户端。换言之，它将整个链发送到客户端，而不只是身份证书。

服务器运行后，Eve 将浏览器指向 https://127.0.0.1:8888，如图 8-1 所示。

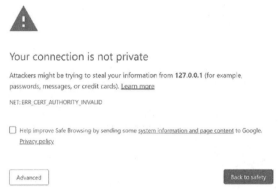

图 8-1　Chrome 警告不可信的证书

这是一张来自 Chrome 浏览器的图片，报告说它不喜欢 Eve 创建的证书。注意，Eve 收到的是 ERR_CERT_AUTHORITY_INVALID 错误。通过使用 Chrome 的开发工具，Eve 可获得关于浏览器如何查看证书及其链的更多信息，如图 8-2 所示。

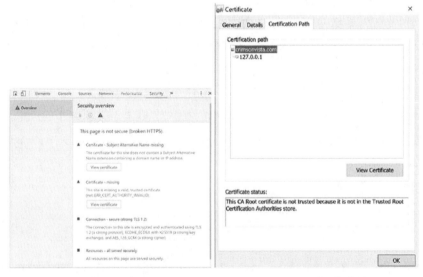

(a) 不可信的证书　　　　　　　　　　　　　　(b) 不可信的链

图 8-2　Chrome 对不可信情况的警告

图 8-2(b)是一个包含证书链详细信息的图像。请注意，它接收了链(包括证书及其颁发的证书)，将 Eve 创建的域证书(在该图中由公共名称 wacko.westantarctica.southpole.gov 标识)识别为"根"证书，因为它是自签名的。但是，它说这个根证书不是受信任的证书。如果根证书不受信任，则无法建立整个链的安全性。

有一些方法可将根证书添加到浏览器的可信证书存储中。Eve 非常仔细地研究这个概念,因为她可能会用这个方法来击败 TLS。然而,本书不打算包括这方面的细节,因为它实际上是一个非常糟糕的、危险的想法。这可能是到目前为止讨论过的最危险的事情[1]。如果在浏览器中安装了一个新的根证书,浏览器就会信任由该根签署的任何证书。如果由于某种原因,不端的受信任根逃逸到外部,攻击者基本上可使浏览器相信,任何 Web 站点都是真实的。

说到这里,浏览器如何信任任意证书颁发机构呢?答案是,一小部分"权威机构"将自己确立为可靠的根权威,这是令人不安的武断行为。这些组织和公司在流行的计算机系统和浏览器中默认安装了它们的根公钥。其他所有信任都必须来自这些肆意妄为的权威机构。这让你觉得安全吗?

总之,要使 TLS 正确工作,就必须正确配置(并正确限制)信任锚。有时,工程团队可能需要使用自签名证书进行测试等。但一般而言,浏览器不会信任它们,自己编写的任何支持 TLS 的代码也不应该信任它们。

练习 8-2　证书的实践

使用不同的算法和参数(如密钥大小)生成一些不同的 TLS 证书。

练习 8-3　幻想的证书

为喜欢的组织创建一些"梦幻"证书。自签署一两个可以读取 amazon.com 或 google.com 的证书。不能使用这些证书,因为浏览器不会接受它们[2]。但这是一种有趣的游戏。

也许可打印出一份 OpenSSL 的文本表示,并将其框起来。毕竟,你的朋友中有多少人拥有 Amazon TLS 证书?

1　许多公司、大学和其他组织都要求员工这样做。这是欠考虑的。它破坏了这些人在公司网络内所做的一切操作的安全性,使他们像公司一样容易受到攻击,因为他们的流量(应该从头到尾加密)没有受到攻击。这意味着,对于有犯罪动机的犯罪分子来说,一家代表着诱人目标的公司,也在将其员工个人的数据置于丢失的风险之中,这些数据未经加密,正在穿越公司网络的一部分。这是不好的。

2　说真的,不要做坏人。这种做法并不意味着鼓励欺诈。

8.2.3　在 Python 中创建密钥、CSR 和证书

完成 OpenSSL 证书测试后，Eve 使用 Python 的 cryptography 库以编程方式创建这些对象。使用这个库，Eve 可生成自签名证书、证书请求、签名证书和密钥。Alice、Bob、Eve 和读者已经在前几章中生成了密钥，所以这里跳过证书请求。

cryptography 库有一个用于构造 CSR 的"生成器"类和一个表示 CSR 的单独类。在使用生成器构建 CSR 时，所需的唯一信息是主体名称数据和私钥。其他所有字段可以派生，或以其他方式自动填充。可选择添加扩展。以下代码摘自 cryptography 模块的文档：

```
>>> from cryptography import x509
>>> from cryptography.hazmat.backends import default_backend
>>> from cryptography.hazmat.primitives import hashes
>>> from cryptography.hazmat.primitives.asymmetric import rsa
>>> from cryptography.x509.oid import NameOID
>>> private_key = rsa.generate_private_key(
...     public_exponent=65537,
...     key_size=2048,
...     backend=default_backend())
>>> builder = x509.CertificateSigningRequestBuilder()
>>> builder = builder.subject_name(x509.Name([
...     x509.NameAttribute(NameOID.COMMON_NAME,'cryptography.io')]))
>>> builder = builder.add_extension (
...     x509.BasicConstraints(ca=False, path_length=None),
...     critical=True)
>>> request = builder.sign(
...     private_key,
...     hashes.SHA256(),
...     default_backend())
```

CertificateSigningRequestBuilder 遵循面向对象的"构建器模式"，其中每个构建方法返回构建器对象的一个新副本。当 Eve 决定用多个部分重叠的参数构造 CSR 时，这很方便。可使用重叠的参数配置一个构建器，然后在参数出现差异时创建单独的构建器。

作为关于 X.509 扩展的补充说明，注意在示例中创建的 CSR 设置 ca=False。与

前面的 OpenSSL 示例一样，显式地将此证书标记为不能签署其他证书(例如，充当 CA)。在本例中，它还设置了 path_length=None，但这是一个多余的数据块，因为 path_length 只在 ca=True 时应用。critical 标志表明这是一个必须由处理软件处理的强制性扩展。

准备就绪后，Eve 通过 sign 方法使用私钥构建实际的 CSR 请求对象。回顾一下，CSR 是自签名的，以确保请求者拥有与嵌入的公钥对应的私钥。sign 方法从私钥中提取公钥，将其插入 CSR，然后使用私钥进行签名。该方法构建的对象是一个 CertificateSigningRequest 实例。

为将 CSR 保存到磁盘，在 CertificateSigningRequest 对象中使用 public_bytes 方法，返回数据的 PEM 序列化。

```
>>> from cryptography.hazmat.primitives.serialization import Encoding
>>> csr.public_bytes(Encoding.PEM)
b'-----BEGIN CERTIFICATE REQUEST-----\
nMIICcDCCAVgCAQAwGjEYMBYGA1UEAwwPY3J5cHRvZ3JhcGh5LmlvMIIBIjANBgkq\
nhkiG9w0BAQEFAAOCAQ8AMIIBCgKCAQEAntx7bGVFlIa0/dlImzUHbN4xCQ8d8//if\
ng8GQaASN9oyfXUmOB8r+P8p4K6U8xoPXa+lc+KgexZrqibY5x1FEAvzQPanhm0w8\
nhS7Uo1Pqt3okP6zsdfzXcjgceud8JJhVTqZWpN1Q5e+RldYwuzIsJyxNUFMUZrpL\
nqZNQ0S/KG5re7YIHJLy3iCx6a/KAW5BbqW9cq989sdTp0Fo462+qCqoHaQ0//hQM\
nTmWI/
IJIZ9mIcP4ggJr0sy8JLAw/RLzcrpMRut8e1/A9mozo+YZJDPt9d+WzXj5p\
nZvTkpFUfOB8HpogCdtbhPmc5jfgbN/rwOzSO8bQTdHAwTS/5fQjtAQIDAQABoBEw\
nDwYJKoZIhvcNAQkOMQIwADANBgkqhkiG9w0BAQsFAAOCAQEAR1E3c/aF1X41x4tI\
n2kUeCeV38C01ZFrCJADXKKl4k6wvHU81ZoDCV6F1ytCeJAlD1ShGS6DmlfH78xay\
nrefzaIjCp0tRs5R4rccoRNK3LhyBnxEqLY1LZx1fq2F0XiMHlG8jEcK/jjhWm70B\
naKwBbvWwlHGgha5ZlOgvALOPSFUC9+6LvTStanSABtlBM4eA2izLG2hMek9S5xIw\
nK53WJG42Mz3PHDMUfYWdGtsJalAnGMkQtqbvR4yKi9o5y4RcvihQtitGFeYQmZc+\
nhmuVB0BGCe9LUB0iL9J3kUgL4avO2AviCFev48i9OYGD54G73vKrd5KODtY78own\
nVrbzMw==\n-----END CERTIFICATE REQUEST-----\n'
```

不能直接构造 CSR 对象。它们可由 builder 类构建，也可从磁盘加载。该类是一个只读样式的类，允许访问数据字段，但不允许更改它们。Eve 在必要时使用 builder 类构造新的 CSR。Eve 还使用 load_pem_x509_csr 方法从磁盘加载 CSR。下面的示例代码取自 cryptography 文档。

```
>>> from cryptography import x509
```

```
>>> from cryptography.hazmat.backends import default_backend
>>> pem_req_data = b'''-----BEGIN CERTIFICATE REQUEST------\
nMIICcDCCAVgCAQAwGjEYMBYGA1UEAwwPY3J5cHRvZ3JhcGh5LmlvMIIBIjANBgkq\
nhkiG9w0BAQEFAAOCAQ8AMIIBCgKCAQEAntx7bGVFlIa0/dlImzUHbN4xCQ8d8/if\
ng8GQaASN9oyfXUmOB8r+P8p4K6U8xoPXa+lc+KgexZrqibY5x1FEAvzQPanhm0w8\
nhS7Uo1Pqt3okP6zsdfzXcjgceud8JJhVTqZWpN1Q5e+RldYwuzIsJyxNUFMUZrpL\
nqZNQ0S/KG5re7YIHJLy3iCx6a/KAW5BbqW9cq989sdTp0Fo462+qCqoHaQ0//
hQMnnTmWI/
IJIZ9mIcP4ggJr0sy8JLAw/RLzcrpMRut8e1/A9mozo+YZJDPt9d+WzXj5p\
nZvTkpFUfOB8HpogCdtbhPmc5jfgbN/rwOzSO8bQTdHAwTS/5fQjtAQIDAQABoBEw\
nDwYJKoZIhvcNAQkOMQIwADANBgkqhkiG9w0BAQsFAAOCAQEAR1E3c/aF1X41x4tI\
n2kUeCeV38C01ZFrCJADXKKl4k6wvHU81ZoDCV6F1ytCeJAlD1ShGS6DmlfH78xay\
nrefzaIjCp0tRs5R4rccoRNK3LhyBnxEqLY1LZx1fq2F0XiMHlG8jEcK/jjhWm70B\
naKwBbvWwlHGgha5ZlOgvALOPSFUC9+6LvTStanSABtlBM4eA2izLG2hMek9S5xIw\
nK53WJG42Mz3PHDMUfYWdGtsJalAnGMkQtqbvR4yKi9o5y4RcvihQtitGFeYQmZc+\
nhmuVB0BGCe9LUB0iL9J3kUgL4avO2AviCFev48i9OYGD54G73vKrd5KODtY78own\
nVrbzMw==\n------END CERTIFICATE REQUEST------\n'''
>>> csr = x509.load_pem_x509_csr(pem_req_data, default_backend())
```

对于生成证书，Eve 发现 cryptography 库遵循与生成 CSR 类似的模式。有一个生成器类和一个只读证书类，也可序列化到磁盘或从磁盘序列化。

有趣的是，没有从 CSR 中创建证书的方法。cryptography 文档显式地标识：证书生成器类的目的是生成自签名证书。没有理由从 CSR 开始。

即使 Eve 想要建立 CA(为了在西南极洲的同事)，也最好不要将 CSR 签名自动化。如前所述，CA 需要非常仔细地验证 CSR 信息，有时需要手动验证；在签署之前，必须确定其正确性和有效性。

尽管如此，Eve 发现，如果需要从 CSR 中创建证书，她可加载 CSR，然后使用 CSR 的数据字段来填充证书生成器。

代码清单 8-2 取自 cryptography 文档，包含一个构建自签名证书的示例。这段代码运行后，certificate 变量就有了需要的内容。

■ **注意：点链接**

本例利用了构建器上的每个操作都返回自身这一事实。这支持"点链接"方法。由于最后一次调用sign返回的是证书，而不是构建器，所以可将这个长操作分配给证书本身。

代码清单 8-2　TLS 构建器

```
1   from cryptography import x509
2   from cryptography.hazmat.backends import default_backend
3   from cryptography.hazmat.primitives import hashes
4   from cryptography.hazmat.primitives.asymmetric import rsa
5   from cryptography.x509.oid import NameOID
6
7   import datetime
8
9   one_day = datetime.timedelta(1, 0, 0)
10
11  private_key = rsa.generate_private_key(
12      public_exponent=65537,
13      key_size=2048,
14      backend=default_backend())
15
16  public_key = private_key.public_key()
17
18  certificate = x509.CertificateBuilder(
19  ).subject_name(x509.Name([
20      x509.NameAttribute(NameOID.COMMON_NAME,'cryptography.io')])
21  ).issuer_name(x509.Name([
22      x509.NameAttribute(NameOID.COMMON_NAME,'cryptography.io')])
23  ).not_valid_before(datetime.datetime.today() - one_day
24  ).not_valid_after(datetime.datetime.today() + (one_day * 30)
25  ).serial_number(x509.random_serial_number()
26  ).public_key(public_key
27  ).add_extension(
28      x509.SubjectAlternativeName([x509.DNSName
        ('cryptography.io')]),
29      critical=False,
30  ).add_extension(
31      x509.BasicConstraints(ca=False, path_length=None),
32      critical=True,
```

```
33  ).sign(
34      private_key=private_key, algorithm=hashes.SHA256(),
35      backend=default_backend())
```

要修改此示例，以从 CSR 中创建证书，Eve 可直接从 CSR 对象中提取主体名称、公钥和可选扩展，并将它们复制到证书生成器中。要使用 CA 证书/密钥对证书进行签名，Eve 需要加载 CA 证书和密钥，将"颁发者"字段从签名证书复制到证书生成器，并使用证书的私钥进行签名。

可使用 load_pem_x509_certificate 加载证书，然后使用 public_bytes 方法对证书进行序列化，以进行存储或传输。

练习 8-4　从 OpenSSL 到 Python 再返回

使用 Python 生成 CSR，并使用 OpenSSL 签署它。
使用 OpenSSL 生成 CSR，用 Python 打开它，并从中创建自签名证书。

练习 8-5　中间的证书拦截

下一节讨论 TLS，它是 HTTPS 的基础安全协议。TLS 依赖于本节介绍的证书。回到 HTTP 代理，拦截更多 HTTPS 流量，看看能否确定何时发送证书。

这是一个很难的练习，对于那些对实验和修修补补感兴趣的人来说更是如此。提示一下，证书不是以 PEM 格式发送的，而是以 DER 格式发送的。DER 是一个二进制格式，但它不是加密的。可尝试查找某些二进制字节组合。还可使用 OpenSSL 将创建的证书转换成 DER 格式，并在十六进制编辑器中检查它们，看看是否有需要查找的公共字节。

练习 8-6　在中间修改证书

如果设法找到了证书通过网络的时间，请修改 HTTP 代理程序，来拦截和修改它们。至少，可使用自己的预加载证书来代替它。浏览器对此有何看法？

8.3　TLS 1.2 和 1.3 概述

凭借对 X.509 证书的一点了解，Eve 开始学习 TLS 协议。随着内容的深入，应该认识到，TLS 协议利用了前面所有章节研究的加密组件。这是读者和 Eve 了解在现代安全协议中如何将各个部分组合在一起的机会。

TLS 协议的目标是提供传输安全性(TLS 代表"传输层安全性")。作为 Internet 基础的 TCP/IP 协议套件没有任何安全保证。它不提供机密性,这就是为什么 Eve 能够使用 HTTP 代理来读取双方之间发送的数据的原因。

同样糟糕的是,TCP/IP 也不提供真实性。Eve 可使用她的 HTTP 代理,对其进行一些修改,就可伪装成真正的目的地(example.com),而 Alice 和 Bob 对此一无所知。TCP/IP 协议套件也不提供消息完整性。代理可更改数据,而不会被检测到。

TLS 旨在将这些安全特性添加到 TCP/IP 之上。该协议起源于 20 世纪 90 年代中期 Netscape 的"安全套接字层"(SSL)协议。版本 2 是第一个公开发布的版本,不久后又发布了版本 3。

随后进行了一些更改,并重新命名为 TLS 1.0[1]。从那时起,更新的版本已经发布,以更新密码学和缓解密码协议的问题。版本 1.2 已经存在了许多年,仍然被认为是最新的。最近,1.3 版本也发布了,但是目前还没有被描述为 1.2 的替代版本(两个版本都是最新版本)。

TLS 是如何工作的?它是从握手开始的。握手是非常重要的。请记住,TLS 有两个主要目标:第一,建立身份[2];第二,为安全传输相互派生会话密钥。这两个目标通常通过成功的 TLS 握手来实现。

握手也是各种 TLS 版本之间差异最大之处。本节将回顾 TLS 1.2 握手,然后简要讨论 TLS 1.3 握手的不同之处。在解释了 TLS 1.2 握手后,TLS 1.3 的更改将更有意义。

请注意,这部分有点学术性。对于 Eve 来说,没有太多的编程方法可尝试。这个背景知识帮助她了解 TLS 应该如何工作,以及它过去出错的地方。Eve 可以使用这些信息来确定哪些服务器更容易被破解。

与此同时,读者会观看 Eve 试图突破 TLS 应该提供的加密屏障,并从中获益。整本书一直在反复强调,不应该创建自己的算法,也不应该在有了经过良好测试的库时,创建自己的实现。

TLS 实际上是一个可以并且应该使用的协议,而且在 Python 中有很多支持它的库,这很有帮助。但是,如果 Eve 想攻击系统,她会寻找什么类型的东西?下面就一探究竟吧。

---

1 积习难改。很多时候,SSL 这个术语仍在使用,甚至在讨论 TLS 时也是如此。例如,即使证书只用于 TLS,它们仍经常被称为 SSL 证书。

2 在通常的实践中,只验证服务器的身份,尽管"互 TLS"(MTLS)的用例在增加,其中客户机验证服务器,服务器也验证客户机。

8.3.1 介绍 "hello"

TLS 1.2 从客户端向服务器发送客户机 hello 消息开始。客户端 hello 消息包括关于其 TLS 配置的信息，以及一个 nonce。其中一个配置是客户端的密码套件列表。对于新手而言，TLS 最令人困惑的特性之一可能是：TLS 协议实际上是一起工作的协议的组合。它支持许多不同的算法和协议组合。

hello 消息必须让客户机和服务器准备使用相同的算法和组件协议进行通信。客户端发送一个密码套件列表，以表明它愿意使用的所有通信方式，服务器在其响应中选择一种方式(假设它们支持的密码套件之间有重叠)。

TLS 的密码套件通常包括一种用于密钥交换、签名、批量加密和哈希的算法选择。如前所述，TLS 将本书介绍的所有不同元素综合在一起，因此这些术语看起来应该很熟悉！

TLS 1.2 使用的一个密码套件是 TLS_ECDHE_ECDSA_WITH_AES_256_CBC_SHA_384。这个密码套件可以理解如下。

- **TLS**：密码套件适用的协议。很容易。
- **ECDHE**：如第 6 章所述，客户端和服务器使用 ECDHE 创建对称密钥。
- **ECDSA**：回顾一下关于 ECDHE 的信息，它并没有经过身份验证。为了确保服务器是它所声称的身份，它对一些握手数据使用 ECDSA 签名。
- **AES_256_CBC**：握手结束后，客户端和服务器在 CBC 模式下发送由 AES-256 保护的数据。
- **SHA_384**：这个参数与 TLS 操作的两个不同部分有关。SHA-384 算法在握手过程中用于密钥推导函数。此外，握手后发送的批量加密消息(在 CBC 模式下使用 AES-256 加密)受到 HMAC-SHA-384 的保护，防止篡改。

在讨论 TLS 协议的其余部分时，这些元素将更有意义。同时，也很好地介绍了作为 TLS 操作一部分的组件数量。

■ **注意：ECDH 与 ECDHE**

本书没有过多区分 DH/ECDH 和 DHE/DCDHE。提醒一下，E 代表"短暂的"。DH/ECDH 用于临时模式，公钥/私钥对只使用一次然后被丢弃。

没有用 DHE 代替 DH 的原因是，在很多情况下，DH 是转瞬即逝的。

TLS 不是这样。有些运作模式根本就不是短暂的。因此，本章使用完整的 DHE/DCDHE 术语来明确说明。

注意，TLS 的优点很大程度上取决于它的密码套件。有点可怕的是，两个服务

器可以"使用"TLS 1.2，其中一个服务器受到强大的保护，而另一个服务器由于选择的密码套件而容易受到攻击。不要忽略 TLS 握手的 hello 部分！

这真的很重要！

客户端 hello 中还有其他一些字段。图 8-3 是一个被 Wireshark 截获的实际 hello 消息(一个网络嗅探器，它可捕获任何类型的网络流量，而不仅是像代理一样只捕获 HTTP)。

```
v TLSv1.2 Record Layer: Handshake Protocol: Client Hello
    Content Type: Handshake (22)
    Version: TLS 1.0 (0x0301)
    Length: 512
  v Handshake Protocol: Client Hello
      Handshake Type: Client Hello (1)
      Length: 508
      Version: TLS 1.2 (0x0303)
    > Random: ab57c7b478cb1dddacba15597846c25d02a707cc25ddacbc...
      Session ID Length: 32
      Session ID: 732544558f5d80a02901aeecc6a5b1eaad1132ff2dc2f42a...
      Cipher Suites Length: 34
    > Cipher Suites (17 suites)
      Compression Methods Length: 1
    > Compression Methods (1 method)
      Extensions Length: 401
    > Extension: Reserved (GREASE) (len=0)
    > Extension: server_name (len=16)
    > Extension: extended_master_secret (len=0)
    > Extension: renegotiation_info (len=1)
    > Extension: supported_groups (len=10)
    > Extension: ec_point_formats (len=2)
    > Extension: SessionTicket TLS (len=0)
    > Extension: application_layer_protocol_negotiation (len=14)
    > Extension: status_request (len=5)
```

图 8-3 Wireshark 对 TLS 1.2 hello 消息的解码

请注意，这里有一个完整的密码套件部分！包含扩展列表。那真是一大堆密码套件！请记住，这是从客户机到服务器的 hello 消息，这个列表是客户端愿意使用的所有密码套件。

当服务器接收到客户端的 hello 时，会查看它是否愿意使用客户端提议的某个密码套件。如果是，它会返回一个包含多个元素的响应。

● hello：服务器的 hello 消息包含自身的随机 nonce。
● 证书：服务器的 TLS 证书或证书链，本章前面已详细介绍过。
● 密钥交换：如果密码套件使用 DHE 或 ECDHE，服务器也将传输其部分 Diffie-Hellman 交换以及 hello。对于 RSA 密钥传输，服务器不发送此元素。
● 已完成：一种消息结束的标记。

TLS 规范实际上为握手中发送的每种消息提供了特定名称。所以当非正式地引用客户端 hello 消息时，TLS 1.2 实际指定消息的名称为 ClientHello。ClientHello 和 ServerHello 以及官方消息名称的交换如图 8-4 所示。

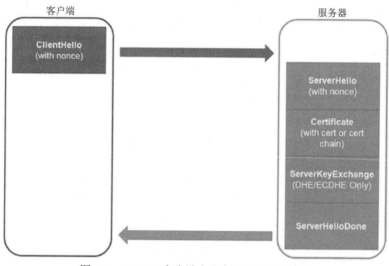

图 8-4　TLS 1.2 客户端和服务器 hello 的交换

练习 8-7　来人是谁？

如果一直在使用 HTTP 代理进行练习(特别是在前面的练习中)，就应该已对 TLS 中的来回交换有一定了解。所以，现在已经了解了 TLS 握手是如何从最初的 hello 开始的，试着反向工程一下。记住，这部分的交流是明文！

你能分辨出你是在看 TLS 1.2 版还是 1.3 版的握手吗？这是一个很好的开端！

8.3.2　客户端身份验证

当前最流行的 TLS 配置仅在服务器证书与 ServerHello 一起发送时对服务器进行身份验证。除非服务器明确请求，否则客户端不会发送证书来验证自身。

对于许多 Internet 应用程序来说，这已经足够了。这些服务器运行在互联网上，向全球广播它们的信息，向世界证明自己。欢迎任何未证明身份的人前来参观。另外，客户的身份到底应该是什么还不太清楚。服务器的身份通常与域名(如 google.com)或 IP 地址关联。但是当你上网时，电脑应该是什么身份呢？

对于服务器需要识别客户端的情况，比如银行事务或任何其他类型的账户访问，用户的身份(而不是机器的身份)才是真正重要的。这些情况下，用户名和密码(或其他类型的个人身份验证)是服务器所关心的。从概念上讲，首先对服务器进行身份验证，并创建一个与之共享的密钥，用户可使用诸如密码的东西安全地向服务器标识自己，而不必担心向错误的一方泄露机密信息。

但是，有时安全策略要求客户端设备也必须经过身份验证。当这样配置 TLS 时，它被称为"相互 TLS"(MTLS)。在这种模式下，服务器让客户机知道它需要证书和证书所有权的证明。

练习 8-8　客户端身份验证的研究

MTLS 不是很常用，但有时会用到它。即使在使用证书时，客户端的身份验证也常常略有不同。对如何使用客户端证书配置浏览器、如何获得此类证书以及为主体选择何种标识符进行一些 Internet 搜索。

8.3.3　推导会话密钥

如第 6 章所述，密码学的一个非常常见的配置是使用非对称操作来交换或生成对称的会话密钥。该章还讨论了两种不同的方法：密钥传输和密钥协议。

在 TLS 1.2 握手中，目标是让客户机和服务器都获得对称密钥的相同副本。事实上，这并不完全正确。其目标是获得所谓的 Pre-Master Secret(PMS)。PMS 和其他一些非机密数据用于生成"主机密"。主机密用于生成批量数据通信需要的所有会话密钥。

TLS 1.2 通过它的各种密码套件，提供了密钥传输和密钥协议方法，来提供 PMS。

以 TLS_RSA 开头的 TLS 密码套件是指使用 RSA 加密进行密钥传输的 TLS 套件，如密码套件 TLS_RSA_WITH_3DES_EDE_CBC_SHA。

注意，在前面的示例中，对于 ECDHE，还需要 ECDSA 签名。为什么不需要带有 RSA 密钥传输的 RSA 或 ECDSA 签名？

如上一节所述，如果 ECDHE 或 DHE 用于密钥交换，则服务器将这些参数连同服务器 hello 一起发送。但是如果使用 RSA 密钥传输，它什么也不会发送。相反，在 RSA 密钥传输模式中，客户端接收与服务器的 hello 一起发送的服务器证书，提取公钥，并使用公钥加密 PMS。它将加密的 PMS 传输到服务器，只有服务器随后可以对其解密。现在客户端和服务器都具有相同的 PMS。

不需要签名的原因是 RSA 加密只能由拥有相应私钥的一方打开。如果服务器能够使用从 PMS 派生的会话密钥进行通信，那么它必须拥有私钥，并且必须是证书的所有者。这个过程如图 8-5 所示。

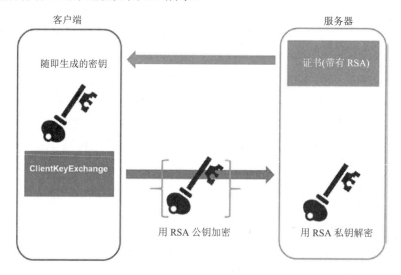

客户端　　　　　　　　　　　　　　　　服务器

随即生成的密钥　　　　　　　　　　证书(带有 RSA)

ClientKeyExchange

用 RSA 公钥加密　　　　　　　用 RSA 私钥解密

图 8-5　使用 RSA 密钥传输进行 TLS 密钥交换

DHE 和 ECDHE 的行为不同。它们称为密钥协议，因为不会传输 PMS。相反，双方交换 DH/ECDH 临时公钥，这些公钥可用于同时派生双方的 PMS。提醒一下，交换的 DH/ECDH 公钥与证书中的 RSA 或 ECDSA 公钥不同。DH/ECDH 公钥是当场生成的，只使用一次。这就是它们短暂的原因。

这也是他们不能被信任的原因。如果公钥是当场编造的，客户端如何知道公钥确实来自服务器？服务器如何知道它收到的公钥确实来自客户端？

服务器使用长期 RSA 或 ECDSA 私钥对其 DHE 或 ECDHE 公钥和参数(如 curve)进行签名。当客户端接收到它们时，就可使用证书中的服务器公钥来验证 DHE 或 ECDHE 数据来自正确的源。如上一节所述，客户端通常不签署任何东西。

TLS 握手的 DHE/ECDHE 版本的密钥交换如图 8-6 所示。

这两种方法的安全性非常不同。如第 6 章所述，DH/ECDH 方法提供了完美的前向保密，而 RSA 加密方法没有。此外，RSA 加密方法是完全由客户端生成 PMS。服务器必须相信客户端不会重用相同的 PMS(或从随机性差的来源生成它们)。

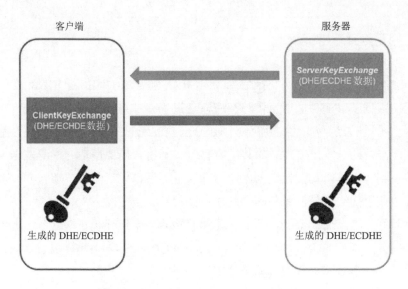

图 8-6　TLS 密钥协议使用 DHE/ECDHE

尽管来自 PMS 的会话密钥派生依赖于其他数据——包括 ClientHello nonce 和 ServerHello nonce——为防止微不足道的重放攻击，重用 PMS 不是最优的，可能降低系统的安全性。另一方面，当使用 DH/ECDH 时，服务器和客户端都参与密钥内容的生成，以确保服务器不完全依赖客户端的值。

RSA 加密方案存在问题还有一个原因：它使用 PKCS 1.5 填充。在第 4 章中，该方案容易受到填充式 Oracle 攻击。TLS 1.2 设计了"对策"来消除 Oracle(记住，为使攻击有效，攻击者需要知道什么时候接受填充)，但遗憾的是，它们并不总是成功。如本章后面所述，这种攻击仍然是一种威胁。

出于这些原因和其他原因，大多数安全专家鼓励 TLS 服务器停止使用 RSA 加密进行密钥传输。至少，这种形式的密钥交换应该是最后的选择。

练习 8-9　密钥练习

尝试重新创建 TLS 的密钥传输和密钥协议操作。从密钥传输开始。首先获取生成的 RSA 证书。对于浏览器而言，这就是要从网上收到的东西。创建一个 Python 程序来导入证书，提取 RSA 公钥，并使用它来加密一些写回磁盘的随机字节(如密钥)。

第 6 章已经有了关于密钥协议的练习，甚至是通过网络。如果没有做那些练习，现在可以再试一次。

8.3.4　切换到新密码

一旦客户端发送完密钥交换信息(使用 RSA 加密或 DHE/ECDHE)，就不再需要发送明文数据了。随后的所有信息都应该经过加密和身份验证发送。

为表明这一点，客户端向服务器发送一个 ChangeCipherSpec 消息。这基本上是说，从现在开始，客户端发送的其他所有内容都将使用协商后的密码发送。一旦服务器接收到客户端密钥交换数据，还可以派生会话密钥。与客户端一样，没有进一步的理由使用明文通信，服务器会发送自己的 ChangeCipherSpec 消息。

然后每一方发送一个 Finished 消息来完成握手。Finished 消息包含迄今为止发送的所有握手消息的哈希，因为它是在 ChangeCipherSpec 消息之后发送的，所以在新的密码套件下对其进行加密和身份验证。

整个握手过程(不包括一些不太常见的消息)如图 8-7 所示。

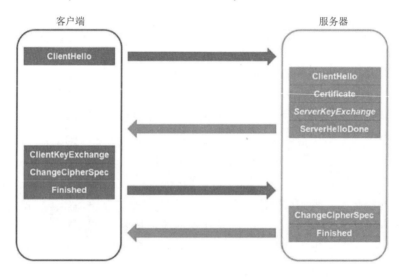

图 8-7　TLS 1.2 握手

这个哈希握手消息的目的是防止攻击者在修改密码规范前改变明文发送的任何消息。例如，如果攻击者截获并修改客户端的 hello 消息，就可避开较难的密码，而启用较弱的密码，降低破解系统的难度。但是，双方都保留发送消息的记录，在新密码套件下传输所有这些消息的哈希。如果哈希不匹配，则一方发送的内容与另一方收到的内容不一致。这种情况下，通信通道被认为是损坏的，并立即关闭。

8.3.5　派生密钥和批量数据传输

至此，TLS 1.2 握手结束了。客户端使用公钥证书验证了服务器的身份，双方共享一个 PMS。

无论 PMS 是如何生成的，客户端和服务器都将使用它派生密钥。这些密钥用于创建使用对称加密和消息身份验证的安全身份验证通道。使用此通道设置应用程序数据。但首先讨论一下这些派生的密钥。

本书使用了许多方法从数据中派生出密钥。许多都是围绕哈希以这样或那样的形式构建的。在 TLS 1.2 中，PMS 扩展为"主机密(master secret)"，使用的是规范中所谓的"伪随机函数"(Pseudo Random Function，PRF)。默认情况下，PRF 是使用 HMAC-SHA256 构建的，它使用基于被重复调用的 HMAC 的扩展机制；一个调用的输出被输入另一个调用中，以将数据扩展到任意大小。如果由密码套件指定，还可使用另一种底层机制构建 PRF。

需要提醒的是，密钥扩展的思想就是将一个秘密扩展成更多的字节。对于 TLS，将 PMS(无论大小)扩展为 48 字节。这就是主机密。对于密码套件需要的所有会话密钥和 IV，主机密本身可以扩展为任意字节数。不同的套件需要不同的参数和不同的大小，因此主套件的最终输出 key_block 的长度是可变的。

最多有六个参数：

- 客户端写入 MAC 密钥
- 服务器写入 MAC 密钥
- 客户端写入密钥
- 服务器写入密钥
- 客户端写入 IV
- 服务器写入 IV

考虑将 PMS 扩展到主机密、将主机密扩展到 key_block 可能有点令人困惑。图 8-8 演示了所有这些动态部分。

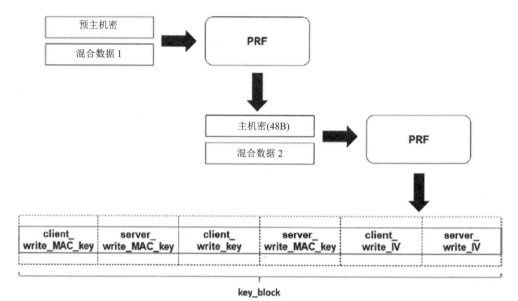

图 8-8　TLS 密钥的派生。PMS 扩展为主机密，主机密扩展为 key_block。
最后的输出根据需要分为单独的密钥和 IV

　　注意没有列出读密钥。因为它们是对称密钥。换言之，服务器的写密钥就是客户端的读密钥。

练习 8-10　实现 PRF

　　在网上可找到 RFC 5246，然后查找 PRF。实现 HMAC-SHA256 的 PRF 并尝试一些密钥扩展。生成大约 100 个字节，并将其中一些字节分配给不同的密钥。

　　并非所有这些参数都用于每个密码套件。AEAD 算法如 AES-GCM 和 AES-CCM 不需要 MAC 密钥。即便如此，每个密码套件都提供机密性和身份验证[1]。这包括加密和应用 MAC 或使用 AEAD 加密。

　　说到这里，TLS 1.0 中的 AES-CBC 模式很容易受到填充 Oracle 攻击，因为它们先应用 MAC，然后加密。这很容易受到与第 3 章中的练习相同的攻击。虽然 TLS 1.2 理论上不应该受到这种攻击，但是一些实现没有正确地遵循规范，容易受到攻击。因此，近年来，CBC 的运作模式已经废弃。

　　了解 MAC 在哪里应用也很有帮助。第 5 章简单讨论过这个问题。前面还讨论过，在包含 MAC 之前，需要对多少数据进行加密。在通信上下文中，你会等到通

1　有一些罕见的算法只用于身份验证。

信会话的最后才发送一个 MAC 来传输所有数据吗？这可能是个坏主意。毕竟，如果通信会话持续一个月呢？到了月底，会发现收到的所有数据都是假的，这是一件可怕的事情。TLS 选择在每个包上放一个 MAC(在 ChangeCipherSpec 之后)。

TLS 在一个称为 TLSCipherText 的数据结构中传输所有批量数据。可将 TLSCipherText 看作类似于 TLS 加密的数据包，每个数据包可以容纳 16K 左右的明文。TLS 标准将这种数据结构表示为 C 风格的结构：

```
1   struct {
2       ContentType type;
3       ProtocolVersion version;
4       uint16 length;
5       select (SecurityParameters.cipher_type) {
6           case stream: GenericStreamCipher;
7           case block: GenericBlockCipher;
8           case aead: GenericAEADCipher;
9       } fragment;
10  } TLSCiphertext;
```

如果不熟悉 C 风格的结构，这实际上只是一个原始数据结构。它有点像 Python 中的类，但没有任何方法。结构具有 type、version 和 length 字段，这些字段相当简单。ContentType 和 ProtocolVersion 的确切类型在文档的其他地方定义，但即使没有研究它们，其意图也是明确的。

select 语句可能更令人困惑。结构的这一部分表示有一个 fragment 字段，但是它的类型是三个选项之一：GenericStreamCipher、GenericBlockStream 和 GenericAEADCipher。这三个选项中的每一个都代表一种不同的密码。

需要说明的是，这里显示的结构是概念性的。这个结构显示了数据如何以一种易于理解的方式以二进制形式以及分层形式(数据结构中的数据结构)排列和连接。在发送数据时，TLS 使用其中的这些片段按这个顺序构建一个二进制数据流。

流和块密码类型都包括 MAC 作为密码类型一部分。子类型定义如下：

```
1   stream-ciphered struct {
2       opaque content[TLSCompressed.length];
3       opaque MAC[SecurityParameters.mac_length];
4   } GenericStreamCipher ;
5
```

```
6    struct {
7        opaque IV[SecurityParameters.record_iv_length];
8        block-ciphered struct {
9            opaque content[TLSCompressed.length];
10           opaque MAC[SecurityParameters.mac_length];
11           uint8 padding[GenericBlockCipher.padding_length];
12        uint8 padding_length;
13      };
14  } GenericBlockCipher;
```

这两种类型的内容字段都是明文(可能是压缩的)。各个结构前面的stream-ciphered 和 block-ciphered 关键字表示二进制数据已加密。这两种密码类型的 MAC 在加密结构内。文档说明这些 MAC 是根据内容计算的,内容包括内容类型、版本、长度和明文本身。显然,这是一个"MAC 然后加密"方案。

AEAD 算法的工作方式略有不同。协议中定义的概念结构如下:

```
1    struct {
2      opaque nonce_explicit[SecurityParameters.record_iv_length];
3      aead-ciphered struct {
4          opaque content[TLSCompressed.length];
5      };
6  } GenericAEADCipher ;
```

这里没有 MAC,因为 MAC 默认包含在输出中。回顾第 7 章,AEAD 中的 AD 表示"附加数据",这些数据经过身份验证,但没有加密。对于 TLS AEAD 密码,AD 在流和块密码中包含 MAC 应用的相同数据,即内容类型、版本和长度。将此 AD 直接插入解密过程,除非上下文数据正确,否则算法不会解密明文。这有助于减少错误并确保正确性。

重要的是,因为每个记录都有一个 MAC,所以每个 TLSCiphertext 块的 AEAD 加密都已完成。第 7 章讨论了在确定密文被修改之前不等待千兆字节数据的想法。因此,AEAD 算法使用单独的密钥和 IV (nonce)在每个 TLSCiphertext 结构上运行(在完成加密并生成标记后,不能重用相同的密钥和 IV)。

在为 TLS 定义的 GenericAEADCipher 结构中,它包含一个 nonce_explicit 字段,该字段携带一定数量的 IV/nonce 数据。对于 AEAD 算法来说,IV 有一个隐式部分和一个显式部分是很常见的,隐式部分是计算出来的。对于 TLS 1.2,在密钥派生操作中派生的服务器(或客户端)IV 是隐式部分。双方都在内部计算,而不通过网络发送。片段中包含的显式部分构成了 IV/nonce 的其余部分,允许 nonce 对于每个包是唯一的。

练习 8-11　TLS 1.2 部分

试着把本章其他练习中类似 TLS 1.2 的内容串在一起。通过网络交换证书(如果更容易,可将其保留为 PEM 格式)。获得服务器的证书后,让客户端发送加密的 PMS 或使用 ECDHE 为双方生成 PMS。

可以忽略掉所有 TLS 的复杂东西。不需要协商密码套件、创建底层记录层或在最后对所有消息进行哈希。交换证书,获得 PMS,并派生一些密钥。对于"包"结构,可使用与 Kerberos 练习相同的 JSON 字典。

8.3.6　TLS 1.3

TLS 1.3 协议代表了 TLS 历史上握手过程的最大变化。

首先,TLS 1.3 去掉了 TLS 1.2 中几乎所有的密码。只有五个密码可用,它们都是 AEAD 密码:

- TLS_AES_256_GCM_SHA384
- TLS_ChaCha20_Poly1305_SHA256
- TLS_AES_128_GCM_SHA256
- TLS_AES_128_CCM_8_SHA256
- TLS_AES_128_CCM_SHA256

基本上,TLS 1.3 支持 AES-GCM、AES-CCM 和 ChaCha20-Poly1305。本书介绍了这三种算法。通过减少可用的密码套件并要求 AEAD,TLS 1.3 使服务器很难在不小心或不知情的情况下使用弱加密或身份验证来保护其 Web 站点。

RSA 加密也不再作为密钥传输机制。

TLS 1.3 的一个更大变化是,握手现在变成单次往返。这大大减少了安装的延迟。新的握手如图 8-9 所示。

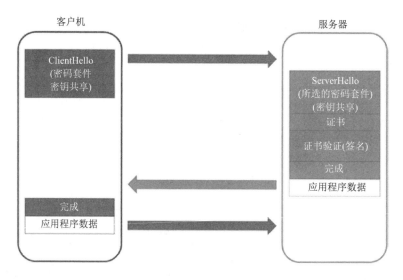

图 8-9 TLS 1.3 握手的简化描述。整个握手过程设计为一次往返

从技术角度看，来自客户机的第二个消息以"完成"消息的形式出现，但是如图所示，它可与客户机的第一个应用程序消息一起传递。服务器可能已经传输了应用程序数据，并附带了握手消息。

这种加速对于像 HTTP 这样的无状态协议尤其重要。大多数 HTTP 消息都是一次性传输的。为每一条消息设置一个新的 TLS 1.2 通道，确实会降低 Web 站点的运行速度和响应速度。将延迟减半对 Web 通信来说意义重大。

更重要的是，弱密码和模式已被删除。例如，通过消除 RSA 密钥传输，TLS 1.3 强制前向保密！将算法限制在 AEAD 也是一个重要的改进。

由于篇幅所限，这两种协议还有其他不同之处和细节没有在这里介绍。

■ 警告：极度缺乏安全性(eTLS)

TLS 1.3 的一个"变体"称为 eTLS。在引号中加入了变体，因为它不是 ETF (TLS 背后的标准组织)开发的标准。它采用了 TLS 1.3，去掉了一些最重要的安全特性，包括前向保密。

所谓的动机是数据丢失预防(DLP)、性能和其他可用性方面的原因。但是，我们并不支持故意削弱协议和算法的密码标准。强烈建议在任何情况下都不要使用 eTLS，并对拒绝支持它的浏览器表示赞赏。请注意，在将来的版本[9]中，eTLS 重新命名为企业传输安全(Enterprise Transport Security，ETS)。

做一些研究,看看是否可以找到自本书出版以来在 TLS(任何版本)中发现的新漏洞。重要的是,要及时了解周围发生的漏洞,并找到缓解途径。当坏人发现你比他们更脆弱时,就是一件可怕的事情。

8.4 证书验证和建立信任

Eve 已经读完了有关 TLS 的书,收集了一些攻击 TLS 的可能方法:

- 在 TLS 的一些版本和实现中,对 RSA 加密进行填充 Oracle 攻击。
- 在 TLS 的某些版本和实现中,对 AES-CBC 加密进行填充 Oracle 攻击。
- 试图强迫客户端和服务器使用弱密码套件。

所有这些都有防御措施,但这些都是 Eve 可以尝试的方法。也许她会幸运地找到一个配置很差的服务器。稍后探讨这些攻击以及其他一些攻击。但首先,Eve 决定查看另一个潜在的巨大漏洞:证书检查。

上一节只简单地提到了证书验证。当客户端接收到服务器的证书时,客户端必须确保证书有效且受信任。客户端证书可能依赖于 CA 链,而验证过程据说遵循证书路径。该路径必须以可信根结束。

这一过程的概述如下。

- 客户端证书的主题名必须与 URI 中的预期主机名匹配(例如,如果导航到 https://google.com,那么 google.com 需要作为 TLS 证书的主体)。
  - ◆ 主机名可与主体的公用名匹配,或者
  - ◆ 主机名可匹配主体的一个备选名(V3 扩展)。
- 路径中的证书都不会过期。
- 路径中的证书都不能撤销。
- 证书的颁发者必须是链中下一个证书的主体,直至到达根节点。
- 实施证书限制(如 KeyUsage 和 BasicConstraints)。
- 执行与最大路径长度、名称约束等相关的策略。

Eve 意识到这是一个复杂的过程。有许多检查要做,其中任何一个错误都可能允许她访问。许多 TLS 攻击与协议的关系不大,而与程序员或用户错误有关。

TLS 的整个安全性取决于颁发给授权方的证书。如果 Eve 能够获得未经授权的证书、窃取私钥,或使 Alice 或 Bob(或读者)相信她拥有经过授权的证书,其余安全性就会失效。Eve 能够尝试的最强大证书攻击是说服 Alice 或 Bob(或读者)安装一个邪恶的根证书!如果发生这种情况,TLS 将接受 Eve 选择发送的任何证书!

1. 证书撤销

第 5 章提到，证书在撤销方面存在一个很大弱点。遗憾的是，撤销证书是很痛苦的，Eve 正在仔细研究如何利用这一点。

撤销证书有两种经典方法。第一个是证书撤销列表(CRL)。顾名思义，这只是已撤销证书的静态记录。为使 CRL 的大小易于管理，证书由其序列号标识。CRL 通常是特定于 CA 的，并由 CA 签名，因此 CA 跟踪已发布的序列号非常重要。它必须确保没有序列号被多次使用，并且序列号与预期的所有者信息匹配。CRL 倾向于按固定的时间表发布(例如，每天一次)。

证书验证系统(例如 TLS 中使用的证书验证系统)必须保留所有已撤销证书的列表，以便在验证过程中可使任何已检测到的证书失效。

检查撤销的另一种经典方法是使用在线证书状态协议(OCSP)。与 CRL 一样，此协议用于通过序列号查找来检查证书的有效性。但与 CRL 不同的是，此协议与在线服务器一起实时使用，可在证书验证过程中执行。同样，颁发证书的 CA 通常是它们所颁发证书的 OCSP 响应器。

显然，OCSP 比静态 CRL 具有更多的最新信息。然而，OCSP 在 TLS 握手设置中引入了额外的延迟。更糟糕的是，如果 OCSP 响应器没有应答，客户机(比如浏览器)应该怎么做？它应该不连接吗？它是否应该告诉用户"对不起，因为 OCSP 服务器宕机了，你今天不能使用网上银行？"

大多数浏览器拒绝采取这一强硬路线。如果浏览器不能获得 OCSP 响应，就继续前进，并假设证书没有撤销。这让 Eve 超级兴奋。如果她可以获得一个撤销的证书(或者在发现她的盗窃行为后立即撤销的证书)，就可以对 Alice 和 Bob 的浏览器使用它。如果浏览器试图访问 OCSP 服务器，她就执行拒绝服务攻击，并确保 OCSP 响应永远不会接收。这是绕过安全措施的简单方法。

由于这些和许多其他原因，CRL 和 OCSP 被认为是过时的。许多浏览器，如谷歌 Chrome，甚至没有启用这些特性的选项[1]。

事实是，撤销仍然是一个难题，Eve 将尽其所能利用这个事实。

好消息是，现在正在探索新的证书撤销形式，包括强制 OCSP 装订(stapling)。其概念是，服务器包括一个 OCSP 响应及其证书。OCSP 响应只适用于较短一段时间，因此服务器必须定期刷新。这种方法的全部细节超出了本书的范围，但是对于 Alice 和 Bob 来说，这可能是一个很好的研究主题。

---

1 Google Chrome 和 Firefox 实际上创建了自己的"坏"证书列表，并将其作为软件更新的一部分发送给浏览器。它们实际上创建了一种专有的 CRL。对于某些类型的证书，这实际上是相当好的实践。

2. 不可信的根、锁定和证书透明性

遗憾的是(但令 Eve 很高兴)，与所有已知的信任建立方法一样，TLS 需要一个可信任的第三方。

关于 CA 的问题是，如果 CA 私钥被破坏，小偷可以为自己生成任意域的证书。这不是一个理论问题。举个示例，2011 年，对现在已经不存在的 DigiNotar CA 进行了一次成功的攻击[8]。攻击者潜入服务器，设法生成伪造的证书，包括 google.com 的"通配符"证书，以及 Yahoo、WordPress、Mozilla 和 TOR 的附加证书。DigiNotar CA 必须从浏览器和移动设备的可信 CA 列表中删除。不出所料，DigiNotar 在攻击被发现后几乎立即停业。

最近，在某些方面更令人不安的是，TLS 证书经销商 Trustico 要求 DigiCert 撤销了 2 万多张证书。这本身并没有问题。由于对颁发者失去了信任，这些证书被撤销了。令人震惊的是，Trustico 承认拥有这些证书的私钥，并通过电子邮件[4]把它们发给 DigiCert！这意味着，分销商为其客户生成密钥对，并持有私钥。尽管有报道称其被"冷藏"，但从理论上讲，经销商、经销商的雇员或不满的前雇员可以获取客户的私钥，并使用他们的数字身份。

CA 保存客户私匙的特殊问题在技术上无法解决。如果一方放弃了自己的私钥，就没有保护它们的机制。所有密码学都建立在保守秘密的基础上。

欺诈和滥用证书的问题越来越严重，也越来越普遍。Eve 迫切想要窃取 CA 或 CA 的证书(特别是 Alice 或 Bob 信任的证书)。窃取一个证书只会给她一个假身份。窃取 CA 证书会给她提供无限数量的伪造身份。

幸运的是，Alice 和 Bob 可用一些方法来保护自己。下面看看其中的两个。

第一个方法是"证书锁定"。这个词有很多不同的用法，所以一定要仔细研究。基本概念是，像 Alice 或 Bob 这样的客户在接收证书之前，应该对证书有一个期望。当收到证书时，将其与预期的版本("锁定的"版本)进行比较，如果不匹配，则调用策略。假设不匹配意味着 Eve 很可能使用了一个伪造的证书。

尽管锁定更通用，但一些源将更具体的 HTTP 公钥锁定(HPKP)视为同义词。也许这是因为曾经有一段时间，一些团体(包括谷歌)推动将此技术作为识别和拒绝被盗用证书的通用解决方案。从那时起，人们普遍认为这种方法是不够的，新举措朝着"证书透明性"(CT)迈进。

锁定(作为一个普遍的概念)仍然有它的用途，特别是在移动应用程序中。例如，手机上的应用程序可将作者的证书嵌入应用程序本身。这个锁定版本的证书总与在 TLS 握手中收到的证书进行比较。如果不匹配，就说明出了问题。如果公司需要更换证书或更换密钥，可在应用程序升级时推送新的锁定版本。除了移动应用程序，谷歌和 Firefox 在它们的浏览器中执行这种静态锁定。

这是有效的。由于静态锁定，谷歌实际上发现了 DigiNotar 颁发的谷歌证书的问题。

练习 8-13　监控证书的更换

假设在 HTTP 代理程序中成功截获了 TLS 证书，多次访问一个站点，并查看是否每次都收到相同的证书。你希望服务器的证书多久更改一次？

另一方面，HPKP 是一种通用的动态锁定技术，它依赖于"先用信任"原则。基本上是客户第一次访问网站，该网站可以请求客户端在一定时间内锁定该证书。如果证书在这段时间内发生了变化，应该将修改后的证书视为冒名顶替者。这个想法很有趣，也很合理，但带来了很多问题，而且仍然可能被攻击者以不愉快的方式利用。因此，这种想法已经逐渐消失了。

第二个方法是前面提到的证书透明性(CT)。CT 的发展势头迅猛。其基本思想在某些方面类似于区块链和分布式账本。每当颁发证书时，也提交到一个公共日志。公共日志由第三方托管，甚至可能是颁发证书的 CA，但它是可验证的，因此不必信任第三方。

日志的目的是透明的，因此 CA 本质上是为它们生成的证书进行审计的。其目标是以密码可验证的方式将所有已颁发的证书公开，以供检查[1]。浏览器最终配置为不接受日志中没有的任何证书。

从 CT 日志中得到什么？它看似简单，但非常有用。假设 Eve 试图创建一个到 EA 服务器的假证书。如果 EA 浏览器不接受证书，除非它被公开，Eve 将不得不把它提交给其中一个公共日志。如果发生这种情况，EA 可以立即检测到已生成的伪造证书。虽然这需要 EA 监视日志，但是很容易部署一种自动系统，来检查是否颁发了不应该颁发的新证书。EA 知道哪些证书是合法颁发的，可标记哪些证书是不合法的。

即使 Eve 很聪明，以某种方式干扰了东南极洲的审计系统，并用某种诡计逃脱了，一旦发现攻击，公共日志就会彻底调查问题，并对损害进行准确评估。可怕的是，在 DigiNotar 黑客事件中，调查人员甚至无法完全识别所有生成的证书！直到今天，没有人知道攻击者究竟创建了多少证书。这就是 DigiNotar 不得不完全关闭的原因之一。要识别所有需要撤销的证书是不可能的。

CT 仍然比较新，所以它可能会随着时间的推移而继续发展。例如，它没有提供验证撤销的机制，已有人提议在其中增加"撤销透明性"。这绝对是一项值得关

1　其中一个原创项目的名字叫做"阳光"，是在 DigiNotar 被攻陷后启动的。

注并尽快开始使用的技术。

8.5 对 TLS 的已知攻击

Eve 总是试图以某种方式破坏证书。如果她成功了,其他一切都完了。当然,如果 Alice 和 Bob 使用带有前向保密性的 DHE 或 ECDHE,那么未来的其他一切证书都将被破坏,但至少过去的证书不会。

除了证书外,还有一些针对 TLS 的现代攻击值得注意。下面简述众所周知的针对 TLS 的攻击以及如何防止这些攻击。

8.5.1 POODLE

POODLE 代表"在降级的旧加密上填充 Oracle"。如前所述,TLS 1.0 在使用 CBC 模式时可以利用。当时的块密码是 DES,但只要操作模式是 CBC,就可以对 DES 或 AES 进行攻击。

TLS 1.1 和 1.2 应该通过改变 CBC 加密的填充方式来解决这个问题。但 POODLE 攻击表明,甚至是运行 1.1 和 1.2 的服务器,也可以重新协商,降级到 TLS 1.0,以便攻击它们。

更糟糕的是,后来发现一些 TLS 1.1 和 1.2 实现方案使用了与 TLS 1.0 相同的填充(与规范相反)。这种错误不会对正常通信造成任何问题,因为这两种填充方案对于合法的通信是兼容的。只有当数据受到攻击时,填充错误才会变得明显。对于有错误实现的方案,如果没有降级,就很容易受到攻击。

防御措施包括:

(1) 禁用 TLS 1.0(实际上是 1.1)。

(2) 使用审计工具验证 TLS 1.2 是否容易受到攻击。

8.5.2 FREAK 和 Logjam

与 POODLE 一样,Logjam 攻击也依赖于强制降级到 TLS 的早期版本。实际上,目标是降低密码套件的级别。

20 世纪 90 年代,美国政府出台了一项政策,允许向外国输出强大的密码。政府的政策把这些算法当作武器[1]。安全软件仍然带有这种策略的伤疤,有一些特定的 TLS 密码套件称为 EXPORT 算法。事实上,这些算法非常脆弱。

在 Logjam 中,攻击者截获客户端消息,并删除所有建议的密码套件,用

---

1 也许这就是为什么东南极洲和西南极洲远远落后于地球其他区域的原因吧。

Diffie-Hellman(DH)的 EXPORT 变体替换它们。服务器相应地选择弱参数，并将它们发送回客户端。客户端并不知道有什么问题，只是接受服务器选择不当的配置。

生成的密钥很容易被破解。

注意，TLS 协议的 Finished 消息应该能够检测到这种攻击。之所以发送带有握手期间交换的所有哈希的消息，全部意义在于揭示这种操作。

问题是 Finished 消息是用新的弱密钥加密发送的。如果 Eve 正在尝试这种攻击，她可拦截真正的消息，同时破解密钥。一旦密钥被破解，她可以创建一个错误的 Finished 消息，现在使用破解的会话密钥加密它。除非破解密钥的时间比内部超时的时间长，否则 Eve 可以成功。

FREAK 攻击与 Logjam 非常相似，但使用"导出的"RSA 参数。

对 Logjam 和 FREAK 的防御包括：

(1) 禁用服务器上的弱密码套件——尤其是"导出"密码。

(2) 使用无条件拒绝接受弱参数的客户端(如脆弱的 DH/ECDH 或 RSA 参数)。

8.5.3　Sweet32

Sweet32 攻击与之前看到的攻击有点不同。它是专门为块大小为 64 位的块密码设计的。对于大多数 TLS 1.2 安装，只有一个密码具有这样的块大小：3DES。

虽然对 3DES 的完整解释超出了本书的范围，但它在下面使用了 DES。它很慢，但至少不像 DES 那么弱。DES 密钥可在相当合理的时间内被破解；但 3DES 不能。

然而，3DES 使用 64 位块大小。算法的块大小会影响在更换密钥之前应该用单个密钥加密的数据量。其数学方面超出了本书的范围，但是一旦加密的块数超过 $2^{n/2}$，密钥就会被破解。对于 64 位块大小，限制大约是 32GB 的数据，这在现代计算机上很容易生成。更糟的是，$2^{n/2}$ 是一个上限！在实践中，漏洞出现的速度要快得多。

遗憾的是，许多 TLS 实现并没有使用密钥强制执行最大数据限制。Sweet32 攻击利用这一点发送足够多的数据，来强制碰撞和恢复数据。

防御措施包括：

● 禁用基于 3DES 的密码套件(以及其他任何 64 位密码，如果有的话)。

8.5.4　ROBOT

第 4 章花了很多时间来研究 RSA，证明了在没有填充的情况下，它是很容易被击败的。也展示了某些形式的填充物也可以利用。特别是，PKCS 1.5 很容易受到填充 Oracle 攻击。这就是在 TLS 中用于 RSA 加密的填充，直到版本 1.2。

Bleichenbacher 在 1999 年发现了针对 PKCS 1.5 的攻击。显然，那是在 TLS 1.2 版之前很久的事了。为什么这种状况没有改变？

由于兼容性的原因，TLS 的设计者决定保留相同的填充方案和插入对策。如本章前面所述，填充 Oracle 攻击需要一个 Oracle！如果 TLS 协议能够避免透露填充的成功或失败，就应该能够消除这种攻击。

遗憾的是，事情并没有那么简单。ROBOT 代表 Return Of Bleichenbacher's Oracle Threat。ROBOT 的研究人员发现，TLS 对策并不总是成功的。他们还发现了从 TLS 中提取 Oracle 信息的新方法，并且能够证明他们的攻击是可行的。例如，他们可在不访问适当私钥的情况下为 Facebook 的消息签名。

对 ROBOT 的防御包括：

● 禁用在密钥交换中使用 RSA 加密的所有密码套件(任何以 TLS_RSA 开头的密码)。

8.5.5 CRIME、TIME 和 BREACH

TLS 版本 1.2 提供了加密之前的数据压缩。这在 TLS 1.3 中是禁用的。压缩的问题在于它会将信息泄露给像 Eve 这样的人。这些信息可用来恢复密文中的信息。

2012 年，代表"压缩比信息泄露变得容易(Compression Ratio Info-leak Made Easy)"的 CRIME 首次被证实。压缩的问题在于，它只有在数据重复时才有效。因此，即使只有一些压缩明文的密文，如果可插入或部分插入消息，密文大小的下降也显著表明，存在一些重复的数据，从而获得更好的压缩比。此信息可用于恢复少量字节。但任何数据的丢失，无论多么小的丢失，都是不可接受的。即使被攻击的数据很小(例如，带有身份验证信息的 Web Cookie)，丢失的一小部分字节也可能是灾难性的。

CRIME 之后是 TIME，TIME 更有效。它还激发了另一种攻击方式 BREACH，但也使用压缩来揭示信息。

防御措施包括：

● 禁用压缩。

8.5.6 Heartbleed

Heartbleed 是一个特别提到的列表项，因为它不是 TLS 的漏洞。相反，它是 OpenSSL 实现中的一个 bug(是的，就是你一直使用的库)。具体而言，它是 TLS 扩展中的一个 bug，该扩展允许心跳检测死连接。虽然它是一个扩展，却是一个常用的扩展。

OpenSSL 实现的问题是，它们没有对从另一端接收到的心跳请求进行边界检查。典型的心跳请求包括一些要回显的数据和数据的长度。如果长度比要回显的数据长，则错误的实现只会从内存中读取内容。虽然不能保证这些内容中包含什么，但它可能包含私钥和其他机密。

此漏洞的要点是指出，并非所有的攻击都针对协议本身，有时也针对实现。观察这两种问题是很重要的。

防御措施包括：

- 保持 TLS 库和应用程序的更新。

8.6　将 OpenSSL 与 Python 一起用于 TLS

本章讨论了很多内容，但没有进行什么编程。这个背景知识对 Eve 很有帮助，希望对你也有帮助。下面总结一下。

许多 Python 的内置网络操作都支持 TLS(通常是在引用 SSL 的参数名称下，因为即使在使用了 20 年的 TLS 之后，这个名称仍然保持不变)。Eve 担心 TLS 会阻止她嗅探流量。然而，她发现了很多做错事的方法。Eve 决定遍历一些示例，看看她可以利用什么。

Eve 首先连接到一个 TLS 服务器，就像 Alice 和 Bob 可能做的那样。从本章开始执行代码，但为了简单起见，这次不需要中间的 HTTP 代理监视。

对 Eve 来说，坏消息(对你来说则是好消息)是 Python 正在努力确保程序员不会搬起石头砸自己的脚。默认情况下，这段代码尝试在涉及 SSL 的地方做一些合理正确的事情。默认参数加载系统的可信证书，验证主机名，并验证证书。这些事情听起来可能很明显，但是一些 API 要求程序员自己实现所有这些检查，这增加了遗漏某些内容或出现错误的风险。

Eve 决定看看 TLS 检查执行得如何。她再次使用自己创建的证书启动 openssl s_server。她试图连接到 Python，并遇到以下错误(略微截断)：

```
>>> import http.client
>>> conn = http.client.HTTPSConnection("127.0.0.1", 8888)
>>> conn.request("GET", "/")
#SHELL# output_match: '''certificate verify failed'''
Traceback (most recent call last):
  File "<stdin >", line 1, in <module>
  File "/usr/lib/python3.6/http/client.py", line 1239, in request
    self._send_request(method, url, body, headers, encode_chunked)
...
  File "/usr/lib/python3.6/ssl.py", line 689, in do_handshake
    self._sslobj.do_handshake()
```

```
ssl.SSLError: [SSL: CERTIFICATE_VERIFY_FAILED] certificate verify
failed
(_ssl.c:841)
```

正如所料，拒绝了 Eve 的证书。毕竟，没有理由相信该证书。服务器(s_server)发送的证书不植根于有效的证书颁发机构。默认情况下，Python 代码做了正确的事情。Eve 低声诅咒。

尽管如此，在搜索 Python 文档后，Eve 发现 Python 会让她搬起石头砸自己的脚。

HTTPSConnection 类可接收一个名为 context 的参数。它需要 SSLContext 类的一个实例1。Eve 通过插入自己的版本进行实验，如下面的代码块所示，再次运行测试。

```
>>> import http.client
>>> import ssl
>>> evil_context = ssl.SSLContext()
>>> conn = http.client.HTTPSConnection("127.0.0.1", 8888,
    context=evil_context)
>>> conn.request("GET", "/")
>>> r1 = conn.getresponse()
>>> r1.read()
#SHELL# output_omitted
```

Eve 很高兴！她成功地接收到来自 s_server 的响应。为什么？

SSLContext 对象包含 TLS 配置参数，控制(至少部分控制)TLS 握手的处理，包括证书检查。空的 SSLContext 不检查证书。

实际上，Python 文档建议不要以这种方式创建 SSLContext。相反，程序员通常应该使用 SSLContext.create_default_context()。此方法创建一个 SSLContext，该 SSLContext 执行 Eve 先前遇到的导致证书被拒绝的默认检查。

但使用这种手动方法，Eve 可更好地控制证书的验证工作。Eve 挽起袖子，配置 evil_context 来信任域证书，该证书是 localhost 证书的颁发者。她使用 load_verify_locations 方法将域证书指定为受信任的 CA 文件。

```
>>> import http.client
```

1　下面的示例都使用 HTTPSConnection 类，但 SSLContext 对象在各种网络操作中一直使用 Python，所以该信息比这里使用的示例更通用。

```
>>> import ssl
>>> evil_context = ssl.SSLContext()
>>> evil_context.verify_mode = ssl.CERT_REQUIRED
>>> evil_context.load_verify_locations("domain_cert.crt")
>>> conn = http.client.HTTPSConnection("127.0.0.1", 8888,
     context=evil_context)
>>> conn.request("GET", "/")
>>> r1 = conn.getresponse()
>>> r1.read()
#SHELL# output_ommitted
```

为验证信任系统是否工作，Eve 使用 verify_mode=ssl.CERT_REQUIRED 重新运行这个测试，而遗漏了 load_verify_locations。这会导致与前面一样的证书检查失败。只有告诉上下文，Eve 的信任根在哪里，她的证书才能得到验证。

还有另一个当前被禁用的检查：主机名检查。请记住，在验证证书时，证书应该具有与主机 URI 相同的主体名称(要么是专有名称的公共名称，要么是主体的替代名称)。Eve 故意使用公共名称 127.0.0.1 创建了这个 localhost 证书，所以可以运行主机名匹配测试。当 Eve 浏览 https://127.0.0.1 时，希望证书的主体名称匹配。

要查看主机名检查是否工作，Eve 首先停止 openssl s_server，并使用新参数重新启动它。这一次，她使用域证书作为服务器的证书(而不是作为颁发者)。因为她使用的是自签名证书，所以不需要与链相关的命令行参数。命令如下所示：

```
openssl s_server -accept 8888 -www -cert domain_cert.crt -key
domain_key.pem
```

Eve 重新运行测试代码，代码仍然可以工作。即使 URI 是 https://127.0.0.1，主体公共名是 wacko.westantarctica.southpole.gov，数据是允许的。如果没有启用主机检查，这种不匹配就不会导致错误。

Eve 现在打开主机检查后，重复测试。

```
>>> import http.client
>>> import ssl
>>> evil_context = ssl.SSLContext()
>>> evil_context.verify_mode = ssl.CERT_REQUIRED
>>> evil_context.load_verify_locations("domain_cert.crt")
>>> evil_context.check_hostname = True
>>> conn = http.client.HTTPSConnection("127.0.0.1", 8888, context =
```

```
    evil_context)
>>> conn.request("GET", "/")
#SHELL# output_match: '''doesn't match'''
Traceback (most recent call last):
    File "<stdin>", line 1, in <module>
    File "/usr/lib/python3.6/http/client.py", line 1239, in request
      self._send_request(method, url, body, headers, encode_chunked)
...
    File "/usr/lib/python3.6/ssl.py", line 331, in match_hostname
      % (hostname, dnsnames[0]))
ssl.CertificateError: hostname '127.0.0.1' doesn't match'wacko.
westantarctica.southpole.gov'
```

在截断的异常跟踪中可看到，TLS 抱怨主机名(127.0.0.1)与主体名
(wacko.westantarctica.southpole.gov)不匹配。

一般来说，如果程序员不希望 Eve 的伪造证书获得通过，则不应该使用这些参
数。带有默认检查的默认上下文是一个良好开端。

练习 8-14　社会工程

这是一个思维练习；不涉及编程。Eve 会如何尝试让其他人使用不太安全的软
件呢？她如何说服他们使用配置糟糕的 SSL 上下文？

不过，这些额外功能确实具有重要用途。如果 Alice 和 Bob 想要进行静态证书
锁定，该怎么办？也许 Bob 正在运行一个命令和控制服务器，而 Eve 正在运行一个
需要与之进行安全通信的 Python 程序。Alice 如何将证书锁定到 Bob 的服务器上？
SSLContext 没有这样的 API。只能指定受信任的 CA 证书，无法指定受信任服务器
证书。

幸运的是，还有其他 Python API 用于在连接后获取对等方的证书。例如：

```
>>> import http.client
>>> import hashlib
>>> conn = http.client.HTTPSConnection("google.com", 443)
>>> conn.request("GET", "/")
>>> conn.sock.getpeercert(binary_form=True)
#SHELL# output_match: ''''''
```

```
b'0\x82\x02\xdb0\x82\x01\xc3\xa0\...
>>> peer_cert = conn.sock.getpeercert(binary_form=True)
>>> hashlib.sha256(peer_cert).hexdigest ()
#SHELL# output_match: ''''''
'bf52e8d42812c7a09586aa19219b0c15a92de6664aad380ed4c66dea7c6a5b3a'
```

可将哈希与锁定值进行比较，以确保它是预期的证书。证书锁定，特别是静态证书锁定，在某些上下文中可能是一个好主意。

遗憾的是，Alice 和 Bob 还没有使用 CT 日志的 API。Python 的 cryptography 库开始添加支持，但目前似乎仅限于 X.509 证书中的扩展。没有用于提交序列号以获得 CT 响应的 API，也没有用于将证书提交到日志以进行插入的机制。

再一次注意这一点(Eve 当然会)。Python 库可能很快就会新添内容。

如果 Eve 如愿以偿，她会很乐意看到 Alice 和 Bob 自己编写证书检查算法。她希望他们能这么做，而非使用 Python 的内置检查器。

例如，Alice 和 Bob 可获得整个证书链，并尝试手动验证每个证书。cryptography 模块确实使用颁发者的公钥进行证书"验证"，如下所示。

```
1   from cryptography.hazmat.primitives.serialization import
     load_pem_public_key
2   from cryptography.hazmat.primitives.asymmetric import padding
3   from cryptography.hazmat.backends import default_backend
4   from cryptography import x509
5
6   import sys
7
8   issuer_public_key_file, cert_to_check = sys.argv[1:3]
9   with open(issuer_public_key_file,"rb") as key_reader:
10      issuer_public_key = key_reader.read()
11
12  issuer_public_key = load_pem_public_key(
13      issuer_public_key,
14      backend=default_backend())
15
16  with open (cert_to_check,"rb") as cert_reader:
17      pem_data_to_check = cert_reader.read()
18  cert_to_check = x509.load_pem_x509_certificate(
```

```
19      pem_data_to_check,
20      default_backend())
21   issuer_public_key.verify(
22      cert_to_check.signature,
23      cert_to_check.tbs_certificate_bytes,
24      padding.PKCS1v15(),
25      cert_to_check.signature_hash_algorithm)
26   print("Signature ok! (Exception on failure!)")
```

注意，tbs_certificate_bytes 是经过哈希处理的、用于签名证书的、以 DER 编码的字节(而不是以 PEM 编码的字节)。因此，在示例代码中，颁发者的公钥用于检查证书中的签名。重复一遍，为没有经过 PEM 的数据签名。

Eve 希望 Alice 和 Bob 这样做的原因是，这只是真正的证书验证的一小部分[1]！在前面的代码中，没有对有效数据的检查，没有对撤销列表的检查，甚至没有检查客户端证书的颁发者是否与颁发证书的主体行匹配。出错的方法有很多，如果 Alice 和 Bob 使用自己的方法，Eve 就更可能发现漏洞。

如果你比 Alice 和 Bob 更聪明，请用库操作进行证书的验证。如果确实希望进行一些专门的验证，那么除了这些广泛部署和广泛测试的库函数外，还需要进行验证，而非代替它们。

最后，除了正确的证书检查外，Eve 还决定研究另一组参数：受支持的 TLS 版本和受支持的密码套件。

至于版本，尽管 TLS 1.0 和 1.1 已废弃，但大多数 TLS 实现仍然支持它们和旧操作，以保证向后兼容性。这种做法几乎总是错误的。默认情况下，服务器和客户端应该禁用 TLS 1.0 和 1.1，只有在出现实际的、具体的、无法解决的问题时，才应重新启用它们。Eve 希望能够使用 POODLE、Logjam 和 FREAK 等来攻击仍然支持这些旧版本的服务器。

幸运的是，Eve 发现这些脆弱的版本仍然存在。SSLv3 和 SSLv2 是禁用的，但这还不够。必须禁用 TLS 1.0，也应该禁用 TLS 1.1。

然而，Python 允许关闭它们，也许应该向 Alice 和 Bob 展示如何这样做。下面的代码将关闭特定 SSLContext 对象的 TLS 1.0 和 1.1。[2]

```
>>> import ssl
```

---

1 这就是把"验证"放在引号里的原因。

2 版本 3.7 引入了一个新 API，来指定最小版本和最大版本。然而，本书不仅是为 Python 3.6 编写的，而且新的 API 还需要底层 OpenSSL 的特定版本。当前我们决定暂时使用 3.6 API。

```
>>> good_context = ssl.create_default_context()
>>> good_context.options |= ssl.OP_NO_TLSv1
>>> good_context.options |= ssl.OP_NO_TLSv1_1
```

在检查 Python 以查看启用了哪些版本的 TLS 之后，Eve 现在将注意力转向默认的密码套件。她运行以下代码，来查看在测试系统上安装的所有密码。

```
>>> default_ctx = ssl.create_default_context()
>>> for cipher in default_ctx.get_ciphers():
...     print(cipher["name"])
...
ECDHE-ECDSA-AES256-GCM-SHA384
ECDHE-RSA-AES256-GCM-SHA384
ECDHE-ECDSA-AES128-GCM-SHA256
ECDHE-RSA-AES128-GCM-SHA256
ECDHE-ECDSA-CHACHA20-POLY1305
ECDHE-RSA-CHACHA20-POLY1305
DHE-DSS-AES256-GCM-SHA384
DHE-RSA-AES256-GCM-SHA384
DHE-DSS-AES128-GCM-SHA256
DHE-RSA-AES128-GCM-SHA256
DHE-RSA-CHACHA20-POLY1305
ECDHE-ECDSA-AES256-CCM8
ECDHE-ECDSA-AES256-CCM
ECDHE-ECDSA-AES256-SHA384
ECDHE-RSA-AES256-SHA384
ECDHE-ECDSA-AES256-SHA
ECDHE-RSA-AES256-SHA
DHE-RSA-AES256-CCM8
DHE-RSA-AES256-CCM
DHE-RSA-AES256-SHA256
DHE-DSS-AES256-SHA256
DHE-RSA-AES256-SHA
DHE-DSS-AES256-SHA
ECDHE-ECDSA-AES128-CCM8
ECDHE-ECDSA-AES128-CCM
```

```
ECDHE-ECDSA-AES128-SHA256
ECDHE-RSA-AES128-SHA256
ECDHE-ECDSA-AES128-SHA
ECDHE-RSA-AES128-SHA
DHE-RSA-AES128-CCM8
DHE-RSA-AES128-CCM
DHE-RSA-AES128-SHA256
DHE-DSS-AES128-SHA256
DHE-RSA-AES128-SHA
DHE-DSS-AES128-SHA
ECDHE-ECDSA-CAMELLIA256-SHA384
ECDHE-RSA-CAMELLIA256-SHA384
ECDHE-ECDSA-CAMELLIA128-SHA256
ECDHE-RSA-CAMELLIA128-SHA256
DHE-RSA-CAMELLIA256-SHA256
DHE-DSS-CAMELLIA256-SHA256
DHE-RSA-CAMELLIA128-SHA256
DHE-DSS-CAMELLIA128-SHA256
DHE-RSA-CAMELLIA256-SHA
DHE-DSS-CAMELLIA256-SHA
DHE-RSA-CAMELLIA128-SHA
DHE-DSS-CAMELLIA128-SHA
AES256-GCM-SHA384
AES128-GCM-SHA256
AES256-CCM8
AES256-CCM
AES128-CCM8
AES128-CCM
AES256-SHA256
AES128-SHA256
AES256-SHA
AES128-SHA
CAMELLIA256-SHA256
CAMELLIA128-SHA256
```

```
CAMELLIA256-SHA
CAMELLIA128-SHA
```

Eve 测试计算机上的默认列表对她来说非常糟糕(对我们来说很好!)，没有用于密钥交换的 RSA 加密，没有 AES-CBC 模式的密码，也没有 3DES。看起来 Alice 和 Bob 不需要做任何改变。根据 Python 文档，大多数弱密码已经被禁用。不过，检查一下也无妨。

如果 Alice 和 Bob 确实有使用 RSA 加密进行密钥交换的密码(如 TLS_RSA_WITH_AES_128_CBC_SHA)，就应该通过管理 get_ciphers 返回的列表，从密码套件中删除它们，然后使用 set_ciphers 方法更新 SSLContext。

Eve 叹了口气，然后离开房间。她在返回的路上，尝试一些新方法来窃取信息。她可能试图伪造一个证书，或者试图找到一个脆弱的 TLS 实现。这可能是个挑战；需要一些时间，但 Eve 很有耐心，还狡猾如狐狸，并能坚持不懈。她总是在监听。

练习 8-15 学会闲逛

本章的大多数示例代码都是在 Python shell 中故意编写的。熟悉使用 shell 运行服务器或测试连接。有很多工具可以测试能公开访问的 TLS 服务器，但是内部的服务器呢? 如果发现公司内部 TLS 连接的安全性很差，请让 IT 部门知道。了解周围发生的事情是很重要的。

记住这一点，用 Python 编写一个诊断程序，该程序连接到给定的服务器，查找弱算法或配置数据。例如，SSLSocket 类具有获取远程证书的 getpeercert()。写一个程序，在连接到服务器时，获取证书，并报告证书上的签名是否使用 SHA-1 哈希(非常不可靠且不太可能)，或仍然支持 RSA 加密(更有可能)。

还可通过 cipher()使用 SSLSocket 对象检查当前密码。服务器从所有建议的密码套件中挑选出哪一个? 这是一个好的选择吗?

在此密码检查的基础上，将 Python SSLContext 更改为只支持弱密码。也就是说，创建一个上下文来禁用强密码，并重新启用弱密码。使用 SSLContext.set_ciphers() 函数可设置上下文的密码。对于每个版本的 TLS，可用密码套件的列表可在以下地址找到:

```
www.openssl.org/docs/manmaster/man1/ciphers.html
```

这个测试的目的是查看服务器是否仍然支持旧的、废弃的密码。

如果分析工具发现了任何缺陷，请将其报告给适当的 IT 管理人员，并提出补救建议。

8.7 小结

好了，这是本书的结尾。希望这也是一个开始。有很多关于密码学的知识需要学习，再次提醒，这只是一个介绍。你学到了很多，但你还不是一个密码学绝地武士！

Eve 是窃听者的代表，不可小觑。Alice 和 Bob 在本书的大部分篇幅里有点落后于时代，而 Eve 总站在科技前沿。在常规情况下，仍然有很多方法可成功地攻击TLS 服务器。密切关注有关 TLS 的新闻和更新。遗憾的是，新漏洞被发现的频率比想象的要高，有很多人喜欢看到并利用它们。

好消息是，由于使用了强大的密码套件，并且禁用了 TLS 的旧版本，我们已获得了很多良好的安全性。本章介绍 Python 编程中的 TLS 安全性。如果你能理解本章的概念，这将是一个很好的基础，但要继续学习！Eve 对付我们最有效的武器是无知。

撇开 Python 不谈，如果运行一个启用了 TLS 的 Web 站点，那么请偶尔花点时间让 TLS 审计程序检查一下站点。例如，Qualys SSL 实验室目前运行一个免费项目，来报告站点的 TLS 卫生状况。可通过 www.ssllabs.com/ssltest/index.html 免费试用。

另外，也可登录 cryptodoneright.org 网站。这个项目的目的是让密码用户尽可能地获得信息和良好的建议。

简而言之，让 Eve 的工作尽可能困难。总会有风险，但不要轻易让她赢。任何胜利都是痛苦和短暂的。毕竟，Eve 总是让我们保持警觉，所以应该回报她！

练习 8-16 干杯！

这是本书的最后一个练习！至此，请为自己鼓掌。当你合上书时，请随时给我们反馈，我们欢迎你的一切反馈。特别希望你告诉我们是否错过了什么！

参 考 文 献

[1] R. J. Anderson. *Security Engineering: A Guide to Building Dependable Distributed Systems*. Wiley Publishing, 2nd edition, 2008.

[2] D. Bleichenbacher. Chosen ciphertext attacks against protocols based on the RSA encryption standard pkcs #1. In *Proceedings of the 18th Annual International Cryptology Conference on Advances in Cryptology*, CRYPTO '98, pages 1–12, London, UK, 1998. Springer-Verlag.

[3] D. E. R. Denning. *Encryption Algorithms*, chapter 2, pages 59–133. Addison-Wesley Publishing Company, Inc., Reading, Massachusetts, 1982.

[4] DigiCert. DigiCert statement on trustico certificate revocation. www.digicert.com/blog/digicert-statement-trustico-certificate-revocation/, 2, 2018.

[5] F. Fischer, K. Bttinger, H. Xiao, C. Stransky, Y. Acar, M. Backes, and S. Fahl. Stack overflow considered harmful? the impact of copy&paste on android application security. In *IEEE Symposium on Security and Privacy*, pages 121–136. IEEE Computer Society, 2017.

[6] M. Green. Wonk post: chosen ciphertext security in public-key encryption, 3, 2016. https://blog.cryptographyengineering.com/2016/03/21/attack-of-week-apple-imessage/.

[7] M. Green. Wonk post: chosen ciphertext security in public-key encryption, 4, 2018. https://blog.cryptographyengineering.com/2018/04/21/wonk-post-chosen-ciphertext-security-in-public-key-encryption-part-1/.

[8] H. Hoogstraaten. Black tulip report of the investigation into the diginotar certificate authority breach, 08, 2012.

[9] Jacob Hoffman-Andrews. ETS isn't TLS and you shouldn't use it, February 2019.

[10] B. Marr. How much data do we create every day? the mind-blowing stats everyone should read. www.forbes.com/sites/bernardmarr/2018/05/21/how-much-data-do-we-create-every-day-the-mind-blowing-stats-everyone-should-read.

Accessed 2018-10-06.

[11] A. J. Menezes, S. A. Vanstone, and P. C. V. Oorschot. *Handbook of Applied Cryptography*. CRC Press, Inc., Boca Raton, FL, USA, 1st edition, 1996.

[12] Y. Sasaki and K. Aoki. Finding preimages in full MD5 faster than exhaustive search. In A. Joux, editor, *Advances in Cryptology-EUROCRYPT 2009*, pages 134–152, Berlin, Heidelberg, 2009. Springer Berlin Heidelberg.

[13] M. Stevens, E. Bursztein, P. Karpman, A. Albertini, and Y. Markov. The first collision for full sha-1. Cryptology ePrint Archive, Report 2017/190, 2017. https://eprint.iacr.org/2017/190.

[14] A. J. H. Vinck. Introduction to public key cryptography. www.uni-due.de/imperia/md/images/dc/crypto_chapter_5_public_key.pdf.Accessed 2018-10-08.

[15] D. Waitzman. Standard for the transmission of IP datagrams on avian carriers. RFC 1149, RFC Editor, April 1990.

[16] D. Waitzman. Standard for the transmission of IP datagrams on avian carriers. RFC 7914, RFC Editor, August 2016.

[17] X. Wang and H. Yu. How to break MD5 and other hash functions. In *Proceedings of the 24th Annual International Conference on Theory and Applications of Cryptographic Techniques*, EUROCRYPT'05, pages 19–35, Berlin, Heidelberg, 2005. Springer-Verlag.